Alfa Romeo

Alfetta Coupé GT/GTV/GTV6

UMBERTO DI PAOLO

ALFA ROMEO
Alfetta Coupé GT/GTV GTV6

HEEL

HEEL Verlag GmbH
Gut Pottscheidt
53639 Königswinter
Telefon 0 22 23 / 92 30-0
Telefax 0 22 23 / 92 30 26
Mail: info@heel-verlag.de
Internet: www.heel-verlag.de

Verantwortlich für den Inhalt: Umberto Di Paolo
Lektorat: Jost Neßhöver
Gestaltung: Huwer-Design, Hürth, unter Verwendung eines Entwurfs des Autors
Coverfoto: Andreas Goinar

Fotos:
Centro Documentazione Alfa Romeo Arese, Daniel Bussmann, Rolando Nolff, Mireille Heimann, Enrico Varrica, Reinhard Klein, Urs Stalder, Jürg Moser, Maurizio Bettini, www.photorally.it, Xavier Havaux, Xander Heijnen, www.bildermeister.com, Mike Hayward, David Pearson, www.motoprint.co.za, Peter Ellenbogen, Wim Dewinter, Richard Harman, Norbert Vogel, Paul Kooyman, Renato Rescaldani, Daniel Rickenbach, Torbjørn Havn, Frank Weber, Olaf Bischoff, Mark Brummond, Mahesh Kalain, Edwin Halbartschlager und Umberto Di Paolo

Printed in Slovenia

ISBN: 978-3-95843-695-4

MAMMA MIA!

Der Autor

Umberto Di Paolo, Jahrgang 1968, wurde durch seinen Vater schon in frühester Jugend vom Alfa-Virus infiziert. Ob der Vorliebe zu den Sportwagen aus dem Mailänder Vorort Arese absolvierte er auch eine Ausbildung zum Automechaniker und arbeitete anschließend mehrere Jahre lang in einer Alfa-Romeo-Vertretung als Werkstattchef. Dabei entwickelte sich eine noch größere Faszination für die italienische Autobaukunst, wobei es ihm anfangs vor allem der GTV6 angetan hat, dem er auch seine erste Publikation gewidmet hat.

Dieses Buch über die verschiedenen Coupé-Versionen der Baureihe 116 ist bereits sein achtes zum Thema Alfa Romeo. Im HEEL Verlag bereits erschienen sind die einzige deutschsprachige Typenmonografie über den Alfa 75 sowie das Erfolgsbuch über die Alfa-Jahre im Werk Arese.

Umberto Di Paolo fährt seit seinem achtzehnten Lebensjahr ausschließlich Alfa Romeo. Sein erstes Auto war eine Alfetta GTV 2000, gefolgt von einem GTV6, den er zehn Jahre lang hatte. Heute fährt er einen Alfa Romeo 159 1.8 Tbi TI. Nebenbei bildet eine große Sammlung von Büchern, Fotos, Prospekten und Modellautos der italienischen Traditionsmarke sein Privatarchiv.

Romeo

Vorwort

Hochkarätige Technik, südländisches Temperament und die gelungene Synthese zwischen Sport- und Tourenwagen machen die Faszination des Alfetta-Coupés aus. Mit diesem Paradesportler setzte Alfa Romeo ab 1974 die Pflege eines zentralen Markenwertes fort mit dem kreativen Mix aus historisch gewachsenem und innovativem Design einerseits sowie neuen fahrdynamischen Qualitäten andererseits.

Mit der charakterstarken Linie und der zukunftsweisenden Technik strahlt das Mittelklasse-Coupé jene Raffinesse aus, die Fans auf der ganzen Welt von einem Alfa Romeo erwarten: sportliche Eleganz, gepaart mit fahrdynamischen Tugenden und leistungsfähigen Motoren. Besonders der neue Sechszylinder, der nicht nur mit modernster Technik und entsprechender Leistung überzeugt, sondern mehr als nebenbei auch akustisch unter die Haut geht, erweist sich als eines der besten Triebwerke, die es in den achtziger Jahren zu kaufen gibt. Noch heute verursacht das trompetengleiche Geschmetter zuverlässig Gänsehaut, wenn ein Alfa-Sechser flott vorüberzieht.

Neben diesem Sechszylinder-Herz aus italienischer Motorenbaukunst aus Arese, dessen Motorblock noch bis 2013 in vielen Evolutionsstufen in Nachfolgemodellen weiter verbaut wurde, machen auch die kleineren Vierzylinderaggregate das Fahren mit dem attraktiven Coupé zum reinsten Vergnügen. Auf 435 mal 166 Zentimetern Verkehrsfläche rollt das Coupé, an dessen Form Design-Meister Giorgio Giugiaro noch persönlich Hand angelegt hat.

Das Design gerät derart gut, dass die bildschöne und ausdrucksvoll gezeichnete Karosserie bis weit in die achtziger Jahre hinein frisch bleibt. Damals wie heute gilt sie als veritabler Design-Leckerbissen, und so werden Alfetta GT, GTV und GTV6 Autos mit ewig gültiger Formensprache bleiben.

Mit langer Motorhaube und tief geneigter Frontscheibe folgt er den Proportionen klassischer Hecktriebler und schreibt die mutige Designsprache Alfas für die Zukunft fort. Mit dem Fahrwerk in Transaxle-Bauweise sind die Modelle reines Opium für fahrbesessene Enthusiasten und trotz einiger Wandlungen, die das Coupé in seiner Produktionszeit von 1974 bis 1986 erlebt, verliert es nie seine unverwechselbare Identität und seinen Charme. Das Alfetta-Coupé ist Teil einer Geschichte, einer Philosophie – eben typisch Alfa Romeo.

Viel Spaß bei der Lektüre!

1 Die Entwicklung

Das Alfetta-Coupé wird Nachfolger der legendären Giulia GT von Bertone

Oben links: *Alfetta Tipo 158 (1938 – 1940)*

Oben rechts: *Alfa Romeo Giulia (1962 – 1977), hier eine 1600 Ti Super*

Unten links: *Transaxle Bauweise beim Tipo 158*

Unten rechts: *Alfa Romeo Giulia GT (1963 – 1975), hier ein GT Veloce 2000.*

1 Die Entwicklung

Das Alfetta-Coupé wird Nachfolger der legendären Giulia GT von Bertone

Der Name Alfetta hat einen besonderen Klang in der Werksgeschichte. Als 1972 die neue aufregende Limousine an den Start ging, wurden ganz bewusst Assoziationen geweckt. Mit den Grand-Prix-Rennwagen Alfetta Tipo 158 und Tipo 159 errangen die Mailänder 1950 und 1951 die Formel-1-Weltmeisterschaft, Fahrer waren Nino Farina und Juan Manuel Fangio.

Die Alfetta war ursprünglich als Nachfolgerin der erfolgreichen Limousine Giulia vorgesehen, die seit 1962 produziert wurde, schlussendlich aber noch bis 1977 parallel zur Alfetta im Stabilimento Arese vom Band lief. Wie beim legendären Formelrenner finden sich auch in der Alfetta von 1972 Kupplung und Fünfganggetriebe in der Transaxle-Bauweise mit aufwändiger De-Dion-Hinterachse zu einer Einheit zusammen, während vorn die Einzelradaufhängung an Doppel-Querlenkern mit Drehstabfederung für gute Haftung sorgt. Um die ungefederte Masse möglichst klein zu halten, sind die Scheibenbremsen direkt am Differenzial angeflanscht.

Diese Konstruktion leitete eine fahrwerkstechnische Trendwende im Personenwagenbau der Marke ein. Die ausgeglichene Achslastverteilung war eine der Voraussetzungen für stabiles, neutrales und sicheres Fahrverhalten. Ursprünglich hatte man bei Alfa Romeo vorgehabt, für die Alfetta und das später folgende Coupé die komplette Mechanik des 1750 zu verwenden, also mit einem am Motor direkt angeflanschten Getriebe und der gleichen Radaufhängung. Der geniale Konstrukteur Giuseppe Busso erinnerte sich jedoch während der Planung an die Transaxle-Bauweise der erfolgreichen Alfetta-Rennwagen, entwickelte eine zeitgemäße und modernere Variante dieser Achskonstruktion und die dafür nötige neue Bodengruppe.

Bei vielen anderen Automobilherstellern hätten spätestens die Buchhalter diesem Plan ein Ende gemacht. Derart aufwändige Technik gab es allenfalls bei ungleich teureren Exoten italienischer Provenienz. Doch Alfa Romeo übernahm den technischen Leckerbissen für seine neue Sportlimousine – und die Kundschaft quittierte das mit Genugtuung und Freude. Alfa Romeo blieb dieser Bauweise dann bis in die 90er Jahre treu: Alfetta, Giulietta, Alfa 90, 75 sowie die von Zagato karossierten Extremsportler SZ und RZ verfügen über diese Technik.

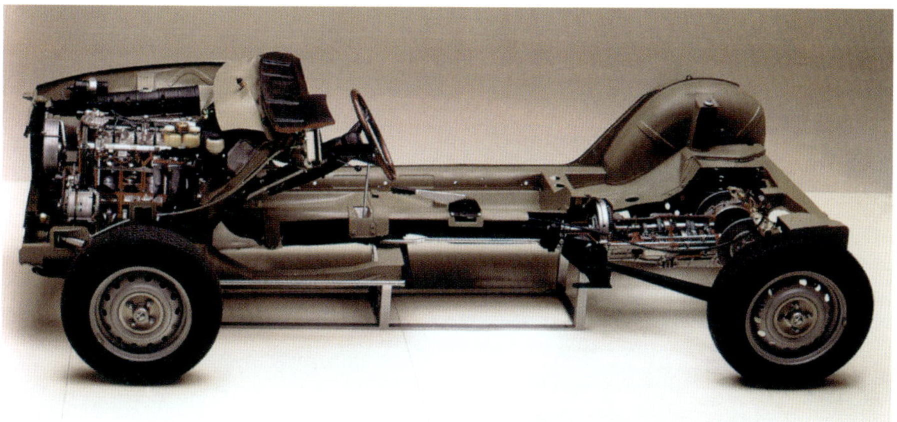

Oben links: Alfa Romeo Alfetta (1972 – 1984), hier eine 1.8

Oben rechts: Die Schnittzeichnung zeigt Motor und Transaxle-Getriebe der Alfetta.

Unten links: Am Schnittmodell gut zu sehen ist der komplette Antriebsstrang der Alfetta.

Rechts Mitte: Giuseppe Busso, hier mit seiner Ehefrau neben einer Giulia TZ1, war ein genialer Konstrukteur.

1974 folgte der Limousine das ebenfalls von Giorgio Giugiaro gezeichnete viersitzige Coupé. Der Presse wurde es im Juni in Fonteblanda in der Toscana vorgestellt. Aggressiver als die Giulia GT von Bertone, dafür jedoch geräumiger, schneller und sparsamer. Im Vergleich zu dem Aufsehen, das die viertürige Limousine nicht nur in Fachkreisen erregt hatte, schlug die Vorstellung des Coupés weniger hohe Wellen. Das lag weder am Auto noch am Design – die aufregende Technik aber war bereits zur Präsentation der Limousine gefeiert worden, und dass Alfa auch ihr wieder ein Coupé zur Seite stellen würde, war so gut wie klar gewesen.

Die ersten Entwürfe stammen bereits aus dem Jahr 1967, erste Modelle der Alfetta GT im Maßstab 1:1 entstanden dann 1969, gut zwei Jahre vor der Präsentation der Limousine und fünf Jahre vor Markteinführung des Coupés. Der kantige Beau repräsentierte den Zeitgeist der siebziger Jahre. Doch seine Linien erwiesen sich, wie schon bei seinem Vorgänger, als in Wahrheit zeitlos. Das Alfetta-Coupé trug das Kürzel GT und bis auf den 110 mm kürzeren Radstand entsprach die Plattform der der Limousine.

Doch die Sterne standen nicht gut für das neue Coupé. Die ersten Jahre waren eher glücklos, und die neue Alfetta GT vermochte nicht an die Erfolge der Giulia GT anzuknüpfen. Die Markteinführung war in eine für derartige Autos ungünstige Zeit gefallen. 1974 und praktisch die ganzen restlichen 70er Jahre waren hart für alle Fahrzeughersteller, vor allem aber für jene, die sportliche Autos im Programm hatten. Die erste Energie- und Erdölkrise zwang die Leute, günstigere Autos zu kaufen und am Sonntag gar darauf zu verzichten, da die Benzinpreise für viele ins Unermessliche stiegen und die gleichzeitige Inflation nicht zur Besserung der Situation beitrug. Es gab die ersten Tempolimits auf den Autobahnen Europas und auf dem wichtigen Heimatmarkt Italien wurden Sportwagen neuerdings höher besteuert.

Zum Start 1974 gab es die Alfetta GT nur mit dem 122 PS starken 1779-cm³-Triebwerk. 1976 wurde das 1,8-l-Aggregat, nun mit 118 PS, allerdings bereits abgelöst. Als Reaktion auf die wirtschaftliche Situation kamen die sparsamere und günstigere Alfetta GT 1,6 mit 108 PS und – für die besser Betuchten – die Alfetta GTV 2000 mit Zweiliter-Triebwerk und 122 PS. Für den US-ameri-

Inspiriert von der Ur-Alfetta, wählen die Ingenieure auch für die flotte Limousine Transaxle und De-Dion-Achse.

Oben links: Alfa Romeo Giulietta (1977 – 1985)

Oben rechts: Alfa Romeo 90 (1984 – 1987)

Mitte links: Alfa Romeo SZ

Unten links: Alfa Romeo 75 (1985 – 1992)

Rechts: Letzter Check: Alfetta GT durchlaufen die Endkontrolle im Werk in Arese.

kanischen Markt wurden 1975 noch 3756 Exemplare mit mechanischer Einspritzung produziert. Das bekannte Zweiliter-Triebwerk erhielt eine SPICA-Einspritzung, wie sie schon seit 1969 im Spider Veloce erfolgreich zum Einsatz kam. Einige wenige Exemplare wurden auch auf dem europäischen Markt angeboten.

Mit dem 2.0 Liter Turbodelta aus der Alfa-Rennschmiede Autodelta rundete 1979 ein aufgeladenes Kraftpaket mit 150 PS das Angebot ab. Für das Turbomodell wurden gewöhnliche GTV 2000 L vom Band genommen und bei Autodelta mit dem neuen Motor sowie weiteren Modifikationen versehen. Da die Turboversion für den Einsatz im Rennsport vorgesehen war, wurden aus Homologationsgründen 500 Stück gebaut, wovon ein Teil bei Rallyes und in Rundstreckenrennen eingesetzt wurde.

Bis zur ersten Rundumerneuerung der Baureihe im Jahr 1980 überwand die Alfetta GT trotz aller politischen und wirtschaftlichen Probleme sämtliche Hindernisse und erfüllte die Rolle, für die sie bei Alfa Romeo vorgesehen war, auf bewundernswerte Art und Weise. Leider blieb dem Wagen der Erfolg versagt, der ihm eigentlich zugestanden hätte – war er doch ein ganz besonderes Auto von enormen Qualitäten.

1979, im selben Jahr, als der Turbodelta präsentiert wurde, entdeckten die Haus-Historiker noch eine andere werbewirksame Facette aus glorreicher Vergangenheit, diesmal aus der Vorkriegszeit. „Alfa Romeo wurde mit sechs Zylindern geboren", brachte eine Dokumentation dem erstaunten Leser zur Kenntnis, der sich entsinnen mochte, dass das halbe Dutzend mit dem Hinscheiden des Modells 2600 in den 60er Jahren aus der Alfa-Mode gekommen war. So wurde 1980 mit dem GTV6 der technisch interessanteste Frontmotor-Keil der Alfetta-Coupé-Baureihe vorgestellt. Der Name Alfetta blieb fortan den Limousinen vorbehalten.

Alfa Romeo GTV6 2.5 hieß die neue Top-Variante des Giugiaro-Coupés, und eine Erhebung auf der Motorhaube zeigte stolz, dass der V6 mehr Platz für seine breiten Schultern benötigte als der Vierzylinder des weitergebauten Zweiliter-Modells mit mittlerweile 130 PS. Mit Einführung des GTV6 erfuhren die beiden Coupé-Versionen zahlreiche Änderungen, die hauptsächlich zugunsten einer moderneren und zeitgemäßen Optik vorgenommen wurden.

Das neue Sechszylinder-Aggregat erntete von Beginn an nur Lob. Sein Debüt hatte es allerdings bereits im Vorjahr in der eher glücklosen Edel-Limousine Alfa 6 gegeben. War im Alfa 6 die erste Serie noch mit sechs Fallstromvergasern bestückt, besorgte im GTV6 mit Boschs L-Jetronic eine elektronische Benzineinspritzung die Gemischaufbereitung – ursprünglich eine Konzession an die strikten Abgasbestimmungen in den USA.

Der von Alfa Romeos Motorengott Giuseppe Busso neukonstruierte Motor hatte einen Hubraum von 2492 cm^3 (88 x 68,3 mm) und leistete 158 PS bei 5600/min. Ein Zahnriemen trieb die beiden obenliegenden Nockenwellen, eine pro Bank, an. Im unteren Drehzahlbereich schnurrte das Triebwerk samtig wie eine Turbine, während oben heraus ein markiger Trompetenton die Kommunikation zwischen den Passagieren aufs Angenehmste beeinträchtigte.

Dank der strömungsgünstig gezeichneten Karosserie mit der stark geneigten Frontscheibe gelang ein Luftwiderstandsbeiwert von respektablen c_W 0,36. So bediente sich das potente Triebwerk bei einem Normverbrauch von 10,8 Litern vergleichsweise zurückhaltend aus dem 75-Liter-Tank.

Zum erwähnten Restyling von 1980 gehörte bei den noch produzierten Modellen GTV 2.0 und GTV6 2.5 ein neues Armaturenbrett, das alle Instrumente ins unmittelbare Blickfeld des Fahrers rückte, dessen Hände wie zu Zeiten von Giulia und Spider nun wieder einen Lenkrad-

Oben links: Mit der Rallyeversion des GTV Turbodelta gelingen zahlreiche Erfolge.

Oben rechts: Alfa Romeo GTV 2.0 Turbodelta (1979 – 1981)

Unten: Der Alfa GTV6 benötigt eine gewölbte Motorhaube, damit das V6-Triebwerk Platz hat.

Oben: Der GTV6 2.5 ist das Topmodell der Coupé-Baureihe (1980 – 1986).

Unten links: Das legendäre V6-Triebwerk des GTV6 hat 2,5 Liter Hubraum.

Unten rechts: Jahrgang 1974: Lauter Traumautos umfasst das Programm, das hier auf der Wiese vor dem Centro Direzionale samt Werksmuseum in Arese parkt.

Oben links: 1980 kommt ein neues Armaturenbrett.

Oben Mitte: Die letzte Serie trägt ab 1983 Sportsitze mit Netzkopfstützen.

Oben rechts: Die Platzverhältnisse im Fond sind sehr begrenzt.

Unten links: Vom Stabilimento Alfa Romeo di Arese (1962 – 2011) vor den Toren Mailands steht heute nurmehr das vierteilige Ensemble im Vordergrund.

Unten rechts: Tempi passati: Einst thronte der große Alfa-Romeo-Schriftzug noch weithin sichtbar auf dem Parksilo für die Neuwagen.

kranz aus poliertem Holz umspannten. Der Pilotensitz war ebenso höhenverstellbar wie das stark geschüsselte Lenkrad. Fahrer und Beifahrer konnten es sich also individuell bequem machen, während die Fondpassagiere reichlich eingeklemmt reisten.

Die filigranen Chromstoßstangen und die schlitzförmigen Rückleuchten wichen voluminösen Bauteilen aus Kunststoff, außerdem wurden die Modelle noch mit neuen Fensterzierleisten ausgerüstet. Dem Charme des Coupés tat das indes keinen Abbruch. Im Gegenteil: Der Frontspoiler sowie die schwarzen Stoßfänger und die serienmäßigen Alufelgen waren damals der letzte Schrei und alsbald von zahlreichen Kontrahenten kopiert. Damit das Fahrwerk der Mehrleistung gewachsen, oder besser: überlegen, blieb, war es härter abgestimmt. Außerdem waren Kupplung und Getriebe verstärkt. Die 130 PS beschleunigten den GTV 2.0 laut Werk auf 195 km/h, für den GTV6 wurden gar 210 km/h angegeben. Im Gegensatz zu den meisten damals auf den Autobahnen anzutreffenden Fahrzeugen waren Alfisti mit dem GTV6 somit geradezu verwöhnt.

Oben: Reger Betrieb herrscht auf der werkseigenen Teststrecke zwischen den Produktionshallen. Vor der Auslieferung werden dort alle Neuwagen auf Herz und Nieren getestet.

Unten: Die nagelneuen GTV stehen nach der Motorenmontage kurz vor der Vollendung.

Oben: Als die ersten Alfetta GT im Stabilimento di Arese gebaut werden, laufen parallel noch Giulia GT vom Band.

Mitte und unten: Die GTV6 für die USA haben alle einen Katalysator, um die strengen US-Abgasnormen einzuhalten. Erkennbar ist diese Variante an den verstärkten Stoßstangen sowie den seitlichen Positionsleuchten. Hier werden die Abgaswerte auf dem Prüfstand kontrolliert.

Oben: In Südafrika werden rund 230 Exemplare mit einem Autodelta-Kit zu GTV6 3.0 (2934 cm³ Hubraum) umgebaut. Diese 190 PS starken Fahrzeuge haben jedoch noch eine Gemischaufbereitung mit sechs Fallstromvergasern.

Unten: Die GT- und GTV-Motoren werden ebenfalls im Werk Arese produziert. Die Zweiliter-Vierzylinder laufen auf den Prüfständen.

1983 mussten sich GTV und GTV6 erneut einige kleine Änderungen gefallen lassen: Wärmedämmende Scheiben, dunkelgraue Stoßprofile an den Seiten, Windschutzscheibe mit integrierter Radioantenne, neue Türverkleidungen und Sportsitze vorn mit Netzkopfstützen sowie modernere Stoffe für Sitze und sämtliche Verkleidungen. Bessere Innenraum-Geräuschdämmung gelang mit einer zusätzlichen Trennwand unter dem Armaturenbrett. Während die Zweiliter-Variante nie mit umweltfreundlichem Katalysator angeboten wurde, gab es den GTV6 ab 1986 nur noch mit geregeltem Drei-Wege-Kat, um den europäischen Abgasnormen gerecht zu werden.

Ursprünglich sollte der Sechszylinder bereits in der ersten Hälfte der siebziger Jahre Premiere feiern. Doch die Ölkrise hatte den Ingenieuren einen Strich durch die Rechnung gemacht. Als der Motor dann Ende der siebziger Jahre endlich in Alfa 6 und GTV6 zum Einsatz kam, machten sich die Techniker erneut auf die Suche nach Leistungszuwachs. So entstanden in Südafrika,

Oben links: Der preisgekrönte GTA-V6 ist ein Nachfahre des „Busso-Motors“ aus dem GTV6.

Mitte links: Nach der Lackierung werden letzte Nachbesserungen vorgenommen.

Unten links: Eine GTV6-Karosserie kommt vor der Lackierung ins Tauchbad zur Entfettung.

Oben rechts: Die letzte Alfetta-Limousine läuft in Arese 1984 vom Band.

Mitte rechts: Die Spezialversion „Grand Prix“ mit einem Bodykit von Rayton Fissore und Dekorstreifen ist nur in der Schweiz, in Österreich, Schweden und den Benelux-Ländern zu haben.

Links von oben nach unten: Die italienische Version des „Grand Prix“, ein Zweilitermodell, war nur in Rot zu bekommen.

Für den US-Markt gab es den Balocco, ebenfalls nur in Rot, und den silberfarben lackierten Maratona – beide mit Sechszylinder.

Einige Fahrzeuge der ersten Serie werden für interne Stellen benutzt oder für den Rennsport umgebaut. Der GTV6 wird auch als Streckenfahrzeug eingesetzt wie hier in Monza.

Oben rechts: GTV 2.0 gehen in Arese der Vollendung entgegen.

Unten rechts: Die Alfetta-Limousine wird parallel zum Coupé gefertigt. Das Bild stammt von 1982.

Oben: Als Nachfolger der Turbodelta-Versionen machen diverse GTV6 Furore auf Rennstrecken in der ganzen Welt. Diesen setzt die Scuderia Jolly Club im 500-km-Rennen von Monza 1984 ein, das zur europäischen Tourenwagen-Meisterschaft zählte.

Unten: Das Dach ist aufgeschweißt. Jetzt wird nachgeschliffen.

praktisch als Vorboten auf den Dreiliter-V6, die ersten Sechszylinder mit auf 2934 cm³ erweitertem Hubraum. Schließlich entstanden im Laufe der Jahre aus dem 2,5-Liter des GTV6 auch Zweiliter-V6-Versionen mit Turbolader sowie ein Dreiliter und später 24-Ventil-Versionen für die nachfolgenden Alfa-Generationen. Noch im Jahr 2000 wurde der 2,5 V6 24V von einer international anerkannten Expertenjury zum „Motor des Jahres" gekürt – nicht zuletzt dank seines „Sechs-Appeals".

Während die Alfetta-Limousine 1984 in die letzte Produktionsrunde geschickt wurde, baute man das Coupé noch bis 1986 weiter. Insgesamt wurden etwa 130.000 Coupé-Versionen produziert, darunter 103.165 Vierzylinder inklusive der 500 Turbodelta-Exemplare sowie 22.861 GTV6 2.5 – davon wiederum etwa 800 als Sondermodell GTV6 Grand Prix. Das hatte Rayton Fissore mit einem speziellen Aerodynamik-Kit, Dekorstreifen und Spezial-Alufelgen versehen.

Impressionen aus Arese von der Fertigung der Alfetta-Coupés

Auch für Italien gab es eine Sonderversion mit dem Namen Grand Prix. Es handelte sich jedoch um eine Zweiliterversion, die es nur in rot gab, wobei auch Stoßstangen, Frontspoiler und Seitenschweller in Wagenfarbe lackiert waren. Außerdem hatte der Wagen schwarze Dekorstreifen und Aluminiumfelgen im GTV6-Look. Für den US-Markt lief noch eine kleine Zahl Balocco und Maratona vom Band. Die ersten 1980 hergestellten GTV6 kamen zum überwiegenden Teil nicht in den Verkauf, sondern gingen an „interne Stellen" – was unter anderem den Umbau zu Wettbewerbsfahrzeugen bedeutete.

Die Produktion des Coupés endete 1986 mit der Seriennummer ZAR116690*0008500, einem GTV6 2.5 Kat. Die Baureihennummer 116 erhielt die Alfetta übrigens als logische Fortsetzung in der Produktionslinie, da die Alfetta nach dem Spider mit der Seriennummer 115 in Produktion ging. Das Coupé und das Schwestermodell Giulietta, ab 1977 mit derselben Bodengruppe, trugen als Konsequenz ebenfalls dieselbe Typennummer. Im Jahre 1987 wurden zwar noch einige V6-Fahrzeuge verkauft und in Verkehr gesetzt, diese liefen jedoch ebenfalls alle noch 1986 im Werk Arese vom Band.

Oben: Die lackierten GT-Karosserien erhalten gleich Fahrwerksteile und die Auspuffanlage.

Unten: Das Band befördert Alfetta-Limousinen und Coupés hintereinander in den Ofen zum Einbrennen der Farbe.

Modell	Stückzahl	%	Infos
GT 1.6	15.984*	11,87%	
GT 1.8	23.132*	17,18%	
GT 2.0 Sprint Veloce	8.217	6,10%	USA Version mit SPICA Einspritzung
GTV 2.0 SI	400	0,30%	Version mit SPICA Einspritzung für Europa
GTV 2000	44.549*	33,09%	
GTV 2.0 Turbodelta	500	0,37%	
GTV 2.0	19.000*	14,11%	
GTV6 2.5	15.131*	11,24%	
GTV6 2.5 Kat.	7.500	5,57%	USA Version mit Katalysator
GTV6 3.0	230*	0,17%	Aufrüstung durch Autodelta-Kit in Südafrika
Total	134.643	100,00%	* inkl. rechtsgelenkten Modellen

TG 5303

2 Das Design

Das schnelle Coupé aus der Feder Giorgio Giugiaros

Oben links: Von Beginn an war Alfa Romeo berühmt für atemberaubendes Automobildesign. Ein Star ist der 8C 2900 B Touring Berlinetta.

Oben rechts. Die Giulia Sprint GT, oft schlicht Bertone genannt, ist die Coupé-Version der Giulia Limousine.

Unten: Giorgio Giugiaro ist ein Meister seines Fachs und hauptverantwortlicher Designer der Alfetta GT.

2 Das Design
Das schnelle Coupé aus der Feder Giorgio Giugiaros

Bei Alfa Romeo war es stets Tradition, einer sportlichen Limousine auch eine Coupé-Version zur Seite zu stellen. Einerseits um die Sportlichkeit der Wagen aus dem Hause des Biscione zu betonen, andererseits um auf die raffinierte Mechanik unter den edel geformten Karosserien aufmerksam zu machen. So war es in den 50er Jahren beim Alfa 1900 und seiner Coupé-Variante 1900 Sprint, die namhafte Karossiers wie Touring, Pininfarina und Bertone dazu animierte, eigene Kreationen ins Leben zu rufen, und so war es auch wenige Jahre später bei der Giulietta und ihrem zweitürigen Pendant Giulietta Sprint. Die Tradition setzte sich in den 60ern bei Giulia und Giulia GT ebenso fort mit der logischen Konsequenz, nach der Alfetta-Limousine auch eine Schrägheckversion anzubieten. 1974, zwei Jahre nach der Präsentation der Alfetta, kam folglich die GT-Variante, basierend auf der Mechanik der Alfetta 1.8, auf den Markt.

Der Werdegang von Alfetta GT und GTV hatte bereits 1967 begonnen, als man bei Alfa Romeo laut über ein Coupé nachdachte, um die Giulia GT abzulösen. Auf Bestellung von Alfa Romeo entwarf Giugiaro die Linie

Oben links: Aufsehen erregt Giugiaro auch 1997 mit dem Concept-Car Alfa Romeo Scighera.

Oben rechts: Das Design des Alfa Brera stammt ebenfalls von Italdesign. Der Prototyp hatte noch Scherentüren. Die Serienfertigung startete 2005.

Der Designer, seine Meisterstücke und seine Erben

Die Alfetta GT wurde von Giorgetto Giugiaro entworfen. Dieser Meister seines Fachs und seine Firma Italdesign gehören noch heute zu den bedeutendsten Styling-Studios. In den gut 50 Jahren seit Gründung entwarf das Unternehmen mehr als 200 Fahrzeuge, davon 90 Serienautos, die mehr als 35 Millionen Käufer fanden. Heute beschäftigt Giugiaros Firmengruppe über 1000 Mitarbeiter in der 67.000 Quadratmeter großen Fabrik in Moncalieri bei Turin.

Italdesign entwickelt auch Karosseriestrukturen und Radaufhängungen, baut alles vom Demonstrationsmodell bis zu voll funktionstüchtigen Prototypen. Zwei Beispiele der jüngsten Alfa-Romeo-Vergangenheit sind der faszinierende Scighera aus dem Jahr 1997 und der Brera, der 2002 im Automobilsalon Genf präsentiert wurde und ab 2005 in leicht geänderter Form in Serie ging. Die letzte Auftragsarbeit im Dienste von Alfa Romeo war der Alfa 159, ein Auto, das sowohl als Limousine als auch als Kombi vom Band lief und 2005, im selben Jahr wie der Brera, Premiere feierte. Seit 2015 gehört Italdesign jedoch zu Audi, weshalb Alfa Romeo der Stylingfirma in naher Zukunft vermutlich keine neuen Projekte mehr anvertrauen wird.

1959 erhielt der 18 Jahre alte Giorgio Giugiaro, oft Giorgetto genannt, die Chance, bei Bertone sein Können zu zeigen. Herausragendes Ergebnis dieser Zusammenarbeit war die Giulia GT von 1963. Somit war Giugiaro also bereits am Design des Alfetta-Coupé-Vorgängers maßgeblich beteiligt, auch wenn die Giulia GT im Volksmund oft nur als Bertone bezeichnet wird und selbst Alfisti gar nicht bekannt ist, dass Giugiaro großen Einfluss auf das Design hatte.

Nach sechs Jahren bei Bertone wechselte der rastlose Gestalter jedoch bereits 1965 zu Ghia, wo weltberühmte Sportwagen wie Maserati Ghibli oder DeTomaso Mangusta entstanden. Als sich Giugiaro 1967 unter dem Namen Ital-Styling selbständig machte, arbeitete er zunächst noch für Ghia, bis er sich für das Riesenprojekt Alfasud mit Karosseriebau-Ingenieur Aldo Mantovani zusammentat und am 13. Februar 1968 die Firma Italdesign gründete.

Zu Beginn der 70er, der Alfasud kam 1972, schuf Italdesign eine neue Formensprache mit Ecken und Kanten und scheinbar simplen planen Flächen. In kleinen Stückzahlen rollten Lotus Esprit, BMW M1 und DeLorean unters handverlesene Volk. Doch in Form von VW Golf (ab 1974), Lancia Delta, Fiat Panda, Maserati Quattroporte, VW Scirocco und eben Alfetta GT wurde das typische markante Design Straßenbild-bestimmend.

Die meisterhaften Entwürfe zeichnet Giorgio Giugiaro, hier in seinem Atelier, noch von Hand.

Oben links: Der erste Coupé-Prototyp basiert noch auf dem 1750 Berlina.

Oben rechts: Ein weiterer Entwurf des Centro Stile Alfa Romeo

Darunter: Im Centro Stile fertigen die Alfa-Leute Zeichnungen, Kleinmodelle und Prototypen (interne Bezeichnung: Projekt 116). Die Ähnlichkeit zum Fiat 124 ist nicht zu übersehen – auch ein Grund, warum das Konzept keine Chance hat.

eines Coupés, das allerdings noch auf dem 1750 mit konventionell platziertem Getriebe basierte. Weder die Alfetta-Limousine noch ihre Transaxle Bauweise waren damals ein Thema.

Erst gegen Ende 1967 wurde bei Alfa Romeo, dank dem genialen Konstrukteur Giuseppe Busso, mit dem Gedanken gespielt, die Mechanik der Ur-Alfetta mit Transaxle-Bauweise weiterzuentwickeln – also mit De-Dion-Hinterachse und hinten angeordnetem Getriebe. So erhielt auch Giugiaro, der soeben den ersten Prototypen auf Basis des 1750 fertiggestellt hatte, von Alfa Order, ein Coupé um die neue Technik herum zu entwerfen.

Gleichzeitig wurden die ersten Zeichnungen der neuen Achse gefertigt und Pläne für die Limousine ins Auge gefasst. Giugiaro spielte dabei eine wesentliche Rolle und hatte viele Freiheiten. Die Alfa-Leitung vertraute ihm den kompletten Entwurf an, nachdem sie ja schon mit früheren Projekten aus seiner Bertone-Zeit beste Erfahrungen mit ihm gemacht hatte. Die einzigen Vorgaben betrafen Radstand, Höhe und Zahl der Sitzplätze.

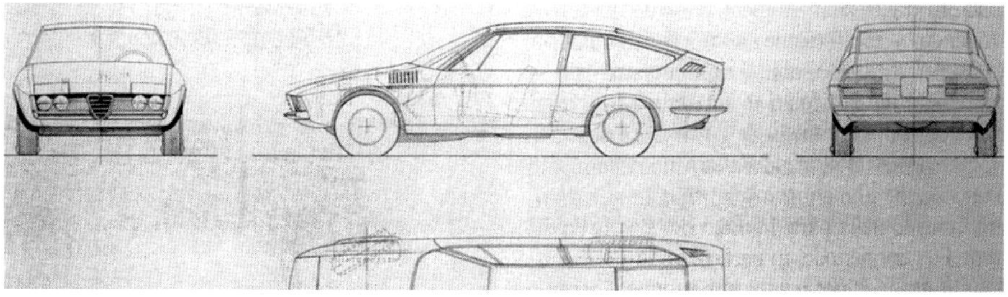

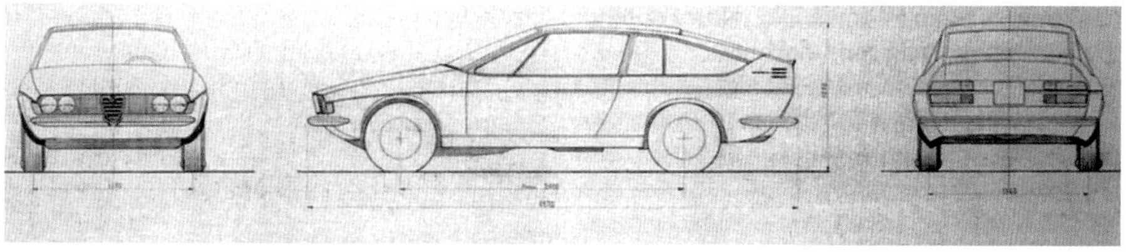

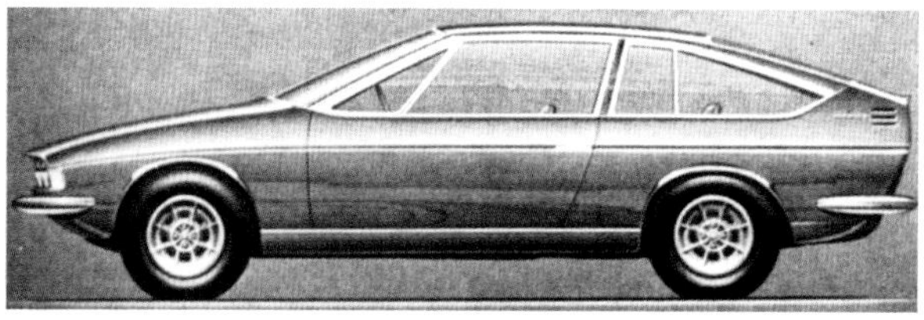

Oben: An den ersten Projektzeichnungen der Alfetta GT von Giugiaro fallen die verborgenen Scheinwerfer auf und die C-Säule mit dem Seitenfenster, die vom endgültigen Design noch erheblich abweichen. Ansonsten ist das kommende Coupé in der Linienführung schon sehr gut erkennbar.

Mitte: In der zweiten Designstudie sind die Scheinwerfer bereits fix, aber wegen der steiler abfallenden Motorhaube in einer tieferen Position angebracht. Auch das hintere Fenster gleicht schon der definitiven Form. Die Lüftungsschlitze im vorderen Kotflügel fallen später wieder weg.

Unten: Am dritten Vorschlag sind schon fast alle Merkmale der zukünftigen Alfetta GT zu erkennen. Die Tür ist noch zu groß, und die Lüftungsschlitze an der C-Säule entsprechen noch nicht der endgültigen Variante.

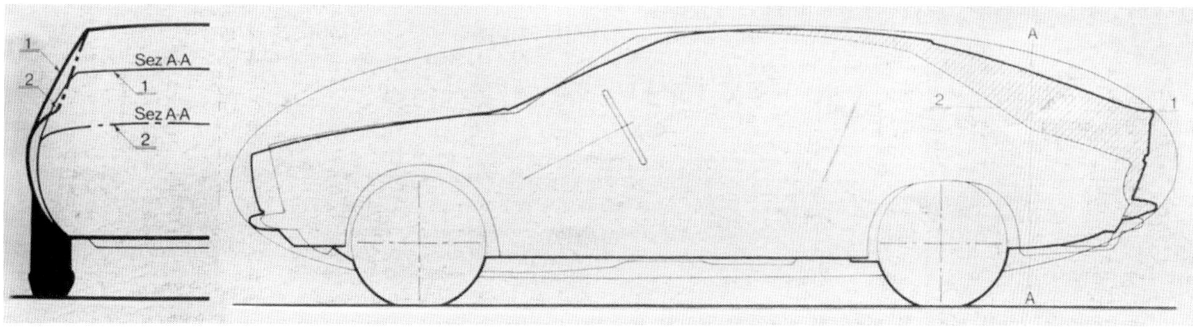

Ein Karosserie-Vergleich zwischen Giulia GT und Alfetta GT

Giugiaro entwarf, inspiriert vom Maserati Ghibli, mit den Alfa-Stylisten ein Fahrzeug, das ähnliche Linien wie das spätere GT Coupé mit Heckklappe aufwies. Die raffinierte Klappe besaß bereits einen integrierten Spoiler, was damals bei Serienautos nicht üblich war. Der diente nicht nur der Optik, sondern zusammen mit den beiden seitlichen „Flossen" einer Kanalisierung der Luft auf die Heckklappe, was für mehr Abtrieb sorgen sollte.

Im Windkanal erwies sich das jedoch als absolut ineffizient, sodass die Heckklappe überarbeitet werden musste. Die zur gleichen Zeit entstehenden Entwürfe von Alfa Romeo ähnelten sehr dem Fiat 124 Coupé mit Kofferraumdeckel und hatten Lüftungsschlitze in den vorderen Kotflügeln. Diese Pläne wurden dann beim ersten Styling-Briefing zu Gunsten einer Fortführung des Giugiaro-Vorschlages verworfen. Giugiaro stellte drei Varianten vor, die sich in Scheinwerferabdeckungen, Heckleuchten, Lüftungsschlitzen und mehr oder weniger tief gezogenen Motorhauben voneinander unterschieden.

Der erste Prototyp der Alfetta GT datiert auf den 28. April 1969 und war schließlich eine Kombination der drei vorgestellten Varianten. Das Design entsprach schon sehr der späteren Realität, wusste jedoch noch nicht vollends zu überzeugen. Die Motorhaube hatte am oberen Ende zwei Schlitze. Die sollten eigentlich die Wärme aus dem Motorraum führen, taten dann aber genau das Gegenteil: Bei Aerodynamiktests stellten die Ingenieure fest, dass die Luft förmlich in den Motorraum gesogen wurde.

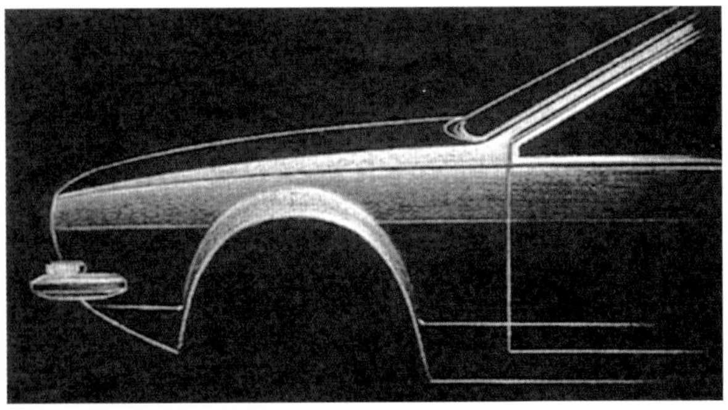

Links: Die drei Projektstudien von Giugiaro sowie Detailzeichnungen ohne Einfluss auf das Endergebnis

Rechts: Guigiaros 1:1-Holzmodell kommt dem Endprodukt schon sehr nahe. Viele Details sind schon endgültig, vor allem am Heck. Die Frontpartie erfährt noch die meisten Änderungen.

Oben: Dasselbe Modell von links. Auch der hintere Radlauf ist noch nicht so rund wie er einmal werden sollte. Räder und Radkappen stammen von der Giulia.

Unten: Dieselbe Version in Blech besitzt die verborgen ruhenden Scheibenwischer. Giugiaros Idee sollte dann aber nicht zum Tragen kommen.

Die Scheibenwischerarme lagen verborgen unter der Motorhaubenkante. Die Scheinwerferpartie mit Kühlergrill war noch zu voluminös und die Blinker waren unpassend in der Frontstoßstange untergebracht. Die C-Säule mit Fahrgastraum-Belüftung gefiel noch nicht, und die vorderen Kotflügel wiesen ebenfalls Lüftungsschlitze auf und sehr große, längliche Seitenblinker.

Das Ganze wurde noch mehrmals geändert, bis nach etlichen Modifikationen 90 Prozent abgesegnet waren. Fortan waren auf der Motorhaube nur noch die Schlitze für die Frischluftzufuhr zu sehen. Die Scheibenwischer waren auf dem Lüftungsblech angeschlagen. Die Scheinwerfer wurden verkleinert, das Kühlergitter verfeinert und die Blinker zwischen Scheinwerfer und Stoßstange montiert.

Die C-Säule entsprach nun der Lösung der ersten Serie mit dem geschlitzten Dreieck. Die Schlitze in den vorderen Kotflügeln entfielen, und die Seitenblinker fanden sich in kleinerer Form am Kotflügel vor dem Rad wieder. Alfa Romeo übernahm nun für die restlichen 10 Prozent und das Interieur wieder das Zepter. Am 6. April 1970 wurde der erste Prototyp vorgestellt. Während Heck und Flanke schon so aussahen wie beim Serienmodell, glich die Front mit dem markanten Scudetto noch immer dem späteren Alfasud Sprint (Debüt erst 1976), da die Motorhaube immer noch hinten angeschlagen war. Beim zweiten Prototypen waren dies und das „Alfa-Herz“ nun bereits auf die endgültige Lösung mit fester verschweißter Front, kleinerer nach vorne öffnender Haube und formgerechtem Alfa-Scudetto geändert.

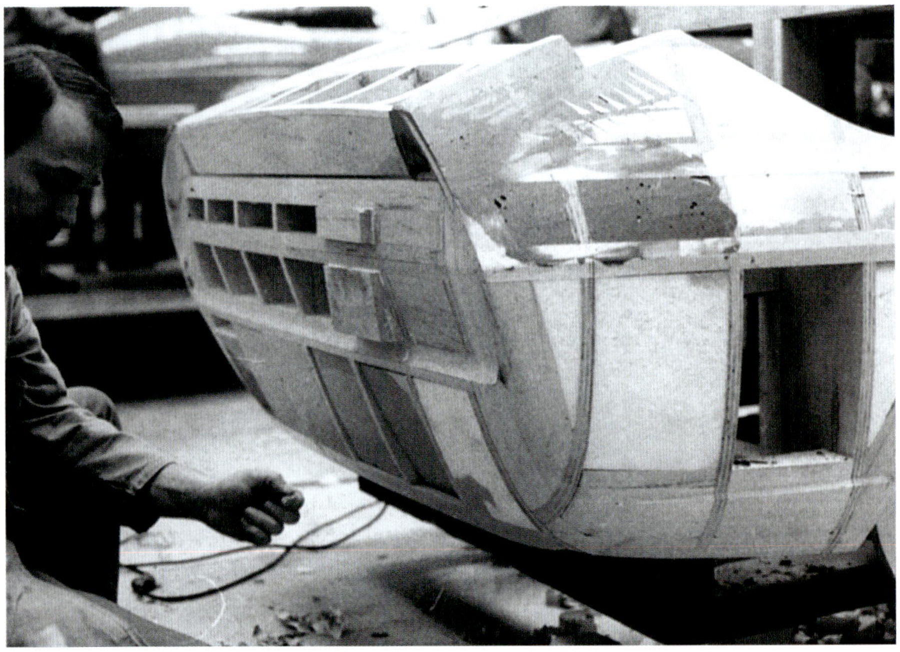

Oben links: Dieses Holzmodell zeigt bereits die endgültige Form der GTV-Front.

Oben rechts, Mitte und unten: Das 1:1-Holzmodell des zweiten Prototyps entsteht. Die Schlitze sind weggefallen, und die Frontpartie ist geändert, aber noch nicht endgültig. Die Bilder datieren auf Ende 1969, vier Jahre vor der Präsentation des Serien-Coupés.

Oben links: Nachdem 90 Prozent des Giugiaro-Designs abgesegnet sind, wird das Projekt zur Fertigstellung an Alfa Romeo übergeben. Der erste im Centro Stile gefertigte Prototyp wird am 6. April 1970 vorgestellt. Die Front ist immer noch weit entfernt vom Endprodukt und erinnert heute an den später erschienenen Alfasud Sprint.

Unten: Der zweite Prototyp aus dem Centro Stile gleicht dem kommenden GT schon sehr. Nur die geschlitzten Scheinwerferabdeckungen fallen später aus Kostengründen wieder weg.

Oben rechts: Dieser Prototyp wird auch für Windkanaltests verwendet.

Der Prototyp hatte ein weiteres Merkmal, das schon bei den ersten Entwürfen Giugiaros eine Rolle spielte: Die Scheinwerferabdeckungen à la Alfa Montreal (Debüt erst 1971) waren nicht beweglich, was durch die relativ flache Front und somit gut sichtbare Scheinwerfer auch nicht nötig war. Alfa verzichtete dann aber aus Kostengründen auf dieses Designelement, das keinerlei praktischen Nutzen hatte.

Abgesehen davon war das neue Coupé fertig. Mit der endgültigen Frontform begannen schließlich am 1. Juli 1971 die Tests. In den folgenden drei Jahren bis zur Markteinführung absolvierte das Coupé alle Straßen-, Funktions- und Windkanaltests, und es wurden die erforderlichen Bewilligungen und Zulassungen eingeholt. So kamen die beiden Plastikspoiler unter der vorderen Stoßstange erst dazu, als die Zulassungsbehörde monierte, dass bei hohen Geschwindigkeiten zu geringer Anpressdruck auf die Hinterachse ein Sicherheitsrisiko bildete.

Zwischenzeitlich hatte sich auch Bertone an einer eigenen Version des Coupés versucht. Während die vorderen Kotflügel, A-Säulen und Türen fast identisch mit dem Giugiaro-Modell waren, hatte die Bertone-Version eine Frontpartie mit Alfasud-ähnlichen Scheinwerfern und ab der B-Säule eine komplett missratene Heckpartie mit Schrägheck. Ein Prototyp, der glücklicherweise nicht weiterverfolgt wurde.

Schließlich debütierte die Alfetta GT offiziell 1974, zwei Jahre nach der Limousine. Das über mehrere Jahre gereifte Design der ersten Serie überdauerte die Zeit mit nur wenigen Änderungen bis 1980, als die zweite Serie mit dem GTV 2.0 und dem Topmodell GTV6 zum Verkauf

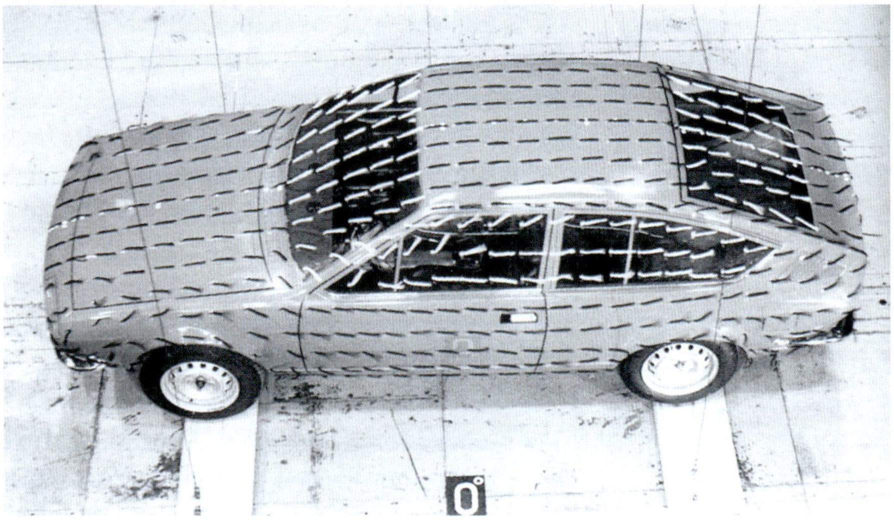

Oben links: Die Windkanaltests mit dem zweiten Prototypen des Centro Stile finden in der Stuttgarter Universität statt.

Oben rechts: Die Heckpartie des letzten Prototypen erfährt nur noch wenige Änderungen, etwa die Vertiefung für das Nummernschild.

Unten links: Das endgültige Design der ersten Alfetta GT steht fest.

Mitte und unten rechts: Auch Bertone entwickelt einen eigenen Prototypen aus den Giugiaro-Vorschlägen. Dieser Wagen ist jedoch alles andere als schön. Nur wenige Partien erinnern an die anderen Studien.

angeboten wurde. Die Chrom-Stoßstangen wurden durch Teile aus Kunststoff ersetzt, und das Interieur und vor allem das Armaturenbrett kamen in überarbeiteter Form.

Für die dritte Serie 1983 plante Alfa Romeo ein völlig neues Styling. Giugiaro und das Centro Stile Alfa machten erneut ihre Vorschläge. Während Giugiaro die Heckleuchten, die Stoßstangen und die Spiegel umdesignte und die Heckklappe mit einem kleinen Heckflügel versah, drifteten die Designer vom Centro Stile noch mehr ins Abseits. Sie ersetzten die runden Doppel- durch Einzel-Scheinwerfer, entwarfen ebenfalls neue Außenspiegel, komplett neue Stoßstangen und einen Heckflügel und entfernten zudem die C-Säulen-Abdeckungen – und erhielten den Zuschlag.

Das neue Interieur glich dem des Alfa 33, und die Anbauteile beider Versionen waren unförmige Plastikhaufen. Heute muss man sagen, dass diese Neuauflage wegen der wirtschaftlichen Situation von Alfa Romeo aus Kostengründen glücklicherweise nicht realisiert werden konnte. Stattdessen nahm man ein einfaches Restyling am Interieur und an wenigen dezenten äußeren Punkten vor.

Zur gleichen Zeit machte sich Alfa Romeo auch Gedanken über die sportliche Zukunft im Tourenwagen-Geschäft, und Zagato entwarf einen weiteren Prototypen, den GTV6 Evoluzione mit Dreiliter-V6 und einem einzigartigen Aerodynamik-Kit. Leider war das Produktionsende des GTV6 bereits absehbar, und Alfa Romeo plante nicht mehr mit dem bis dahin sehr erfolgreichen Tourenwagen-Coupé.

Oben: Die Alfetta GT muss zahlreiche Crashtests bestehen, ehe sie die Zulassung bekommt.

Mitte links: Der letzte Prototyp aus dem Centro Stile hat die Form, die am 1. Juli 1971 endgültig festgelegt wurde. Nur die beiden kleinen Kunststoffspoiler unter der Stoßstange fehlen noch.

Mitte rechts: Erst beim Zweilitermodell ab 1976 gibt es anstelle der Schlitze in der C-Säule die ausgestanzten Lettern G, T und V.

Unten: Eine Alfetta GTV 2.0, nun auch von vorne ein gelungenes Design

Stattdessen wurde mit dem Alfa 75 Turbo Evoluzione auf Basis des 1985 vorgestellten Alfa Romeo 75 ein neuer Gruppe-A-Rennwagen geschaffen, der den Erfolg fortsetzte.

So blieb es bei diesem Unikat, das nicht nur wegen seines atemberaubenden Renn-Looks heraussticht, sondern noch mehr dadurch, dass es die einzige Werks-Ausführung mit Dreiliter-Motor und vorn eingebautem Getriebe ist. Das von ZF hergestellte 5-Gang-Getriebe ist identisch mit dem des Alfa 6. Der Kardantunnel musste für den Einbau geändert werden, um das voluminöse Schaltgetriebe hinter dem Motor unterbringen zu können. So wurde auch eine breitere Mittelkonsole nötig, die ebenfalls vom Alfa 6 übernommen wurde. Da der ursprüngliche Gedanke vom Rennauto kein Thema mehr war, stylte Zagato auch das Interieur auf ein serienmögliches Design mit neuen Sitzen und Türverkleidungen aus schwarzem Leder um. Dieses sehenswerte Renncoupé steht heute im Alfa Romeo Museum in Arese bei Milano.

Oben links: Das Armaturenbrett des GT wird von Beginn an im Centro Stile entworfen. Das Bild zeigt ein Vorserienmodell.

Oben rechts: Der endgültige Entwurf hat die außergewöhnliche Konfiguration mit zwei Hutzen und dem Drehzahlmesser im direkten Blickfeld des Fahrers behalten.

Mitte und unten: Die Studie des Centro Stile für die dritte Serie des GTV weist zahlreiche Veränderungen auf, stellt aber nicht unbedingt eine Verbesserung dar. Es blieb beim Entwurf.

Oben links: Das Interieur des Centro-Stile-Vorschlags für die dritte Serie hat große Ähnlichkeit mit dem des Alfa 33.

Oben rechts. Gewöhnungsbedürftig gerät das wuchtige Heck der Studie.

Mitte rechts: Auch Giugiaro reicht einen Vorschlag ein. Besonders auffallend sind die neuen Heckleuchten und die Stoßstangen.

Unten: Der GTV6 3.0 von Zagato wird ursprünglich für den Rennsport konzipiert. Es bleibt bei dieser aufsehenerregenden Studie.

BE·621595

3 Variationen des Themas

Von 1,6 bis 3,0 Liter

Die Modellparade zeigt von links nach rechts:
Alfetta GT 1.8
Alfetta GT 1.6
Alfetta GTV 2000
Alfetta GTV 2.0 Turbodelta
GTV 2.0 Serie 1
GTV6 2.5 Serie 1
GTV6 2.5 Serie 2
GTV6 2.5 Grand Prix

3 Variationen des Themas
Von 1,6 bis 3,0 Liter

Zwei Jahre nach der Präsentation der Alfetta-Limousine war auch das Coupé dank innovativer Transaxle-Bauweise und den bekannten leistungsfähigen Motoren ein weiteres Beispiel für die fortschrittliche Technologie von Alfa Romeo. Traditionsgemäß standen auch GT und GTV ganz im Zeichen von Eleganz, Sportlichkeit und zukunftsweisender Technik. Spätestens mit dem neuen Sechszylinder, entwickelt von Giuseppe Busso, beeindruckte vor allem der Alfa GTV6 Presse und Kundschaft gleichermaßen. Das legendäre V6-Triebwerk war der beste Beweis für die weltweit geschätzte Alfa-Romeo-Perfektion und Technologieträger für die nächsten 25 Jahre.

Nachfolgend sind alle wichtigen Modellversionen detailliert mit den wichtigsten Angaben zur Motorisierung aufgeführt. Über das Interieur, das Transaxle-Getriebe und das Fahrwerk, das seinen Fahrern eine völlig neue Dimension anspruchsvollen Autofahrens eröffnete, wird anschließend berichtet, weil sich die Modelle da bis auf wenige Ausnahmen nur in Details voneinander unterscheiden. Den Werbeslogan „Synthese zwischen Sportlichkeit und Eleganz" versteht man spätestens nach einer Fahrt mit diesem rassigen Alfa Romeo Coupé aus Arese. Als Quelle für die technischen Daten dienten die originalen Alfa-Pressemappen und -Prospekte.

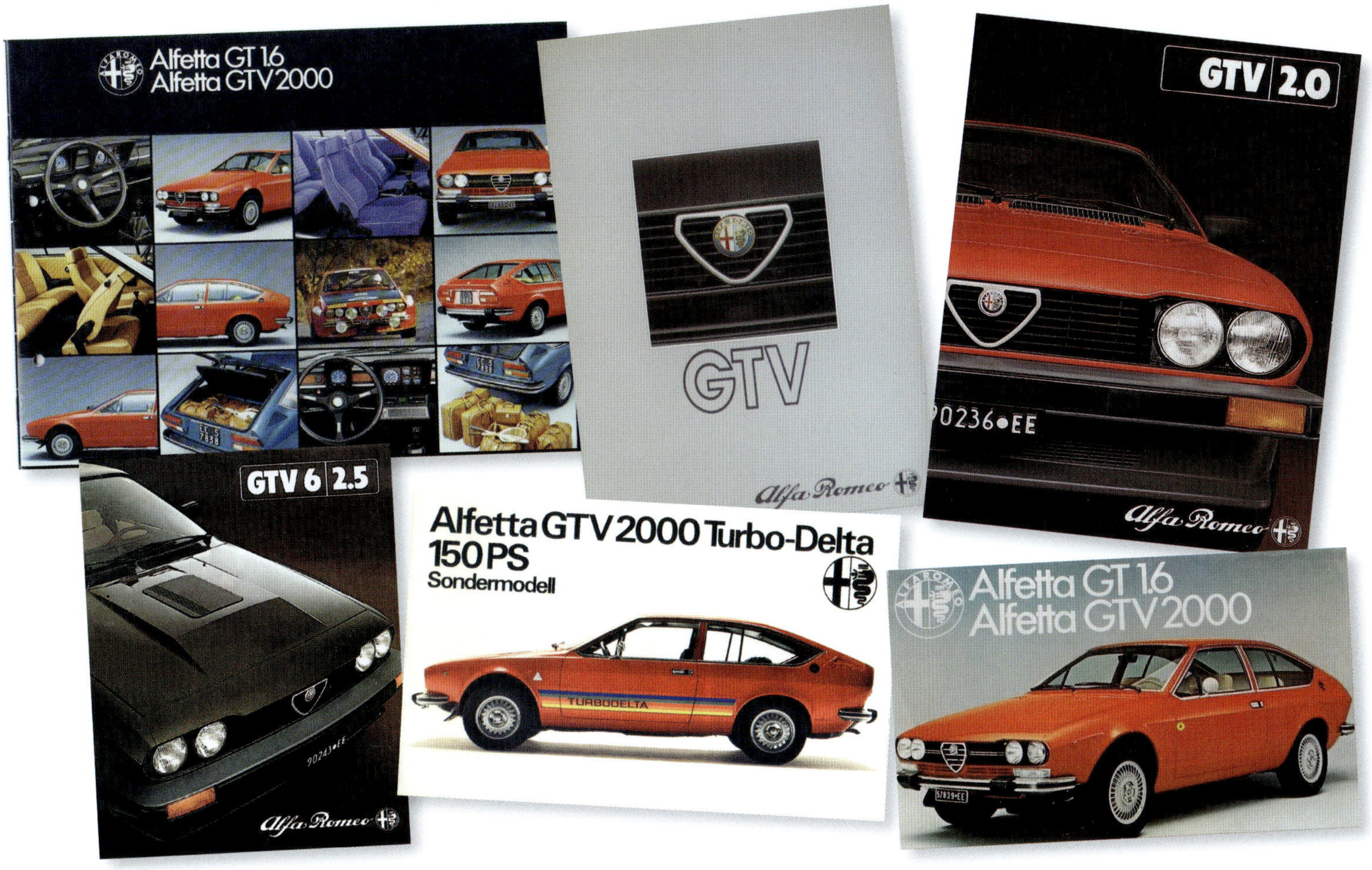
Alfetta GT 1.6
Alfetta GTV 2000
GTV
Alfa Romeo
GTV 2.0
Alfa Romeo
GTV 6 2.5
Alfa Romeo
Alfetta GTV 2000 Turbo-Delta
150 PS
Sondermodell
TURBODELTA
Alfetta GT 1.6
Alfetta GTV 2000

Tel. 044 311 90 62
LENDENMANN
8006 Zürich
Telefon 043 300 53 00
info@kohler-druck.ch
Kohler Satz + Druck
Bikes, so individuell wie du!
www.price-bikes.ch
8302 KLOTEN
Industrie - Pulver - Lackierwerk
9
X59739 MI
TG 53166

GTV 6

Alfetta GT 1.6 (1976 bis 1980)

Die kleinste Alfetta GT, bezogen auf den Hubraum, kommt erst zwei Jahre nach Lancierung des Coupés auf den Markt. Der GT 1.8 bekommt 1976 mit dem GT 1.6 einen kleineren Bruder zur Seite gestellt. Der 1570 cm³ große Doppelnockenwellen-Motor verfügt immer noch über dieselben Bohrungs- und Hubmaße wie einst die Giulia und leistet stattliche 108 PS. Optisch unterscheiden sich die beiden GT-Modelle nicht, aber über dem Nummernschild prangt nun ein großer Alfa-Romeo-Schriftzug an der Heckklappe, und das Armaturenbrett trägt eine Holz-Zierleiste.

Wahlweise ist das Coupé mit Stahl- oder Leichtmetallfelgen erhältlich. Auch eine Kunstleder-Innenausstattung ist auf Wunsch zu haben. Beim 1.6 GT kommt ein neu gestaltetes Kühlergitter zur Anwendung. Darunter hat das Frontblech neuerdings Schlitze zur besseren Kühlung. Die Version mit 1,6-Liter wird nur fünf Jahre lang gebaut. In dieser Zeit laufen in Arese 15.984 Exemplare vom Band, die letzten 651 Stück noch 1980, als mit dem GTV 2.0 bereits die modernisierte zweite Serie mit Kunststoffstoßstangen und überarbeitetem Armaturenbrett lieferbar ist.

Technische Daten	GT 1.6
Zylinderzahl	4
Zylinderanordnung	in Reihe vorne längs
Bohrung x Hub (mm)	78 x 82
Hubraum (cm³)	1570
Verdichtungsverhältnis	9,0 : 1
Max. Leistung (PS / kW) bei U/min	108 / 79 bei 5600
Max. Drehmoment (Nm) bei U/min	142 bei 4300
Steuerung	2 obenliegende Nockenwellen mit Kettenantrieb
Kraftstoffaufbereitung	Zwei Doppelvergaser mit mechanischer Treibstoffpumpe
Zündung	Unterbrecher Zündung
Batterieleistung (Ah)	50
Antrieb	auf die Hinterräder in Transaxle-Bauweise, dreifach gelagerte Kardanwelle mit Polyurethan-gelenken
Anzahl Gänge	5 + R
Übersetzung Achsantrieb	4,30 : 1
Bereifung	185 / 70 HR 14
Lenkung	Zahnstangenlenkung
Felgen	5 1/2 J x 14
Wendekreisdurchmesser (m)	10,0
Lenkradumdrehungen	3,5
Vorderradaufhängung	Einzelradaufhängung mit Trapez-Dreiecksquerlenkern, Drehstab-federn, Teleskopstoßdämpfern und Querstabilisator
Hinterradaufhängung	De-Dion-Achse mit Zugstreben, Wattgestänge, Schraubenfedern, Teleskopstoßdämpfern und Quer-stabilisator
Bremsscheiben vorne (mm)	261 (Stahl)
Bremsscheiben hinten (mm)	250 (Stahl)
Sitzplätze	4
Türen/Heckklappe	2/1
Länge (mm)	4190
Breite (mm)	1664
Höhe (mm)	1330
Radstand (mm)	2400
Spurweite vorne (mm)	1360
Spurweite hinten (mm)	1358
Kofferrauminhalt (dm³)	370
Kraftstofftank (l)	54
Füllmenge Motorenöl (l) mit Filter	5,0
Füllmenge Kühlwasser (l)	8,0
Füllmenge Getriebeöl (l)	2,1
Leergewicht (kg)	1040
Höchstgeschwindigkeit (km/h)	180
Beschleunigung (Sek) 0–100 km/h	9,9
Beschleunigung (Sek) 0–1000 m	32,8
Kraftstoffverbrauch (l/100 km) bei 120 km/h	8,3

Fahrgestellnummern und Motorcodes Alfetta GT 1.6

1976	AR11604*0001001 bis 0004600	AR01600
	AR11602*0001771 bis 0002310 (1)	AR01600
1977	AR11604*0004601 bis 0012350	AR01600
	AR11602*0005001 bis 0005094 (1)	AR01600
1978	AR11604*0012351 bis 0015000	AR01600
1979	AR11604*0015001 bis 0015799	AR01600
1980	AR11604*0015800 bis 0016450	AR01600

(1) = Rechtslenkung

Alfetta GT 1.8 (1974 bis 1977)

Als erstes kommt 1974 die Coupé-Version der Alfetta mit dem 1,8-Liter-Vierzylinder auf den Markt. Mit der Plattform der Limousine, aber einem um 110 mm verkürzten Radstand weiß der Granturismo auf Anhieb zu begeistern. Auch die feine Technik mit De-Dion-Hinterachse stammt von der Alfetta. Wie die Limousine gibt es auch das Coupé anfangs nur mit 1,8 Litern, und so ist nur von der Alfetta GT die Rede, ohne Angabe des Hubraums.

Parallel zur Limousine wird der GT jedoch schon ein Jahr später in GT 1.8 umbenannt. Da auch der 1800er identisch mit dem der Alfetta ist, sinkt die Motorleistung wie bei der Limousine dank neuer Vergaserbestückung um 4 PS. So wird die Alfetta GT 1.8 in Zeiten der Ölkrise etwas sparsamer. Auf 100 km schluckt sie bei konstant 120 km/h aber 0,9 Liter mehr Benzin als die später produzierte 1,6-Liter-Version. Insgesamt werden binnen vier Jahren vom GT 1.8 (inklusive Rechtslenker) 23.132 hergestellt. Somit wird er mit einem Anteil von 17,18 Prozent nach dem GTV 2000 das zweitmeistgebaute Modell.

Technische Daten	GT 1.8
Zylinderzahl	4
Zylinderanordnung	in Reihe vorne längs
Bohrung x Hub (mm)	80 x 88,5
Hubraum (cm³)	1779
Verdichtungsverhältnis	9,5 : 1
Max. Leistung (PS / kW) bei U/min	122 / 91 bei 5500
Max. Drehmoment (Nm) bei U/min	168 bei 4400
Steuerung	2 obenliegende Nockenwellen mit Kettenantrieb
Kraftstoffaufbereitung	Zwei Doppelvergaser mit mechanischer Treibstoffpumpe
Zündung	Unterbrecher Zündung
Batterieleistung (Ah)	50
Antrieb	auf die Hinterräder in Transaxle-Bauweise, dreifach gelagerte Kardanwelle mit Polyurethan-gelenken
Anzahl Gänge	5 + R
Übersetzung Achsantrieb	4,10 : 1
Bereifung	185 / 70 HR 14
Lenkung	Zahnstangenlenkung
Felgen	5 1/2 J x 14
Wendekreisdurchmesser (m)	10,0
Lenkradumdrehungen	3,5
Vorderradaufhängung	Einzelradaufhängung mit Trapez-Dreiecksquerlenkern, Drehstab-federn, Teleskopstoßdämpfern und Querstabilisator
Hinterradaufhängung	De-Dion-Achse mit Zugstreben, Wattgestänge, Schraubenfedern, Teleskopstoßdämpfern und Quer-stabilisator
Bremsscheiben vorne (mm)	261 (Stahl)
Bremsscheiben hinten (mm)	250 (Stahl)
Sitzplätze	4
Türen/Heckklappe	2/1
Länge (mm)	4190
Breite (mm)	1664
Höhe (mm)	1330
Radstand (mm)	2400
Spurweite vorne (mm)	1360
Spurweite hinten (mm)	1358
Kofferrauminhalt (dm³)	370
Kraftstofftank (l)	54
Füllmenge Motorenöl (l) mit Filter	5,0
Füllmenge Kühlwasser (l)	8,0
Füllmenge Getriebeöl (l)	2,1
Leergewicht (kg)	1050
Höchstgeschwindigkeit (km/h)	192
Beschleunigung (Sek) 0–100 km/h	9,8
Beschleunigung (Sek) 0–1000 m	31,4
Kraftstoffverbrauch (l/100 km) bei 120 km/h	9,0

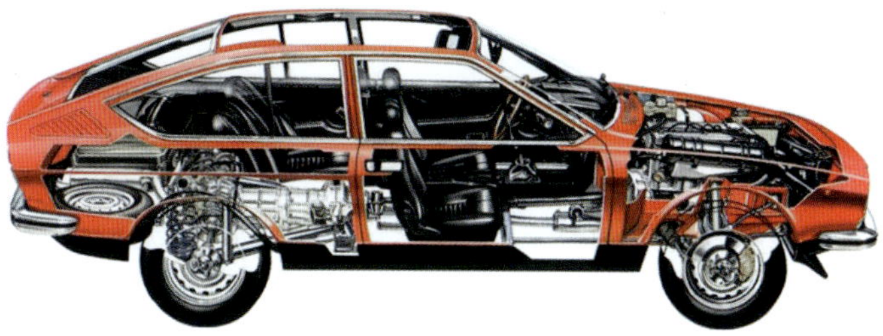

Fahrgestellnummern und Motorcodes Alfetta GT 1.8

1974	AR11610*0001011 bis 0007800	AR01608*S
1975	AR11654*0001001 bis 0001800	AR01608*X
	AR11610*0007801 bis 0015584	AR01608*S
	AR11611*0001001 bis 0002900 (1)	AR01608*X
	AR11611*3370001 bis 3370820 (1)	AR01608*X
1976	AR11654*0001801 bis 0005308	AR01608*X
	AR11605*0001011 bis 0001400 (1)	AR01608*X
1977	AR11605*0001401 bis 0002300 (1)	AR01608*X
	AR11605*0002301 bis 0002540 (1)	AR01608*X

(1) = Rechtslenkung

Alfetta GTV 2000 (1976 bis 1980)
1976, bereits ein Jahr vor der Limousine, bekommt das Coupé den bekannten Zweiliter aus der Giulia GT Veloce, allerdings mit 10 PS weniger. Der Granturismo wird somit zum Granturismo Veloce, heißt nun GTV 2000 und wird das meistverkaufte GTV-Modell in den dreizehn Produktionsjahren. Äußerlich weist der 122 PS starke GTV nur geringfügige Unterschiede zum GT 1.8 auf. Neu sind Gummi-Stoßstangenhörner vorne und hinten sowie die Luftauslässe an den C-Säulen mit dem ausgestanzten GTV-Schriftzug. Zudem gehören Stahlfelgen in frischem Design zur neuen Serienausstattung. Leichtmetallfelgen sind bei allen Versionen aber nach wie vor ab Werk lieferbar.

Auch den GTV 2000 ziert ein großer Alfa-Romeo-Schriftzug unter dem Schloss am Heck. 1978 bekommt das Auto den Zusatz L. Wie die Limousine hat der GTV 2000 L dank modifizierter Nockenwellen nun 130 PS bei geringerem Treibstoffverbrauch. Zudem bekommt das Coupé ein besser abgestimmtes Fahrwerk. So erreicht der Wagen die bemerkenswerte Höchstgeschwindigkeit von 206 km/h. 44.549 werden gebaut, ein Drittel der Gesamtproduktion.

Technische Daten	GTV 2000 / 2000 L
Zylinderzahl	4
Zylinderanordnung	in Reihe vorne längs
Bohrung x Hub (mm)	84 x 88,5
Hubraum (cm³)	1962
Verdichtungsverhältnis	9,0 : 1
Max. Leistung (PS / kW) bei U/min	122 / 91 – 130 / 96 (L) bei 5300 / 5400 (L)
Max. Drehmoment (Nm) bei U/min	175 bei 4000
Steuerung	2 obenliegende Nockenwellen mit Kettenantrieb
Kraftstoffaufbereitung	Zwei Doppelvergaser mit mechanischer Treibstoffpumpe
Zündung	Unterbrecher Zündung
Batterieleistung (Ah)	60
Antrieb	auf die Hinterräder in Transaxle-Bauweise, dreifach gelagerte Kardanwelle mit Polyurethangelenken
Anzahl Gänge	5 + R
Übersetzung Achsantrieb	4,10 : 1
Bereifung	185 / 70 HR 14
Lenkung	Zahnstangenlenkung
Felgen	5 1/2 J x 14
Wendekreisdurchmesser (m)	10,0
Lenkradumdrehungen	3,5
Vorderradaufhängung	Einzelradaufhängung mit Trapez-Dreiecksquerlenkern, Drehstabfedern, Teleskopstoßdämpfern und Querstabilisator
Hinterradaufhängung	De-Dion-Achse mit Zugstreben, Wattgestänge, Schraubenfedern, Teleskopstoßdämpfern und Querstabilisator
Bremsscheiben vorne (mm)	261 (Stahl)
Bremsscheiben hinten (mm)	250 (Stahl)
Sitzplätze	4
Türen/Heckklappe	2/1
Länge (mm)	4205
Breite (mm)	1664
Höhe (mm)	1330
Radstand (mm)	2400
Spurweite vorne (mm)	1360
Spurweite hinten (mm)	1358
Kofferrauminhalt (dm³)	370
Kraftstofftank (l)	54
Füllmenge Motorenöl (l) mit Filter	5,0
Füllmenge Kühlwasser (l)	8,0
Füllmenge Getriebeöl (l)	2,1
Leergewicht (kg)	1080
Höchstgeschwindigkeit (km/h)	206
Beschleunigung (Sek) 0–100 km/h	9,7
Beschleunigung (Sek) 0–1000 m	30,1
Kraftstoffverbrauch (l/100 km) bei 120 km/h	9,0

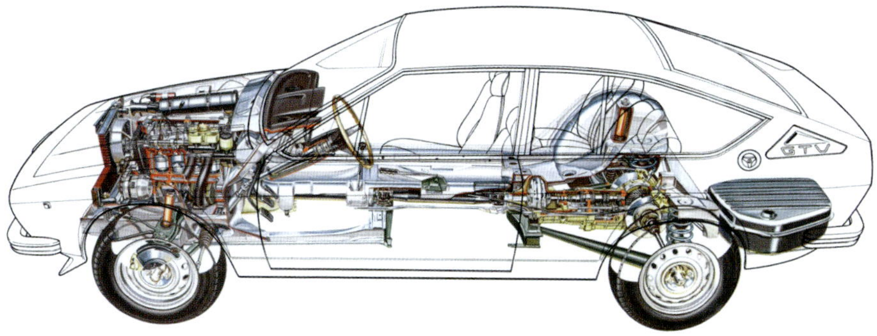

Fahrgestellnummern und Motorcodes Alfetta GTV 2000

1976	AR11636*0001001 bis 0010950	AR01623
	AR11637*0001001 bis 0001900 (1)	AR01623
1977	AR11636*0010951 bis 0022650	AR01623
	AR11637*0001901 bis 0004200 (1)	AR01623
1978	AR11636*0022651 bis 0027099	AR01623
	AR11637*0004201 bis 0011800 (1)	AR01623
	AR11636*0030001 bis 0034000	AR01655
1979	AR11636*0034001 bis 0041000	AR01655
1980	AR11636*0041001 bis 0044000	AR01655

(1) = Rechtslenkung

Alfetta GTV 2000 SI – GT 2.0 Sprint Veloce (1975 bis 1979)

1975 und 1976 produziert Alfa Romeo 3756 Exemplare einer Version mit mechanischer Einspritzung, die nur für den US-Markt gedacht ist. Die Zweiliter-Variante heißt in Amerika Sprint Veloce, aus dem einfachen Grund, weil man die Amerikaner mit dem Namen Alfetta nicht verwirren will – auch die Limousine trägt in den USA nur den Namen Alfa Romeo Sport Sedan. Später heißt das Auto aber auch jenseits des Atlantiks Alfetta GTV 2000 mit dem Zusatz SI für Sprint Injection. Schließlich findet jedoch auch dieses Modell den Weg auf den europäischen Markt, so dass bis 1979 weitere Exemplare produziert werden, bis es am Ende 8617 sind.

In Großbritannien, natürlich mit Rechtslenkung, heißt die Version dann sogar GTS, was für Gran Turismo Sedan steht. Die von der Konzernschwester SPICA entwickelte Einspritzung hatte sich schon seit 1969 im Spider 1750 und 2000 Veloce bewährt. Sie verringert die Leistung jedoch um 8 auf 122 PS.

Äußerlich fallen die Zierstreifen auf, die auf der seitlichen Sichtkante vom Heck bis an die vorderen Kotflügel reichen. Dazu kommen die verstärkten, dunkelgefärbten Stoßfänger und die seitlichen Positionsleuchten vorn und hinten. Die Modifikationen verlangt das strengere US-Gesetz. Sie nehmen dem Coupé jedoch einiges von seiner Ästhetik. Ebenfalls den US-Normen geschuldet ist der kleinere Kofferraum. Der Benzintank muss hinter der Rückbank eingebaut werden und verkleinert das Volumen somit auf 280 Liter.

Technische Daten	GTV 2000 SI / GT 2.0 Sprint Veloce
Zylinderzahl	4
Zylinderanordnung	in Reihe vorne längs
Bohrung x Hub (mm)	84 x 88,5
Hubraum (cm³)	1962
Verdichtungsverhältnis	9,0 : 1
Max. Leistung (PS / kW) bei U/min	122 / 91 bei 5300
Max. Drehmoment (Nm) bei U/min	175 bie 4500
Steuerung	2 obenliegende Nockenwellen mit Kettenantrieb
Kraftstoffaufbereitung	SPICA Einspritzpumpe (mechanisch)
Zündung	Unterbrecher Zündung
Batterieleistung (Ah)	66
Antrieb	auf die Hinterräder in Transaxle-Bauweise, dreifach gelagerte Kardanwelle mit Polyurethan-gelenken
Anzahl Gänge	5 + R
Übersetzung Achsantrieb	4,10 : 1
Bereifung	185 / 70 HR 14
Lenkung	Zahnstangenlenkung
Felgen	5 1/2 J x 14
Wendekreisdurchmesser (m)	10,0
Lenkradumdrehungen	3,5
Vorderradaufhängung	Einzelradaufhängung mit Trapez-Dreiecksquerlenkern, Drehstab-federn, Teleskopstoßdämpfern und Querstabilisator
Hinterradaufhängung	De-Dion-Achse mit Zugstreben, Wattgestänge, Schraubenfedern, Teleskopstoßdämpfern und Quer-stabilisator
Bremsscheiben vorne (mm)	261 (Stahl)
Bremsscheiben hinten (mm)	250 (Stahl)
Sitzplätze	4
Türen/Heckklappe	2/1
Länge (mm)	4343
Breite (mm)	1664
Höhe (mm)	1330
Radstand (mm)	2400
Spurweite vorne (mm)	1360
Spurweite hinten (mm)	1358
Kofferrauminhalt (dm³)	280
Kraftstofftank (l)	50
Füllmenge Motorenöl (l) mit Filter	5,0
Füllmenge Kühlwasser (l)	8,0
Füllmenge Getriebeöl (l)	2,1
Leergewicht (kg)	1080
Höchstgeschwindigkeit (km/h)	195
Beschleunigung (Sek) 0–100 km/h	10,0
Beschleunigung (Sek) 0–1000 m	31,4
Kraftstoffverbrauch (l/100 km) bei 120 km/h	9,5

Fahrgestellnummern und Motorcodes
Alfetta GTV 2000 Si – 2.0 GT Sprint Veloce

1975	keine Angaben von Alfa Romeo	AR01629
	AR11615*0001790 bis 0002039	AR01615
1976	AR11615*0002040 bis 0003375	AR01615
1977	AR11615*0003376 bis 0003925	AR01615
1978	AR11615*0003926 bis 0006250	AR01615
1979	AR11615*0006251 bis 0006650	AR01615

inkl. Rechtslenkung

Alfetta GTV 2.0 Turbodelta (1979 bis 1981)
Dieses Modell ist das erste italienische Serienauto mit Turbolader-Triebwerk und leicht an den bunten Rallyestreifen mit großem „Turbodelta"-Schriftzug an der Seite zu erkennen. Die Entwicklung der Alfetta GTV 2.0 Turbodelta obliegt, wie der Name schon andeutet, Autodelta, der Werks-Rennabteilung in Settimo Milanese, und profitiert von der langjährigen Erfahrung der dortigen Spezialisten. Der KKK-Turbolader besteht aus hochwiderstandsfähigen Materialien, die den hohen Temperaturen von rund 1000 °C, die im Lader herrschen, standhalten.

Für den Turbodelta werden gewöhnliche GTV 2000 L vom Typ 116.36A vom Band genommen und bei Autodelta umgebaut. Der Standardmotor wird leicht modifiziert und um den Turbolader ergänzt. Dazu gehört die geänderte Motorhaube mit Schlitzen, die für eine bessere Abführung der heißen Luft aus dem Motorraum sorgen. Mit 150 PS beschleunigt der Turbodelta binnen 7,9 Sekunden von 0 auf 100 km/h. Im Armaturenbrett ist eine Ladedruckanzeige eingebaut.

Die Turboversion ist nur in rot und gold erhältlich und sowohl mit Stahl- als auch mit Leichtmetallfelgen lieferbar. Da der Turbo-GTV für den Einsatz im Rennsport vorgesehen ist, werden nur die für die Homologation erforderlichen 500 Stück gebaut. Ein Teil wird sehr erfolgreich im Motorsport eingesetzt. Heute werden gut erhaltene Exemplare dieser „Limited Edition" zu stattlichen Preisen gehandelt. Die wenigen originalen Rallye-Werksturbodelta sind schwer zu finden. Taucht einmal einer auf, ist er unverkäuflich oder kaum bezahlbar. Glücklich, wer eines der wenigen Exemplare sein Eigen nennen kann.

Technische Daten	GTV 2.0 Turbodelta
Zylinderzahl	4
Zylinderanordnung	in Reihe vorne längs
Bohrung x Hub (mm)	84 x 88,5
Hubraum (cm³)	1962
Verdichtungsverhältnis	7,0 : 1
Max. Leistung (PS / kW) bei U/min	150 / 110 bei 5500
Max. Drehmoment (Nm) bei U/min	230 bei 3500
Steuerung	2 obenliegende Nockenwellen mit Kettenantrieb
Kraftstoffaufbereitung	Zwei Doppelvergaser mit mechanischer Treibstoffpumpe und KKK Turbolader
Zündung	Unterbrecher Zündung
Batterieleistung (Ah)	60
Antrieb	auf die Hinterräder in Transaxle-Bauweise, dreifach gelagerte Kardanwelle mit Polyurethangelenken
Anzahl Gänge	5 + R
Übersetzung Achsantrieb	4,10 : 1
Bereifung	185 / 70 HR 14
Lenkung	Zahnstangenlenkung
Felgen	5 1/2 J x 14
Wendekreisdurchmesser (m)	10,0
Lenkradumdrehungen	3,5
Vorderradaufhängung	Einzelradaufhängung mit Trapez-Dreiecksquerlenkern, Drehstabfedern, Teleskopstoßdämpfern und Querstabilisator
Hinterradaufhängung	De-Dion-Achse mit Zugstreben, Wattgestänge, Schraubenfedern, Teleskopstoßdämpfern und Querstabilisator
Bremsscheiben vorne (mm)	261 (Stahl)
Bremsscheiben hinten (mm)	250 (Stahl)
Sitzplätze	4
Türen/Heckklappe	2/1
Länge (mm)	4205
Breite (mm)	1664
Höhe (mm)	1330
Radstand (mm)	2400
Spurweite vorne (mm)	1360
Spurweite hinten (mm)	1358
Kofferrauminhalt (dm³)	370
Kraftstofftank (l)	54
Füllmenge Motorenöl (l) mit Filter	5,0
Füllmenge Kühlwasser (l)	8,0
Füllmenge Getriebeöl (l)	2,1
Leergewicht (kg)	1090
Höchstgeschwindigkeit (km/h)	215
Beschleunigung (Sek) 0–100 km/h	7,9
Beschleunigung (Sek) 0–1000 m	29,1
Kraftstoffverbrauch (l/100 km) bei 120 km/h	12,3

Fahrgestellnummern und Motorcodes Alfetta GTV 2.0 Turbodelta

1979	AR11636*0034001 bis 0041000	AR01655
1980	AR11636*0041001 bis 0044000	AR01655
1981	AR11636*0041001 bis 0044000	AR01655

Da für die Turbodelta-Versionen 500 Alfetta GTV 2000 L vom Band genommen und umgebaut wurden, sind die Fahrgestellnummern in jenen des GTV 2000 L enthalten. Auch der Motorcode ist mit dem des GTV 2000 L identisch.

Das Triebwerk des GTV 2.0 Turbodelta leistet in der Straßenversion 150 PS bei 5500 Umdrehungen. Auffällig sind die schwarze Motorhaube mit Schlitzen zur besseren Wärmeabfuhr und die farbigen Dekorstreifen mit dem Schriftzug Turbodelta.

Von den 500 Turbodelta Versionen wird eine unbekannte Anzahl für den Motorsport verwendet und hauptsächlich in Rallyes eingesetzt. Die Leistung reicht bei den Rennmodellen von 175 bis 315 PS. Mehr über diesen erfolgreichen Rallyewagen im Kapitel Rennsport.

Die Alfetta verschwindet 1980 aus der Typenbezeichnung. Das Coupé heißt fortan nur noch GTV. Vom Band in Arese laufen nun auch die frisch renovierten Zweiliter-Versionen. Im Hintergrund ist eine Giulietta zu sehen, die ebenfalls die feine Alfetta-Technik übernahm.

GTV 2.0 Serie 1 (1980 bis 1982)

Ab 1980 heißt das Coupé nicht mehr Alfetta, sondern schlicht Alfa GTV. Mit Einführung des GTV6 erfährt auch das Zweilitermodell zahlreiche Änderungen. Dazu gehört ein neues Armaturenbrett, bei dem der Drehzahlmesser nicht mehr solo im direkten Blickfeld des Fahrers thront, sondern sich mit Tacho, Uhr und weiteren Anzeigen ein Gehäuse teilt. Äußerlich werden dem GTV neue graue Kunststoff-Stoßstangen, ein großer Frontspoiler, seitliche Schweller und Abdeckungen an den C-Säulen sowie weitere Details aus Kunststoff verpasst, die dem Coupé ein modernes und zeitgemäßes Aussehen verleihen. Außerdem werden die Modelle mit neuen Heckleuchten-Einheiten ausgerüstet. Schwarze Fensterzierleisten und Gummidichtungen ersetzen die Chromteile, und Stahlfelgen mit Kunststoffkappen oder Aluminiumfelgen im Design des GTV6 runden die Änderungen ab. Diese „Serie 1" genannte Modellversion des Nuova GTV wird nur von 1980 bis 1982 produziert. Schon Ende 1982 kommt das Restyling von Interieur und Exterieur.

Vorher gibt es jedoch 1981 infolge des Formel-1-Engagements von Alfa Romeo noch eine Sonderserie des GTV 2.0. Der „Grand Prix" wird nur in Rot produziert, hat schwarze „Grand Prix"-Dekorstreifen, speziell lackierte Aluminiumfelgen und einen auffallenden roten Bodenteppich. Zudem sind Stoßstangen und Seitenschweller in Wagenfarbe lackiert, und auf der Abdeckung an der C-Säule prangt ein großes Quadrifoglio-Abzeichen.

Technische Daten	GTV 2.0
Zylinderzahl	4
Zylinderanordnung	in Reihe vorne längs
Bohrung x Hub (mm)	84 x 88,5
Hubraum (cm³)	1962
Verdichtungsverhältnis	9,0 : 1
Max. Leistung (PS / kW) bei U/min	130 / 96 bei 5400
Max. Drehmoment (Nm) bei U/min	183 bei 4000
Steuerung	2 obenliegende Nockenwellen mit Kettenantrieb
Kraftstoffaufbereitung	Zwei Doppelvergaser mit mechanischer Treibstoffpumpe
Zündung	Elektronische Zündung mit Zündverteiler
Batterieleistung (Ah)	60
Antrieb	auf die Hinterräder in Transaxle-Bauweise, dreifach gelagerte Kardanwelle mit Polyurethangelenken
Anzahl Gänge	5 + R
Übersetzung Achsantrieb	4,10 : 1
Bereifung	195 / 60 HR 15
Lenkung	Zahnstangenlenkung
Felgen	6 J x 15
Wendekreisdurchmesser (m)	10,0
Lenkradumdrehungen	3,5
Vorderradaufhängung	Einzelradaufhängung mit Trapez-Dreiecksquerlenkern, Drehstabfedern, Teleskopstoßdämpfern und Querstabilisator
Hinterradaufhängung	De-Dion-Achse mit Zugstreben, Wattgestänge, Schraubenfedern, Teleskopstoßdämpfern und Querstabilisator
Bremsscheiben vorne (mm)	261 (Stahl)
Bremsscheiben hinten (mm)	250 (Stahl)
Sitzplätze	4
Türen/Heckklappe	2/1
Länge (mm)	4260
Breite (mm)	1664
Höhe (mm)	1330
Radstand (mm)	2400
Spurweite vorne (mm)	1364
Spurweite hinten (mm)	1358
Kofferrauminhalt (dm³)	370
Kraftstofftank (l)	54
Füllmenge Motorenöl (l) mit Filter	5,0
Füllmenge Kühlwasser (l)	8,0
Füllmenge Getriebeöl (l)	2,1
Leergewicht (kg)	1110
Höchstgeschwindigkeit (km/h)	195
Beschleunigung (Sek) 0–100 km/h	9,7
Beschleunigung (Sek) 0–1000 m	30,3
Kraftstoffverbrauch (l/100 km) bei 120 km/h	9,9

Fahrgestellnummern und Motorcodes Alfa GTV 2.0

1980	ZAR116360*0050001 bis 0050600	AR01655
1981	ZAR116360*0050601 bis 0055100	AR01655
1982	ZAR116360*0055101 bis 0062700	AR01655
1983	ZAR116360*0062701 bis 0066250	AR01655
1984	ZAR116360*0066251 bis 0067850	AR01655
1985	ZAR116360*0067851 bis 0069000	AR01655

Inkl. Rechtslenkung

Der „Grand Prix“ wird nur in Rot und nur für Italien produziert, hat schwarze Dekorstreifen, speziell lackierte Aluminiumfelgen und einen auffallenden roten Bodenteppich.

Die Serie 2 kommt leicht aufgefrischt auf den Markt. Neu sind unter anderem die einheitlich grauen Flächen unterhalb der Seitenlinie, wärmedämmendes Glas und eine unsichtbare Radioantenne in der Windschutzscheibe.

GTV 2.0 Serie 2 (1982 bis 1985)

Das GTV-Coupé der „Serie 2“ bekommt neue Sitze, vorne mit Netzkopfstützen, sowie modernere Stoffe für Sitze und sämtliche Verkleidungen. Neben wärmedämmenden Scheiben und einer integrierten Radioantenne in der Windschutzscheibe gibt es auch eine bessere Geräuschdämmung dank einer zusätzlichen Trennwand unter dem Armaturenbrett. Außen sind die Flanken bis auf Höhe der Stoßstangen grau lackiert, so dass das Ganze zusammen mit einer schwarzen Zierleiste eine Linie bildet und die harmonische Keilform des GTV besser zur Geltung bringt. Vom Nuova GTV mit Zweiliter-Triebwerk, Serie 1 und 2, werden 19.000 Exemplare produziert.

Unten: *Die ersten GTV6-Prototypen haben schon Frontspoiler und Motorhaube in der endgültigen Form, aber in vielen Details wird sich noch allerhand ändern.*

GTV6 2.5 Serie 1 (1980 bis 1982)

Das unbestrittene Topmodell der Alfetta-Coupé-Reihe ist der GTV6, der erstmals 1980 auf den Markt kommt. Wie die Zweilitervariante heißt ab 1980 auch diese nicht mehr Alfetta. Ab jetzt ist, wegen des Sechszylindermotors, schlicht vom GTV6 die Rede. Ursprünglich sollte der V6 bereits in der ersten Hälfte der 70er im Alfa 6 Premiere feiern. Doch die Ölkrise macht dem einen Strich durch die Rechnung.

Der neue Wagen stellt die Vermählung der Alfetta GTV mit dem Triebwerk des Alfa 6 dar. Im GTV6 erhält der Motor jedoch die elektronische Benzineinspritzung L-Jetronic von Bosch. Das Resultat ist ein prestigeträchtiges 160-PS-Automobil, das auch im Rennsport bedeutende Erfolge feiert. Die Karosserie weist gegenüber den Vorgängern dieselben zahlreichen Änderungen auf wie beim GTV 2.0: das neue Armaturenbrett, neue Stoßstangen und Schweller sowie weitere viele grau-schwarze Kunststoffteile, die dem V6-Coupé einen modernen Anstrich verpassen.

Um für den höher bauenden Sechszylinder Platz zu schaffen, bekommt der GTV6 eine gewölbte Motorhaube mit einer grauen Abdeckung. Die sorgte auch für ein noch sportlicheres Äußeres. Schwarze Fensterzierleisten, ein neuer Außenspiegel, große Heckleuchten und neue 15-Zoll-Leichtmetallräder runden die optischen Veränderungen ab. Mit dem GTV6 setzt Alfa Romeo erneut prägende Akzente für die 80er. Das faszinierende V6-Aggregat ist nicht nur zukunftsweisend für die Marke, es besticht auch mit seiner Leistungsfähigkeit und setzt einen neuen Maßstab in Sachen Fahrvergnügen.

Technische Daten	GTV6 2.5
Zylinderzahl	6
Zylinderanordnung	V6 mit 60° Zylinderwinkel
Bohrung x Hub (mm)	88 x 68,3
Hubraum (cm^3)	2492
Verdichtungsverhältnis	9,0 : 1
Max. Leistung (PS / kW) bei U/min	160 / 118 bei 5600
Max. Drehmoment (Nm) bei U/min	213 bei 4000
Steuerung	2 obenliegende Nockenwellen mit Zahnriemenantrieb
Kraftstoffaufbereitung	elektronische Benzineinspritzung L-Jetronic Bosch
Zündung	Elektronische Zündung mit Zündverteiler
Batterieleistung (Ah)	66
Antrieb	auf die Hinterräder in Transaxle-Bauweise, dreifach gelagerte Kardanwelle mit Polyurethan-gelenken
Anzahl Gänge	5 + R
Übersetzung Achsantrieb	4,10 : 1
Bereifung	195 / 60 HR 15
Lenkung	Zahnstangenlenkung
Felgen	6 J x 15
Wendekreisdurchmesser (m)	10,0
Lenkradumdrehungen	3,5
Vorderradaufhängung	Einzelradaufhängung mit Trapez-Dreiecksquerlenkern, Drehstab-federn, Teleskopstoßdämpfern und Querstabilisator
Hinterradaufhängung	De-Dion-Achse mit Zugstreben, Wattgestänge, Schraubenfedern, Teleskopstoßdämpfern und Quer-stabilisator
Bremsscheiben vorne (mm)	269 (Stahl / innenbelüftet)
Bremsscheiben hinten (mm)	250 (Stahl)
Sitzplätze	4
Türen/Heckklappe	2/1
Länge (mm)	4260
Breite (mm)	1664
Höhe (mm)	1330
Radstand (mm)	2400
Spurweite vorne (mm)	1373
Spurweite hinten (mm)	1353
Kofferrauminhalt (dm^3)	280
Kraftstofftank (l)	75
Füllmenge Motorenöl (l) mit Filter	6,5
Füllmenge Kühlwasser (l)	12,0
Füllmenge Getriebeöl (l)	2,1
Leergewicht (kg)	1210
Höchstgeschwindigkeit (km/h)	210
Beschleunigung (Sek) 0–100 km/h	8,1
Beschleunigung (Sek) 0–1000 m	29,5
Kraftstoffverbrauch (l/100 km) bei 120 km/h	9,9

Fahrgestellnummern und Motorcodes Alfa GTV6 2.5

1980	ZAR116C00*0001001 bis 0006000	AR01646
1981	ZAR116C00*0007501 bis 0008000	AR01646
	ZAR116690*0001001 bis 0002000 (1)	AR01911
1982	ZAR116C00*0008001 bis 0010500	AR01646
	ZAR116690*0002001 bis 0005000 (1)	AR01911
1983	ZAR116C00*0012001 bis 0015210	AR01646
	ZAR116690*0005001 bis 0005500 (1)	AR01911
1984	ZAR116C00*0015211 bis 0017600	AR01646
	ZAR116690*0005501 bis 0006410 (1)	AR01911
1985	ZAR116C00*0017601 bis 0019000	AR01646
	ZAR116690*0006411 bis 0007500 (1)	AR01911
1986	ZAR116C00*0020040 bis 0020600	AR01646
	ZAR116690*0007501 bis 0008500 (1)	AR01911

Exkl. Rechtslenkung / (1) = Katalysatorversion

Oben links: Der Sechszylinder-V-Motor sorgt für reichlich Vortrieb und mit seinem Sound für Gänsehaut.

Oben rechts: Das elegant gestreifte Velours-Interieur der 1. Serie gibt es je nach Außenfarbe in grau oder beige.

Mitte rechts: Bei der ersten Serie prangt auf dem Heckdeckel noch ein langes Schild mit der Typenbezeichnung. Darunter die neue Heckleuchte.

Unten links: Für den GTV6 werden neue Leichtmetallfelgen entworfen und bei Campagnolo und bei A. Benzoni & C. BWA hergestellt.

Unten rechts: Ein GTV6 der 1. Serie mit den beliebten Lochfelgen von Ronal. Die gab es als Zubehör.

Oben: Ein GTV6 der 1. Serie im ungeschweißten Originalzustand ist heute eine Seltenheit. Besitzer ist Daniel Rickenbach.

Links: Ein Alfa-Techniker testet in Arese einen V6, bevor der in einen GTV6 eingebaut wird.

GTV6 2.5 Serie 2 (1983 bis 1986)

1983 erfährt der GTV6 zusammen mit dem Zweilitermodell das letzte Restyling. Das heißt: neue Sportsitze, vorne mit Netzkopfstützen, modernere Stoffe, formschönere Tür- und Seitenverkleidungen, die nun nicht mehr angeschraubt, sondern mit unsichtbaren Clips montiert sind, die Radioantenne in der Windschutzscheibe und die bessere Innenraum-Geräuschdämmung. An der Fahrzeugseite wird ebenfalls eine schwarze Zierleiste montiert, unter der die Flanke nun im selben Grau lackiert ist wie die Stoßstangen. Eine Katalysatorversion steht beim GTV6 bereits ab 1981 zur Verfügung. Sie war anfangs nur für die USA vorgesehen. Ab 1986 gibt es den GTV6 nur noch mit geregeltem Drei-Wege-Katalysator, um auch den neuen europäischen Abgasnormen zu entsprechen.

Sondermodelle wie Balocco, Maratona und Grand Prix erweiterten das Angebot über die Jahre. Sie sind technisch identisch mit den normalen Autos. Binnen sieben Jahren werden in Arese inklusive aller Sondermodelle knapp 23.000 Exemplare mit dem V6-Triebwerk gebaut.

Oben links: Die 2. Serie hat sportlichere Sitze mit modischen Netzkopfstützen. Das Bild zeigt ein Exportmodell für Länder mit Linksverkehr.

Oben rechts: Werbefoto: So war der Serie-2-GTV6 im Prospekt abgebildet.

Unten: Dieses französische Exemplar von 1983 befindet sich noch im Originalzustand.

Rechte Seite: Zwei GTV6 2.5 in der Steilkurve. Vorn ein Serie-2-Auto, dahinter ein Wagen aus der 1. Serie.

NW · 10312

Von oben links

Alfetta GT 1.6

Alfetta GT 1.8

Alfetta GTV 2000

Alfetta GTV 2.0 Si

Alfa GTV 2.0 Serie 1

Alfa GTV6 2.5 Serie 1

Alfetta GTV 2.0 Turbodelta

Alfa GTV6 2.5 Serie 2

Alfa GTV6 2.5 Grand Prix

Unten: Die wundervolle Startaufstellung hinter der Steilkurve der Rennbahn in Zürich-Oerlikon zeigt eine beeindruckende Auswahl Coupés im Bestzustand, deren Besitzer sich dort zum großen Fototermin für dieses Buch getroffen haben.

Ich trage einen großen Namen: Das Werbeposter verrät die Herkunft, und die C-Säule zeigt stolz das Quadrifoglio dazu. Die Plakette auf dem Handschuhfach verrät die Balocco-Seriennummer.

GTV6 2.5 Balocco S.E. (1982)

Für den US-Markt werden zwei Sondermodelle des GTV6 lanciert. Die Stückzahlen sind jedoch sehr bescheiden. Zum einen gibt es 1982 den „Balocco S.E.“, dessen Name von der berühmten werkseigenen Teststrecke in Italien stammt. Der Zusatz S.E. steht für „Special Edition“, denn vom Balocco werden nur gerade 350 Stück, ausschließlich in Rot, gebaut. Auch sonst ist bei diesem Sondermodell alles auf die Farben rot und schwarz ausgelegt. Besonders der rote Bodenteppich ist sehr speziell und auffällig, aber auch das schwarze Lederinterieur ist gekonnt mit roten Einfassungen verziert.

Oben: Passt: Olaf Bischoff hat an seinem Balocco die Serienräder durch 16-Zoll-AZEV ersetzt.

Links: Signalfarbe: Der auffällige rote Teppich passt gut zum speziellen Lederinterieur.

Unten: Typische US-Extras sind die verstärkten Stoßstangen und die seitlichen Positionsleuchten.

Außerdem haben alle 350 Exemplare serienmäßig ein schwarzes Lederlenkrad, ein manuelles Schiebedach, Katalysator und Klimaanlage. Auf dem Handschuhfachdeckel ist eine Plakette mit dem Quadrifoglio und der Aufschrift Balocco S.E. Limited Series sowie der entsprechenden Exemplar-Nummer montiert. Äußerlich fallen am Balocco neben einem schwarzen Dekorstreifen mit dem Schriftzug Balocco weitere Quadrifoglio-Abzeichen auf den C-Säulen Abdeckungen und anthrazitfarben lackierte Leichtmetallfelgen auf. Nur wenige Exemplare schaffen es von Amerika nach Europa. Das abgebildete Fahrzeug gehört Olaf Bischoff, einem Alfa-Romeo-Liebhaber in Deutschland.

Oben links: Die Sonderserie gibt es auch in der Zweiliter-Variante. Nr. 60 parkt neben einem normalen GTV6.

Oben rechts: Der Titelgewinn in der französischen Produktions-Meisterschaft inspiriert Alfa zum Sondermodell.

Mitte rechts: Der GTV6 Production trägt die Seriennummer 157 an der Flanke.

GTV6 2.5 Production (1983)
Das Sondermodel mit dem Namen „Production" ist Ende 1983 nur in Frankreich erhältlich. Mit dieser Special-Edition feiert Alfa Romeo den Titelgewinn von Alain Cudini und Dani Snobeck in der französischen Produktions-Meisterschaft der Tourenwagen. Den limitierten Production gibt es sowohl als Zweilitermodell als auch in der GTV6-Variante, insgesamt werden jedoch nur 300 Exemplare produziert. Während im Inneren bis auf ein schwarzes Lederlenkrad und eine Gedenkplakette am Handschuhfach mit den Unterschriften der beiden Rennfahrer Cudini & Snobeck alles serienmäßig bleibt, wird am Exterieur einiges geändert. Das Sondermodell ist mit den allseits beliebten 15-Zoll-Felgen von Ronal ausgerüstet, außerdem verpasst Alfa Romeo France dem Coupé ein Aerodynamik-Kit der Marke „Stand 21" mit Heckschürze, Seitenschwellern und einem gerippten Frontspoiler, der unter die Originalstoßstange montiert wird, natürlich passenderweise alles in Wagenfarbe. Die Sonderserie ist nur in Rot oder Anthrazitmetallic erhältlich. Auffallend sind vor allem die großflächigen Dekorkleber mit der an mehreren Orten angebrachten Aufschrift „GTV Production". Jedes Exemplar ist auf dem Dekorstreifen unter den Seitenblinkern nummeriert. Da das Kit auch einzeln im Handel war, zirkulieren bald – und noch heute – zahlreiche Fälschungen.

Der GTV6 2.5 Maratona hat Ledersitze, Klimaanlage und spezielles Spoiler-Kit serienmäßig. Dazu gehören die Rauchglas-Abdeckung auf der Motorhaube und die Heckjalousie. Der Werbeprospekt unten listet die Spezialitäten auf.

GTV6 2.5 Maratona (1984)

Das zweite Sondermodell für den US-Markt heißt Maratona. Davon werden sogar nur 150 Exemplare produziert, und auch den Maratona gibt es nur in einer Farbe: Silber. Das Besondere ist sein sportliches Rundum-Aerodynamik-Paket mit einem Frontspoiler mit Heck- und Seitenschürzen, die bis über die Radläufe gezogen sind. Außerdem hat der Maratona serienmäßig Carello-Nebelscheinwerfer, ein manuelles Schiebedach, eine Heckscheiben-Jalousie, spezielle Speedline-Leichtmetallräder mit TRX-Bereifung und eine durchsichtige, rauchglasfarbene Abdeckung auf der Motorhaube, die den Blick auf den V6 Motor freigibt.

Jahrgangstypisch hat das Modell die neuen Sitze der zweiten Serie, die wie die Seitenverkleidungen mit schwarzem Leder bezogen sind. Lenkrad und Schaltknauf sind dagegen, eher unpassend, aus Holz. Auch diese GTV6-Variante hat US-konform einen Katalysator und standardmäßig eine Klimaanlage sowie mehrere Badges mit dem Schriftzug Maratona. Außer auf dem Heckdeckel prangt der Name unten an den vorderen Kotflügeln und auf dem Handschuhfachdeckel. Das Aerodynamik-Kit ist Geschmackssache und in den USA als Zubehör erhältlich. So sind denn auf dem nordamerikanischen Markt gelegentlich Maratonas in anderen Farben zu haben.

Oben: Beinahe im Originalzustand hat Frank Weber seinen Grand Prix erhalten.

Unten: Die erste deutsche Grand-Prix-Version hat eine spezielle Mittelkonsole mit Platz für Radio, Spiegel-Verstellschalter und Zigarettenanzünder sowie zwei Rundinstrumente mit Öl- und Außentemperatur-Anzeige.

GTV6 2.5 Grand Prix (1985 bis 1986)
Mit der Bezeichnung „Grand Prix" kommt 1985 ein weiteres Sondermodell in den Handel. Genau genommen handelte es sich um drei unterschiedliche Versionen mit demselben Namenszusatz. In Deutschland gibt es den Grand Prix 1 in einer auf 100 Stück limitierten Sonderserie mit einer Ton-in-Ton Lackierung, bei der alle Kunststoffteile in Wagenfarbe lackiert sind – Alfarot, Silbergrau oder Schwarz-Metallic. Außerdem hat die Version zusätzliche Halogen-Nebelscheinwerfer unter der Frontstoßstange und Rial-Leichtmetallfelgen, die ebenfalls farblich auf die Fahrzeuglackierung abgestimmt sind. Als einziges GTV6-Modell hat diese Grand-Prix-Ausführung eine speziell angefertigte Mittelkonsole. Sie ist breiter als normal, in schwarzes Leder eingefasst und bietet Platz für Radio, Zigarettenanzünder und zwei zusätzliche Rundinstrumente mit Anzeige von Öl- und Außentemperatur.

Später bieten die deutschen Alfa-Händler eine zweite Version des Grand Prix an. Der GP2 trägt das komplette Aerodynamik-Paket der bekannten deutschen Alfa-Tuningfirma Zender. Dazu gehören, wieder in Wagenfarbe gehalten, die Frontstoßstange mit integriertem Spoiler,

Oben: Den Grand Prix 1 gibt es in rot, silber und schwarzmetallic.

Unten: Die zweite Serie der „deutschen" Grand Prix trägt ein Body-Kit von Zender.

Heckstoßstange kombiniert mit Heckschürze, ein Heckflügel, Seitenschürzen mit zusätzlichen Türblättern und ein Motorhaubenaufsatz, der über dem originalen Buckel befestigt wird.

Als dritte Grand-Prix-Ausführung kommt ebenfalls ab 1985 die Schweizer-Variante dazu. Ursprünglich hat sie der Schweizer Alfa-Importeur in Auftrag gegeben. Die 800 produzierten Exemplare gehen dann aber auch nach Österreich, in die Benelux-Länder und ein kleiner Teil sogar nach Schweden. Das Modell hebt sich optisch am deutlichsten vom Standard-GTV ab. Die italienische Design-Firma Rayton Fissore verabreicht dem GTV6 mit einem zeitgemäßen, eleganten und doch sportlichen Spoilersatz wohl den gelungensten Rundum-Bodykit.

Kombiniert mit einem in den Frontspoiler integrierten Nebelscheinwerferpaar und einem dezenten zweifarbigen Dekorstreifen mit Schriftzug „Grand Prix" gibt es diesen Alfa in den Farben Rot, Silber, Schwarz und Anthrazit.

Wie beim Maratona werden Alufelgen von Speedline mit TRX-Bereifung montiert. TRX ist ein neues Reifensystem von Michelin, das seine Vorteile hat, sich aber nicht auf dem Markt durchsetzen kann. Viele Fahrzeuge mit TRX-Rädern sind mittlerweile auf das konventionelle Felgen- und Reifensystem umgerüstet. Um die neuen europäischen Abgasnormen einhalten zu können, gibt es den Schweizer Grand Prix ab 1986 nur noch mit geregeltem Dreiwege-Katalysator. Heute sind alle drei Grand-Prix-Versionen gesuchte Sammlerstücke.

Oben: Glanz und Gloria: Dieses Prachtstück ist ein Grand Prix in Rosso Alfa und gehört ebenfalls den Thurgauer Daniel Rickenbach.

Mitte links: TRX-Felgen sind beim Schweizer Grand Prix serienmäßig.

Mitte rechts: Perfekte Silhouette: Daniel Rickenbachs Grand Prix trägt die 16 Zoll großen Speedline-Felgen des SZ.

Unten links: Originale Nebellampen sind nur noch schwer zu finden.

Unten rechts: Die originale Gummi-Spoilerlippe ist selten geworden. Viele wurden spröde und mussten zwangsläufig demontiert werden.

Oben links: Das originale Lederinterieur darf nach 30 Jahren auch etwas rissig sein.

Oben rechts: Je nach Außenfarbe wurden andere Dekorstreifen verwendet.

Unten: Den GTV6 Grand Prix für den schweizerischen Markt gibt es in rot, schwarz, anthrazit und silber.

TG·5303

ALFA ROMEO GTV/6 2.5 & CALLAWAY TWIN TURBO

ROAD & TRACK ROAD TEST

A most unreluctant dragon

PHOTOS BY JOHN LAMM

THE ALFA ROMEO GTV carries a lot of tradition within its familiar wedge-shape form. The current Giugiaro-designed 2+2 coupe, with its rear-mounted transaxle and De Dion suspension, has been around long enough that some of our younger readers may not remember it as the 4-cylinder, 2.0-liter Alfetta GT that made its debut in May 1974. In June 1975, when it was new to America, we chose the Alfetta coupe as the Best Sports-GT in the $8000–$12,000 category in our list of 10 Best Enthusiast Cars, and in June 1978, as the Sprint Veloce, it took the same honors. Three years later, with the insertion of the strong and willing 2.5-liter V-6 engine, the GTV convincingly outpointed the Datsun 280ZX and Porsche 924 Turbo in our Gran Turismo comparison test (July 1981). The GTV label itself (V for Veloce, of course) dates back to the old Bertone 1.6-liter Giulia (also Giugiaro-styled) of the Sixties, and *that* car was a development of the famous Giulietta Sprint of the Fifties.

The last four years have not been particularly kind to the GTV/6 2.5, or rather the competition hasn't. We've seen a new Nissan 300ZX, a Porsche 944, a Toyota Supra and the GSL-SE version of the Mazda RX-7, all cars of more recent conception and greater refinement. In our most recent test of the GTV/6 2.5 (*Road & Track's Guide to Sports & GT Cars 1984*), we criticized its vague shifting, heavy steering and dated interior.

For 1985 Alfa Romeo has addressed some of these shortcomings, particularly the gear linkage, and has made the GTV/6 more competitive by removing some items of luxury equipment and trimming the base price to $16,500 (down from $19,000). The new shift linkage is a clear improvement, allowing confident and quick—though still slightly stiff—changes up or down. There's still a bit of synchro "wait-for-it" in 2nd, but the vagueness of the old linkage is gone and will only be missed by a few traditionalists who took pride in mastering it. The change has made a positive difference in the Alfa's usability and appeal.

Making leather an option because of the lower base price, Alfa has come up with nice fabric-covered seats that pleased most of the staff but still made problems for certain drivers despite the adjustable steering wheel. The main difficulty is with the legs; the seat cushions don't give enough thigh support and the driver's left knee may become sore from the leg being angled excessively toward the clutch pedal. The rest of the interior is still Dark Ages: an unattractive hodgepodge of controls in an

52 ROAD & TRACK

Oben links: Auffallend beim Callaway-GTV6 ist die markante Motorhaube. mit Hutze für die Ladeluftkühlung.

Unten links: Der große Heckflügel ist als Option bei Callaway erhältlich.

Oben rechts: Der Twin Turbo wird von vielen Automagazinen getestet. Die Resultate sind stets überzeugend.

Das abgebildete Fahrzeug gehört dem Sammler Mark Brummond aus Charlotte in North Carolina. In seinem Besitz finden sich fünf der rund 40 produzierten GTV6 Callaway.

GTV6 2.5 Callaway Twin Turbo (1985)

Der GTV6 ist in den USA nicht nur als Balocco oder Maratona auf der Straße anzutreffen. Auch sonst verkauft Alfa Romeo einige normale Exemplare nach Übersee. Grund genug für den bekannten US-Tuner Reeves Callaway aus Old Lyme, Connecticut, sich 1985 des Sechszylinder-Coupés anzunehmen und es mit zwei IHI-Turboladern auszustatten. Nach der Power-Kur durch „Callaway Turbosystems" erreicht der GTV6 mit unverändertem Hubraum die stolze Leistung von 230 PS und gehört zu den schnellsten Autos auf dem amerikanischen Kontinent. Zu kaufen gibt es dieses Twinturbo-Geschoss nur in ausgewählten Alfa-Romeo-Vertretungen.

Ursprünglich hat Callaway geplant, seine Version des GTV6 unter Lizenz von Alfa Romeo herzustellen und als offizielles Fahrzeug bei allen Alfa-Händlern anzubieten. Sein Vorhaben scheitert jedoch am Veto des italienischen Mutterhauses, obwohl der US-Importeur das Projekt 1983 selbst initiiert hatte. In Arese betrachtet man das Unterfangen allerdings mit Unbehagen, so dass Callaway schließlich als Grossist Fahrzeuge kaufen und nach dem Tuning über die ausgewählten Händler weiterverkaufen muss. Die verpflichten sich, mindestens drei Autos abzunehmen. Immerhin unterstützte das Mutterhaus dann das Projekt doch noch, indem es Callaway ermöglicht,

Anstelle des originalen Ansaugkastens sind beim Callaway die beiden Ladeluftkühler montiert, je einer pro Turbolader und Zylinderreihe. Die Luft wird durch verchromte Stahlrohre zugeführt, was auch der Optik zugutekommt. Motorhaube und heikle Bauteile in Turbonähe sind mit Thermofolie abgedeckt.

fünf Prototypen während 200 Stunden auf dem Rollenprüfstand auf die Standfestigkeit des Triebwerks zu prüfen. Durch die Erkenntnisse aus diesem Testlauf kann Callaway mit gutem Gewissen eine 12.000-Meilen- oder Einjahres-Garantie gewähren.

Wegen der US-Abgasvorschriften sind alle GTV6 bereits ab Werk mit einem Katalysator ausgerüstet. Der hindert den 230-PS-Twinturbo nicht daran, das Coupé in nur 5,9 Sekunden von 0 auf 60 mph (97 km/h) zu beschleunigen. Die Serienversion absolviert den Sprint in 8,2 Sekunden. Ebenso eindrucksvoll ist die Beschleunigung von 0 auf 100 mph (161 km/h), die das aufgeladene Sportcoupé in 14,9 Sekunden schafft. Das maximale Drehmoment beträgt 331 Nm bei 2500/min. Die Höchstgeschwindigkeit von 230 km/h erreicht der Callaway-Alfa im fünften Gang bei 6300/min. Dann wird der Motor auch abgeregelt, obwohl er problemlos noch höher hätte gedreht werden können.

Um die strengen Abgasvorschriften einzuhalten, muss Callaway allerhand verändern. So reduziert der Tuner durch Bearbeitung der Zylinderköpfe das Verdichtungsverhältnis von 9,0:1 auf 7,6:1. Zudem verbaut er im Luftkreislauf nach den beiden Turboladern je eine Drosselklappe vom BMW 318i und je eine zusätzliche Einspritzdüse. Das soll das Gemisch bei großem Ladedruck anreichern. Die beiden separaten Ladeluftkühler thronen auf den Ansaugrohren und nehmen den Platz des originalen Ansaugkastens ein. Somit wird jede Zylinderreihe durch einen eigenen Luftkreislauf mit maximal 10 psi (0,7 bar) zwangsbeatmet.

Ladedruck ist bereits ab 1500/min vorhanden, und ab 2500 Touren macht der volle Druck den GTV6 in jedem Gang zum Sprinter. Auslassseitig münden die Abgase nach dem Lader in die mit Hitzeschutz verpackten Edelstahlkollektoren und den originalen Katalysator. Die Hitzeschilde bewirkten einerseits ein schnelleres Aufwärmen und Ansprechen des Katalysators, was die Abgaswerte verbessert, andererseits verhindern sie das zu starke Aufheizen des Motorraumes.

Äußerlich ändert der Tuner glücklicherweise nur wenig. Das Kunststoffteil in der Motorhaubenmitte weicht einem erhöhten Aufsatz für die Frischluftzufuhr der beiden Intercooler. Feine Zierstreifen an den seitlichen Kanten, ein Schriftzug „Callaway Twin Turbo" auf dem Heckfenster und eine Ladedruckanzeige links unter dem Tachometer runden die Zusatzausrüstung ab. Auf Wunsch können ein Heckflügel sowie 3-teilige 16-Zoll-BBS-Felgen mit 205/55 VR 16 Goodyear Eagle geordert werden. Diese Räder treffen durch ihre vorstehende Radschüssel jedoch nicht jedermanns Geschmack.

Technische Daten	GTV6 2.5 Twin Turbo
Zylinderzahl	6
Zylinderanordnung	V6 mit 60° Zylinderwinkel
Bohrung x Hub (mm)	88 x 68,3
Hubraum (cm³)	2492
Verdichtungsverhältnis	7,6 : 1
Max. Leistung (PS / kW) bei U/min	230 / 170 bei 5500
Max. Drehmoment (Nm) bei U/min	331 bei 2500
Steuerung	2 obenliegende Nockenwellen mit Zahnriemenantrieb
Kraftstoffaufbereitung	elektronische Benzineinspritzung L-Jetronic Bosch, zwei IHI Turbolader mit Intercooler, max. Ladedruck 0,7 bar
Zündung	Elektronische Zündung mit Zündverteiler
Batterieleistung (Ah)	66
Antrieb	auf die Hinterräder in Transaxle-Bauweise, dreifach gelagerte Kardanwelle mit Polyurethangelenken
Anzahl Gänge	5 + R
Übersetzung Achsantrieb	4,10 : 1
Bereifung	205 / 55 VR 16
Lenkung	Zahnstangenlenkung
Felgen	6 1/2 J x 16 BBS
Wendekreisdurchmesser (m)	10,0
Lenkradumdrehungen	3,5
Vorderradaufhängung	Einzelradaufhängung mit Trapez-Dreiecksquerlenkern, Drehstabfedern, Teleskopstoßdämpfern und Querstabilisator
Hinterradaufhängung	De-Dion-Achse mit Zugstreben, Wattgestänge, Schraubenfedern, Teleskopstoßdämpfern und Querstabilisator
Bremsscheiben vorne (mm)	269 (Stahl / innenbelüftet)
Bremsscheiben hinten (mm)	250 (Stahl)
Sitzplätze	4
Türen/Heckklappe	2/1
Länge (mm)	4300
Breite (mm)	1664
Höhe (mm)	1330
Radstand (mm)	2400
Spurweite vorne (mm)	1373
Spurweite hinten (mm)	1353
Kofferrauminhalt (dm³)	280
Kraftstofftank (l)	75
Füllmenge Motorenöl (l) mit Filter	6,5
Füllmenge Kühlwasser (l)	12,0
Füllmenge Getriebeöl (l)	2,1
Leergewicht (kg)	1280
Höchstgeschwindigkeit (km/h)	230
Beschleunigung (Sek) 0–100 km/h	5,9
Beschleunigung (Sek) 0–1000 m	14,3
Kraftstoffverbrauch (l/100 km) bei 120 km/h	k.A.

Oben: Mit diesen Bildern wirbt Reeves Callaway für seine 230 PS starke Coupé-Version.

Links: Mark Brummond macht bei seinem Exemplar auf dem Heck und auf den hinteren Seitenfenstern auf den Twin-Turbo aufmerksam.

Das typische Untersteuern des GTV6 ist beim Callaway eine Hilfe beim Spurhalten, und beim Start drehen leicht mal die Räder durch, aber das Auto ist voll alltagstauglich. Callaway hofft, pro Jahr 100 bis 200 Autos verkaufen zu können – insgesamt werden es nur etwas mehr als 40 sein. Später kann man den Umbaukit bei Callaway einzeln bestellen, was einige wenige Europäer nutzen, um ihrem Alfa zu etwas mehr Power zu verhelfen.

Ein solcher Twinturbo ist mit 24.000 Dollar ziemlich teuer. Preis und Leistung lassen ihn jedoch in der gleichen Liga spielen wie Porsche 944 und Chevrolet Corvette. Alles in allem ist der GTV6 Callaway Twin Turbo ein gelungenes Auto, das zu begeistern weiß und wohl auch in Europa einige Anhänger gefunden hätte.

Oben: Die Alfetta GT mit dem V8-Motor des Alfa Montreal ist eine Eigenproduktion von Horst Reiff, dem größten Alfa Romeo Händler Deutschlands, und der Firma Delta Autotechnik.

Unten: Den Hubraum von knapp 2600 cm³ verrät der Schriftzug am Heckdeckel.

Alfetta GT V8 2.6 (1977)

Bei diesem Modell handelt es sich um eine besondere Rarität. Nach dem Scheitern des werksseitigen Achtzylinder-Projekts für den Einsatz im Rennsport mit zwei bei Autodelta gebauten Rallye-Exemplaren versucht sich Horst Reiff, größter Alfa-Händler in Deutschland, an einem eigenen V8-Projekt. Der Autohändler aus Aachen implantiert 1977 zusammen mit dem Unternehmen Delta Autotechnik den Achtzylinder des Alfa Romeo Montreal in die Karosserie einer Alfetta GTV. Der 200 PS starke 2,6-Liter beschleunigt den Prototypen in 9,3 Sekunden auf 100 km/h und auf eine Höchstgeschwindigkeit von beachtlichen 222 km/h.

Außer einer neuen Motorhaube mit Buckel und sechs Ansaugluftöffnungen müssen weitere Teile teuer einzeln angefertigt werden, etwa die Kardanwelle und die moderneren Kunststoffstoßstangen und Außenspiegel. Für den größeren Wasserkühler, einen Ölkühler und den Öltank für die Trockensumpfschmierung muss im Motorraum Platz geschaffen werden. Dazu kommt ein Zusatztank im Kofferraum, denn der durstige Achtzylinder mit mechanischer SPICA-Einspritzung schluckt im Schnitt 18 Liter, was mit dem serienmäßigen 54-Liter-Tank keine weiten Sprünge erlaubt.

Die Serienbereifung weicht Pneus im Format 195/70 14 auf neuen Aluminiumfelgen. Im Inneren wird gar alles komplett überarbeitet. Ein neues Interieur mit Sportsitzen aus Leder und einem komplett anderen Armaturenbrett fallen dem geübten Betrachter als erstes ins Auge.

Technische Daten	GT V8 2.6
Zylinderzahl	8
Zylinderanordnung	V8 mit 90° Zylinderwinkel
Bohrung x Hub (mm)	80 x 64,5
Hubraum (cm³)	2593
Verdichtungsverhältnis	9,0 : 1
Max. Leistung (PS / kW) bei U/min	200 / 147 bei 6500
Max. Drehmoment (Nm) bei U/min	270 bei 4750
Steuerung	4 obenliegende Nockenwellen mit Kettenantrieb
Kraftstoffaufbereitung	SPICA Einspritzpumpe (mechanisch)
Zündung	Unterbrecher Zündung
Batterieleistung (Ah)	60
Antrieb	auf die Hinterräder in Transaxle-Bauweise, dreifach gelagerte Kardanwelle mit Polyurethangelenken
Anzahl Gänge	5 + R
Übersetzung Achsantrieb	4,10 : 1
Bereifung	195 / 70 VR 14
Lenkung	Zahnstangenlenkung
Felgen	5 1/2 J x 14
Wendekreisdurchmesser (m)	10,0
Lenkradumdrehungen	3,5
Vorderradaufhängung	Einzelradaufhängung mit Trapez-Dreiecksquerlenkern, Drehstabfedern, Teleskopstoßdämpfern und Querstabilisator
Hinterradaufhängung	De-Dion-Achse mit Zugstreben, Wattgestänge, Schraubenfedern, Teleskopstoßdämpfern und Querstabilisator
Bremsscheiben vorne (mm)	261 (Stahl)
Bremsscheiben hinten (mm)	250 (Stahl)
Sitzplätze	4
Türen/Heckklappe	2/1
Länge (mm)	4210
Breite (mm)	1664
Höhe (mm)	1330
Radstand (mm)	2400
Spurweite vorne (mm)	1360
Spurweite hinten (mm)	1358
Kofferrauminhalt (dm³)	320
Kraftstofftank (l)	108 (2 x 54)
Füllmenge Motorenöl (l) mit Filter	12,1
Füllmenge Kühlwasser (l)	12,0
Füllmenge Getriebeöl (l)	2,1
Leergewicht (kg)	1300
Höchstgeschwindigkeit (km/h)	222
Beschleunigung (Sek) 0–100 km/h	9,3
Beschleunigung (Sek) 0–1000 m	29,9
Kraftstoffverbrauch (l/100 km) bei 120 km/h	18,0

Das neu gestaltete Armaturenbrett plus Leder-Sportsitze gibt es nur bei einem V8-Prototypen. Am Heck sind das Doppelendrohr und die Gummi-Spoilerlippe von Delta zu sehen, und mit seinen vier Doppelvergasern macht sich der V8 schon ein wenig breit im Motorraum.

Schließlich stellt Reiff das Achtzylinder-Coupé mit Einverständnis des Mutterhauses zur IAA 1977 in Frankfurt der Öffentlichkeit vor. Der Kaufpreis wird mit 50.000 Mark angegeben. Geplant – mit Genehmigung von Alfa Romeo – ist eine Serie von 100 Exemplaren. Zu diesem Preis ist das Coupé jedoch unverkäuflich, und Reiff geht auf 40.000 Mark hinunter. Dazu muss jedoch auf einige Neuerungen verzichtet werden. Das Interieur bleibt bis auf Stoffbezüge, die zur Außenfarbe passen, unverändert.

Trotzdem kommt es nicht zur Serienfertigung – aus gleich mehrerlei Grund: Die Antriebstechnik des Zweilitermodells erweist sich als zu schwach für die große Leistung des Achtzylinders. Den gibt es bald ohnehin nicht mehr, weil Alfa Romeo noch im gleichen Jahr die Produktion einstellt. Schließlich macht auch noch die Firma Delta Autotechnik den Laden dicht. Obwohl gelegentlich von zwanzig produzierten Exemplaren gemunkelt wird, sind wohl nicht mehr als drei Reiff-Coupés mit dem V8 gebaut worden. Zwei sollen noch existieren, die aber angeblich anders als der Prototyp aussehen.

Noch ein Hinweis zur Schreibweise: Das Grundmodell ist eine Alfetta GT. Daher hieß der Aachener Achtzylinder Alfetta GT V8, und nicht Alfetta GTV8 oder Alfetta GTV V8. In Deutschland wurde er gelegentlich als Alfetta GTV 2,6i V8 bezeichnet.

VEREHRTER ALFA ROMEO - FAHRER!

Technische Daten Motor GTV-2,8:
Inspektionsintervall – alle 10.000 km
Zündkerzen: Bosch W 5 DC
Zündeinstellung: bei 5.000 U/min 30°+ -0
Ventileinstellung: wie Serie
Druckregler entspricht nicht der Serie
Ölfilter: 542044 (Sud)
Luftdruck: vorne 2,3 - 2,4
hinten 2,4 - 2,5

Dieses Kundendienstscheckheft ist für alle Fahrzeuge mit Benzin- und Dieselmotor gültig, bei denen der **Öl- und Filterwechsel alle 10.000 km** durchgeführt werden muß.

Oben links: Im Wartungsheft ist auf mehrere geänderte Werte hingewiesen.

Oben rechts: Von außen ist der Gleich-GTV6 nur an der neuen Typenplakette am Heckdeckel zu erkennen.

Unten: Dieter Gleich bearbeitet einen GTV6-Motorblock.

GTV6 2.8 Gleich (1982)

Die Tatsache, dass der GTV6 seine Piloten vor allem durch seine motorischen Reize begeisterte, hindert Dieter Gleich, einen in Mönchengladbach ansässigen Alfa-Romeo-Händler, nicht daran, im 2,5 Liter großen hochkarätigen Sechszylinder noch einige Zusatz-PS zu suchen. Der Alfa-Tuner geht gründlich zur Sache, er hat sich die altbekannte Tuner-Weisheit zu Herzen genommen, dass Hubraum durch nichts zu ersetzen sei und noch immer die beste und für die Lebensdauer eines Motors gesündeste Art des Tunings. Durch die Verwendung neuer Laufbuchsen und speziell angefertigter geschmiedeter Mahle-Kolben erweitert er die Bohrung von 88 auf 93 mm. Daraus resultiert in Verbindung mit dem unveränderten Hub von 68,3 mm ein Zylinderinhalt von nahezu 2,8 Litern.

Feinbearbeitete Kanäle und angepasste Brennräume, in denen die Verdichtung von 9,0 auf 10,5:1 steigt, runden die Maßnahmen am Gleich-Triebwerk ab, das nun 191 PS (141 kW) bei 6300/min leistet. Das sind noch 6 PS mehr als der fünf Jahre später erscheinende Alfa 75 America mit Dreiliter-V6. Das maximale Drehmoment von 242 Nm steht bei 4200/min zur Verfügung. Die Stärke des Aggregats ist der gleichmäßige Schub im gesamten Drehzahlbereich, der schon bei etwa 1200/min vehement einsetzt. In allen Lebenslagen stehen satte Kraftreserven spontan zur Verfügung. Nach 7,9 Sekunden ist die 100-km/h-Marke erreicht, die Höchstgeschwindigkeit liegt nun bei immerhin 226 km/h.

Das getunte Triebwerk hat erfreulicherweise nichts von den kultivierten Eigenschaften der Serienversion verloren. Der 2,8-Liter springt sofort an, überzeugt sowohl im Stadtverkehr als auch nach dem Kaltstart mit ausgezeichneten Umgangsformen und quittiert selbst niedertouriges Fahren nicht mit Ruckeln. Zur gesunden Thermik des hochverdichteten Sechszylinders trägt ein thermostatisch gesteuerter Ölkühler bei. Erfreuliches lässt sich auch über den Kraftstoffverbrauch berichten. Mit durchschnittlich 13,9 Litern schluckt der ansonsten völlig unveränderte Gleich-GTV6 nur einen Liter mehr als das wesentlich schwächere Ausgangsprodukt. Im Gegensatz zu den späteren Dreiliter-V6 bleibt der positive Charakter des Kurzhubers beim 2,8 Gleich erhalten und hat an Drehfreude noch dazugewonnen.

Äußerlich ist der Gleich-Motor nur durch ein kleines „2.8 Gleich"-Schild am linken Ventildeckel vom Serienmotor zu unterscheiden. Ein „Alfa Romeo = 2.8" ersetzt das Originaltäfelchen an der Heckklappe.

Jeder Motor wird vor der Auslieferung auf dem Prüfstand etwas eingefahren und gebremst, um die Leistungsabgabe zu garantieren. Als Nachweis für professionelle Umbauarbeit gewährt Dieter Gleich eine Garantie über sechs Monate ohne Kilometerbegrenzung. Der kraftvolle begeisternde V6 ist 1982 bei Dieter Gleich für 7232 Mark zu haben, das komplette Auto zu einem Vorzugspreis von 36.990 Mark. Das ist ein günstiges und äußerst reizvolles Angebot. 50 Käufer nehmen es an.

Technische Daten	GTV6 2.8 Gleich
Zylinderzahl	6
Zylinderanordnung	V6 mit 60° Zylinderwinkel
Bohrung x Hub (mm)	93 x 68,3
Hubraum (cm^3)	2754
Verdichtungsverhältnis	10,5 : 1
Max. Leistung (PS/kW) bei U/min	191 / 141 bei 6300
Max. Drehmoment (Nm) bei U/min	242 bei 4200

Technische Daten	GTV6 2.8 Zender
Zylinderzahl	6
Zylinderanordnung	V6 mit 60° Zylinderwinkel
Bohrung x Hub (mm)	93 x 68,3
Hubraum (cm³)	2754
Verdichtungsverhältnis	10,0 : 1
Max. Leistung (PS / kW) bei U/min	205 / 150 bei 6500
Max. Drehmoment (Nm) bei U/min	249 bei 5100
Steuerung	2 obenliegende Nockenwellen mit Zahnriemenantrieb
Kraftstoffaufbereitung	elektronische Benzineinspritzung L-Jetronic Bosch
Zündung	Elektronische Zündung mit Zündverteiler
Batterieleistung (Ah)	66
Antrieb	auf die Hinterräder in Transaxle-Bauweise, dreifach gelagerte Kardanwelle mit Polyurethan-gelenken
Anzahl Gänge	5 + R
Übersetzung Achsantrieb	3,90 : 1
Bereifung	205/55 - 225/50 VR 15
Lenkung	Zahnstangenlenkung
Felgen	7 J x 15
Wendekreisdurchmesser (m)	10,0
Lenkradumdrehungen	3,5
Vorderradaufhängung	Einzelradaufhängung mit Trapez-Dreiecksquerlenkern, Drehstab-federn, Teleskopstoßdämpfern und Querstabilisator
Hinterradaufhängung	De-Dion-Achse mit Zugstreben, Wattgestänge, Schraubenfedern, Teleskopstoßdämpfern und Quer-stabilisator
Bremsscheiben vorne (mm)	269 (Stahl / innenbelüftet)
Bremsscheiben hinten (mm)	250 (Stahl)
Sitzplätze	4
Türen/Heckklappe	2/1
Länge (mm)	4260
Breite (mm)	1664
Höhe (mm)	1330
Radstand (mm)	2400
Spurweite vorne (mm)	1373
Spurweite hinten (mm)	1353
Kofferrauminhalt (dm³)	280
Kraftstofftank (l)	75
Füllmenge Motorenöl (l) mit Filter	6,5
Füllmenge Kühlwasser (l)	12,0
Füllmenge Getriebeöl (l)	2,1
Leergewicht (kg)	1210
Höchstgeschwindigkeit (km/h)	210
Beschleunigung (Sek) 0–100 km/h	8,1
Beschleunigung (Sek) 0–1000 m	29,5
Kraftstoffverbrauch (l/100 km) bei 120 km/h	9,9

GTV6 2.8 Zender (1985 bis 1987)

Alfa Romeo und Hans Albert Zender arbeiten von 1984 bis 2008 zusammen. Es geht um die Lieferung von Karosserie-, Interieur- und Motorzubehör für die ganze Modellpalette. Albert Zender ist der Marke sehr verbunden. Er unternimmt einiges, um seine Produkte unter Alfa-fahrern bekannt zu machen, so lädt er Alfaclubs zu Betriebsbesichtigungen ein und empfängt die Besucher selbst. Im Herbst 1988 wird mit dem Alfaclub Deutschland gar das erste GTV6-Treffen organisiert, das dann auch auf seinem Firmengelände stattfindet.

Für den GTV6 hat Zender einen kompletten Karosserie-umbausatz im Programm, der aus Spoiler-Stoßstange, Flankenschutz mit integrierten Seitenleisten, Heckschürze, Heckflügel und Motorhauben-Aufsatz besteht. 1985 wird der von Zender gestylte GTV6 „Grand Prix" über den deutschen Importeur, Alfa Romeo in Frankfurt, als spezielles Sportmodell in einer Sonderserie von 250 Exemplaren verkauft (siehe GTV6 2.5 Grand Prix). Die aus hochwertigem Kunststoff gefertigten Teile kommen sehr gut an und überzeugen auch mit großer Passgenauigkeit.

Der optimierten Karosserielinie werden auch Räder, Reifen und Fahrwerk angepasst. Der mit dem Zender-Sportfahr-werk von Koni rund 30 mm tiefer liegende Wagen erhält Zender-Leichtmetallfelgen der Größe 7 x 15, auf die Pirelli P7 der Dimension 205/55 oder 225/50 VR 15 aufgezogen werden. Im Innenraum gibt es auf Wunsch weitere Änderungen. So können die Kunden die Mittel-teile der Tür- und Seitenverkleidungen sowie die Sitz-innenflächen mit rotem Alcantara beziehen lassen.

Das wichtigste Tuningteil des Zender GTV6 bleibt meist verborgen. Der Motor aber ist schlichtweg faszinierend und bietet Leistung im Überfluss. Als erstes Produkt hat die von Zender neu geschaffene Abteilung Motorentuning einen auf 2,8 Liter vergrößerten V6 entwickelt, der es im Wortsinn in sich hatte. Das 2754-cm³-Triebwerk leistet 205 PS bei 6500/min und somit 14 PS mehr als der Gleichmotor, der es ebenfalls auf 2,8 Liter bringt. Das maximale Drehmoment von 249 Nm wird aber relativ spät, nämlich erst bei 5100/min, erreicht.

2000 RECORDER

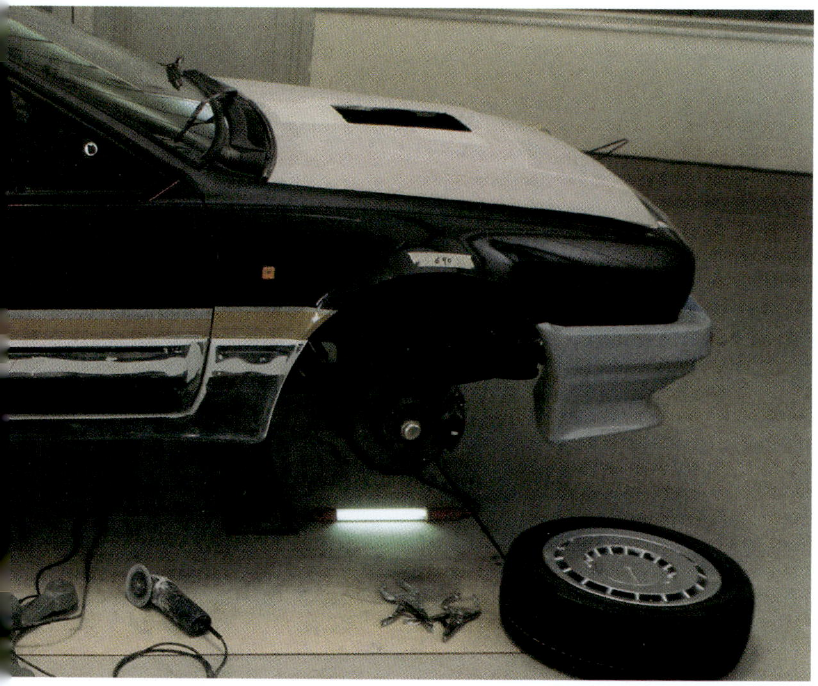

Doch der Zender-Motor ist ein wenig spät dran und erreicht nie die Verbreitung wie der schon seit 1982 erhältliche 2,8-Liter von Dieter Gleich. Außerdem grätscht 1987 Alfa Romeo dazwischen, nachdem das Werk selbst den Hubraum des Busso-V6 auf drei Liter (2959 cm^3) vergrößert hat und so den Absatz der Zender-Motoren zusätzlich bremst.

Der 2,8-Liter hat aber noch nicht ausgedient. Weil er dank kurzen Hubs drehfreudiger ist als der neue Dreiliter, wird neben dem Gleich-Motor auch das Zender Triebwerk in Friedrichshafen in Kur genommen. Limos-Racing baut dort Renn- und Rallyemotoren, aber auch ganze Wettbewerbsfahrzeuge. Meister Lindner bringt den Motor mit Straßenzulassung auf stolze 243 PS bei 7300/min.

Zender bietet außerdem eine Änderung der Achsübersetzung von 1:4,1 auf 1:3,9 an, was sich positiv auf die Beschleunigung auswirkt. Ein Zender-GTV6 erreicht die 100 km/h in nur 7,2 Sekunden. Leider sind die Tuningteile von Zender nicht gerade günstig. Der Umbau auf den 2,8-Liter kostet knapp 9000 Mark, ein Karosserie-Kit schlägt mit weiteren 5725 Mark zu Buche, und das Fahrwerk mit Felgen und Reifen kostet nochmals 6420 Mark.

Nachdem Hans Albert Zender Anfang September 2008 den Betrieb einstellt, bleibt es lange ruhig um die Firma. Heute werden jedoch wieder Alfas unter dem Namen Zender getunt, etwa der 4C, nun allerdings unter dem italienischen Ableger Zender Italia S.R.L.

Oben links: Den 2,8-Liter-V6 testen die Zender-Techniker auf dem betriebseigenen Prüfstand in Mülheim-Kärlich.

Unten links: Mit einem einstellbaren Benzindruckregler lässt sich während der Messung der ideale Druck einstellen.

Oben und Mitte: Das Body-Kit wird in Handarbeit an die Alfetta-Coupés montiert.

Unten Mitte: 80er-Tuning vom Feinsten: Nach dem Testlauf auf dem Prüfstand kommen die Zender-V6 in die präparierten Coupés.

Rechts unten: Heute bietet Zender Italia S.R.L. Tuningartikel für Alfa Romeo an, etwa für den 4C.

Oben: Auf der Rennstrecke von Kyalami stehen eine Straßenversion des GTV6 3.0 (vorn) und einer der seltenen Rennwagen der südafrikanischen Tourenwagenmeisterschaft für den Fotografen Modell.

CAR TEST

ALFA ROMEO GTV6-3,0

Developed to win a racing needle match, the sleek three-litre GTV is now South Africa's fastest production car...

GTV6 3.0 Südafrika (1983 bis 1985)
Mit seinem drei Liter großen Herzen gehört dieses exklusiv in Südafrika vertriebene Fahrzeug zu den interessantesten Coupés der Gattung Alfetta. Mit dem großvolumigen V6 übernehmen die Südafrikaner 1983 eine Vorreiterrolle für werksseitige Hubraumerweiterungen beim Busso-Sechszylinder. Alfa-Romeo-Kunden in Europa erleben das erstmals 1987 mit dem Alfa 75 3.0 America.

Der Hintergrund für diesen gewagten Schritt, wie so oft in der Geschichte sportlich geprägter Marken, ist im Motorsport zu finden. In Europa sammelt das Alfetta-Coupé mit dem 2,5 Liter großen V6 fleißig Siege und Titel. Am Ende gehören unter anderem vier Tourenwagen-EM-Titel (von 1982 bis 1985) und der Gewinn der französischen Produktionswagen-Meisterschaft 1983 und 1984 dazu, genauso wie die Rallye-Titel 1982 in der Gruppe N der europäischen ERC und 1983 in der Gruppe A der italienischen Meisterschaft.

Für die südafrikanische Motorsportszene sind zweieinhalb Liter Hubraum aber nicht wettbewerbsfähig. Wie in Europa

Technische Daten	GTV6 3.0 Südafrika
Zylinderzahl	6
Zylinderanordnung	V6 mit 60° Zylinderwinkel
Bohrung x Hub (mm)	93 x 72
Hubraum (cm^3)	2934
Verdichtungsverhältnis	9,5 : 1
Max. Leistung (PS/kW) bei U/min	190 / 139 bei 6700
Max. Drehmoment (Nm) bei U/min	265 bei 4300

besteht die Konkurrenz aus den großen Sechszylinder-Coupés von BMW, turbogeladenen Ford Sierra Cosworth und dem wankelgetriebenen Mazda RX-7. Der Wettbewerb ist hart, aber stark ist auch der Wille des südafrikanischen Alfa-Geschäftsführers Dr. Vito Bianco, sich nicht geschlagen zu geben. Getreu dem Motto „Hubraum ist durch nichts zu ersetzen, außer durch mehr Hubraum“ ist auf der südlichen Halbkugel bald Besserung in Sicht.

Und das kam so: Autodelta-Chef Carlo Chiti hatte Roger McCleery eingeladen, den für die südafrikanischen Motorsportbelange von Alfa Romeo mitverantwortlichen Pressemann. Der stieß in den heiligen Hallen von Autodelta in Settimo Milanese unter einer staubbedeckten Plane auf ein Rallye-Fahrzeug. Tatsächlich handelte es sich um einen GTV, der die berühmt-berüchtigte East African Safari-Rallye mit einem beachtlichen vierten Platz beendet hatte – unter der Haube ein aufgebohrter 2,5-Liter-Sechszylinder. McCleery ist begeistert, und Chiti erzählt von einem Autodelta-Kit für einen Dreiliter-V6 mit von 88 auf 93 Millimeter erweiterter Bohrung und von 68,3 auf 72 Millimeter verlängertem Hub. Macht zusammen 2934 cm^3 – gut für 190 PS (139 kW) bei 6700/min und 265 Nm bei 4300/min. 225 km/h schnell ist das Coupé. McCleery ruft gleich Dr. Bianco an und berichtet, dass in Settimo Milanese das Triebwerk entwickelt wurde, das die Sorgen in der südafrikanischen Gruppe 1 zerstreuen kann.

Oben: Unter dem großen Luftfiltergehäuse verbergen sich sechs Dell'Orto-Vergaser. Die Schnittzeichnung zeigt das Innere des Motors.

Mitte: Für den GTV6 Südafrika wird das Typenschild am Heckdeckel mit neuer Hubraumangabe versehen.

Unten: Die große Hutze auf der GFK-Motorhaube hat einen NACA-Einlass.

Die Dell'Orto-Vergaser sorgen für ordentlich Dampf unter der Haube. Die sechs Einzelvergaser vom Typ FRPA 40 stammen ursprünglich aus dem Alfa 6 und sitzen eng gedrängt zwischen den Zylinderbänken.

Oben rechts: Diesen Brief mit vielen Angaben zum GTV6 3.0 erhält ein Alfista aus Europa im Juni 1985 auf Anfrage vom PR-Manager des südafrikanischen Alfa-Importeurs. Interessant ist die erwähnte Stückzahl von „ungefähr" 230 produzierten Exemplaren.

Alfa Romeo

Alfa Romeo South Africa (Pty) Ltd.

Head Office & Workshop:
750 Pretoria Main Road – Wynberg – Sandton
Tel.: 786-5933/38 786-5960/70
P.O. Box 78438 – Sandton 2146
Telex 4-24427

Your Ref.:

Our Ref.:

Mr. [redacted]

24th June 1985

Sir,

Your letter dated 12th June 1985, regarding the GTV 3.litre refers.

This car was developed in South Africa purely as a "homologation special", to be eligible to race in the South African Group One saloon car racing series. (It has also been homologated for the FIA Group B.)

It is basically the 2.5 litre V6 GTV as produced in Italy with the engine altered as follows : Bore and stroke increased to 72mm/93, capacity increased with bigger pistons to 2934cc, bigger valves and camshafts fitted and the fuel injection system dropped in favour of 6 single choke Dellorto carburettors.

Gearbox and ratios remain the same as that of the 2.5 on production models.
Brakes also remain the same (250mm ventilated inboard discs at the back and 269mm discs up front).

Compomotive 7J, 15 inch rims are used, shod with Pirelli P7, 205/50 VR 15 tyres.
A glassfibre bonnet with a distinctive airscoop is fitted, as well as a larger air dam in front to improve brake cooling.
Interior changes include Recaro-like front seats.

Approximately 230 of these cars have been manufactured. In racing trim it has won the S.A. Group One Championship last year.

Included please find a brochure on the 2 and 2.5 litre GTV as well as photographs of the production 3 - litre.

Kind Regards

E. DE VOS
P.R. MANAGER

Südafrika ordert die Kits noch bevor Roger McCleery wieder zurückgekehrt ist. Die Entwicklungsarbeit an den Rennversionen des GTV6 läuft sofort an. Doch es gibt Probleme: Die Bosch-Einspritzung funktioniert am Rennmotor nicht wie gewünscht und das Know-how für renntaugliche Einspritzanlagen ist noch lückenhaft. So beschließt Renningenieur Sampie Bosman die Treibstoffzufuhr mittels der sechs Dell'Orto-Vergaser vom Triebwerk des Alfa 6 zu regeln, der in Südafrika ebenfalls gelegentlich verkauft wird – und auf diese Weise im Tausch zu einer Einspritzanlage kommt.

Der Aufwand lohnt sich: Der 3.0 V6 GTV dominiert fortan die Konkurrenz auf den Rennstrecken der nationalen Tourenwagenmeisterschaft. Wie üblich bedarf es jedoch auch im weit entfernten Südafrika einer bestimmten Zahl an Serien-Fahrzeugen mit dieser Technik für die Homologation. 200 Stück verlangt die Motorsport-Dachorganisation FIA. Im Dezember 1983 entsandte die FIA einen Kommissar zum Endurance-Weltmeisterschaftslauf nach Kyalami. Im Rahmen seines Besuchs beim 1000-Kilometer-Rennen stattet der FIA-Gesandte Alfa Romeo in Johannesburg einen Besuch ab, wo er sich anhand von Rechnungen davon überzeugen lässt, dass 212 Exemplare verkauft seien. Wie viele es am Ende waren, ist allerdings auch in Südafrika nicht mehr bekannt. E. De Vos, der damalige PR-Manager von Alfa Romeo South Africa, schreibt 1985 in einem Brief von ungefähr 230 gebauten Exemplaren. Es ist davon auszugehen, dass wohl 18 Wagen für den Renneinsatz gebaut wurden.

Optisch fallen die Südafrika-GTV6 nur durch wenige Details auf. Da wäre als erstes die größere aus GFK

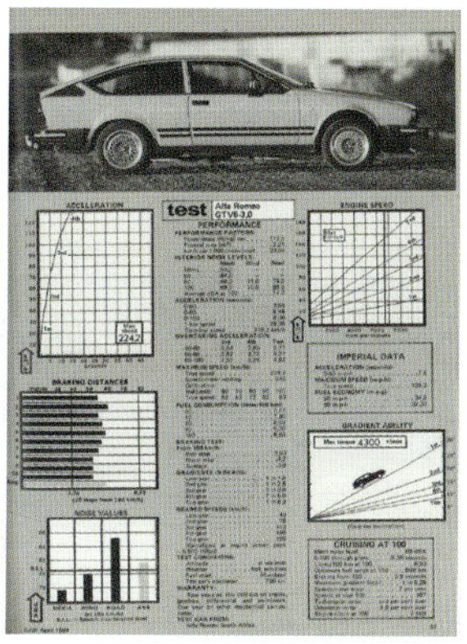

gefertigte Motorhaube, die auf der Wölbung einen NACA-Lufteinlass trägt. Außerdem sind ein größerer Frontspoiler sowie Aluminiumräder mit Kreuzspeichendesign und Pirelli P7 montiert, und ein umlaufender roter Streifen ziert die Karosserie.

Heute genießen die wenigen – wegen des in Südafrika herrschenden Linksverkehrs ausschließlich rechtsgelenkten – Exemplare Sammlerstatus. Und da auch in Südafrika eine Alfa-Fangemeinde existiert, sind diese kraftvollen Coupés nur extrem selten in europäischen Gefilden auszumachen.

Oben links: Die höhere NACA-Motorhaube, der größere Frontspoiler, die speziellen Felgen und der rote Rundumzierstreifen sind die auffälligsten optischen Änderungen gegenüber dem normalen GTV6.

Links Mitte: Alle Südafrika-Versionen haben Rechtslenkung und serienmäßig eine Klimaanlage.

Unten: Den GTV6 3.0 Südafrika gibt es in den drei Farben Anthrazit, Rot und Weiß.

Am GTV6 3.0 Zagato fallen vor allem die voluminösen Anbauteile auf, die heftigste Änderung, der Umzug des Getriebes nach vorn, bleibt von außen unsichtbar. Innen ist sie am breiteren Kardantunnel und der Konsole aus dem Alfa 6 erkennbar.

GTV6 3.0 Evoluzione Zagato Prototyp (1984)
Ein Unikat steht im Werksmuseum in Arese. Es handelt sich um einen von Zagato entworfenen Prototypen. Nachdem die zweite Serie des GTV6 in die Verkaufsräume kam und die entsprechenden Entwürfe von Giugiaro und aus dem Centro Stile Alfa nicht berücksichtigt wurden, entwickelte das Designteam von Zagato eine eigene Projektstudie. Natürlich fallen als erstes die voluminösen Anbauteile wie Front- und Heckspoiler sowie die Seitenschürzen, die Radlaufverbreiterungen und der Heckflügel auf. Alles sehr modern und sportlich, aber trotzdem etwas zu viel des Guten.

Das Spezielle an diesem Wagen sind jedoch die Details unter dem Blechkleid. Neben einem Dreiliter-V6, wie er serienmäßig erst Jahre später (1987) im Alfa 75 3.0 America Premiere feierte, montiert Zagato im GTV6 das Getriebe des Alfa 6. Es ist direkt am Motor angeflanscht und nicht mehr in Transaxle-Bauweise auf der Hinterachse befestigt. So wollen auch der Kardantunnel vorn vergrößert und eine neue breitere Mittelkonsole einge-

baut sein. Außerdem spendiert Zagato dem Prototypen neue Ledersitze, die jedoch dem sportlichen Äußeren nicht gerecht wurden. Die originalen Sitze der zweiten Serie bieten bedeutend mehr Seitenhalt.

Trotz des sportlichen Aussehens ist das Aerodynamik-Kit keine Option für den Einsatz im Rennsport, da der Fahrzeugaufbau viel zu hoch liegt. Ein ähnliches Design findet sich dann jedoch drei Jahre später beim Alfa 75 Turbo Evoluzione.

Baujahr	Version	Typ	Hubraum	Motorbauart	Leistung	Treibstoff	Fahrgestellnummern	Motor Typ	Produktions-zahlen
1974	GT 1.8	116.10	1779 cm^3	4 Zylinder in Reihe	122 PS	Benzin	AR11610*0001011 bis 0007800	AR01608*S	6790
1975	GT 1.8	116.54	1779 cm^3	4 Zylinder in Reihe	118 PS	Benzin	AR11654*0001001 bis 0001800	AR01608*X	800
	GT 1.8	116.10	1779 cm^3	4 Zylinder in Reihe	122 PS	Benzin	AR11610*0007801 bis 0015584	AR01608*S	7.784
	GT 1.8 (1)	116.11	1779 cm^3	4 Zylinder in Reihe	118 PS	Benzin	AR11611*0001001 bis 0002900	AR01608*X	1.900
	GT 1.8 (1)	116.11	1779 cm^3	4 Zylinder in Reihe	118 PS	Benzin	AR11611*3370001 bis 3370820	AR01608*X	820
	GT 2.0 Sprint Veloce (2)	116.29	1962 cm^3	4 Zylinder in Reihe	122 PS	Benzin	keine Angaben von Alfa Romeo	AR01629	3.756
	GT 2.0 Sprint Veloce (2)	116.15	1962 cm^3	4 Zylinder in Reihe	122 PS	Benzin	AR11615*0001790 bis 0002039	AR01615	250
1976	GT 1.6	116.04	1570 cm^3	4 Zylinder in Reihe	108 PS	Benzin	AR11604*0001001 bis 0004600	AR01600	3.600
	GT 1.6 (1)	116.02	1570 cm^3	4 Zylinder in Reihe	108 PS	Benzin	AR11602*0001771 bis 0002310	AR01600	440
	GT 1.8	116.54	1779 cm^3	4 Zylinder in Reihe	118 PS	Benzin	AR11654*0001801 bis 0005308	AR01608*X	3.508
	GT 1.8 (1)	116.05	1779 cm^3	4 Zylinder in Reihe	118 PS	Benzin	AR11605*0001011 bis 0001400	AR01608*X	390
	GT 2.0 Sprint Veloce (2)	116.15	1962 cm^3	4 Zylinder in Reihe	122 PS	Benzin	AR11615*0002040 bis 0003375	AR01615	1.336
	GTV 2000	116.36	1962 cm^3	4 Zylinder in Reihe	122 PS	Benzin	AR11636*0001001 bis 0010950	AR01623	9.950
	GTV 2000 (1)	116.37	1962 cm^3	4 Zylinder in Reihe	122 PS	Benzin	AR11637*0001001 bis 0001900	AR01623	900
1977	GT 1.6	116.04	1570 cm^3	4 Zylinder in Reihe	108 PS	Benzin	AR11604*0004601 bis 0012350	AR01600	7.750
	GT 1.6 (1)	116.02	1570 cm^3	4 Zylinder in Reihe	108 PS	Benzin	AR11602*0005001 bis 0005094	AR01600	94
	GT 1.8 (1)	116.05	1779 cm^3	4 Zylinder in Reihe	118 PS	Benzin	AR11605*0001401 bis 0002300	AR01608*X	900
	GT 2.0 Sprint Veloce (2)	116.15	1962 cm^3	4 Zylinder in Reihe	122 PS	Benzin	AR11615*0003376 bis 0003925	AR01615	550
	GTV 2000	116.36	1962 cm^3	4 Zylinder in Reihe	122 PS	Benzin	AR11636*0010951 bis 0022650	AR01623	11.700
	GTV 2000 (1)	116.37	1962 cm^3	4 Zylinder in Reihe	122 PS	Benzin	AR11637*0001901 bis 0004200	AR01623	2.300
1978	GT 1.6	116.04	1570 cm^3	4 Zylinder in Reihe	108 PS	Benzin	AR11604*0012351 bis 0015000	AR01600	2.650
	GT 1.8 (1)	116.05	1779 cm^3	4 Zylinder in Reihe	118 PS	Benzin	AR11605*0002301 bis 0002540	AR01608*X	240
	GT 2.0 Sprint Veloce (2)	116.15	1962 cm^3	4 Zylinder in Reihe	122 PS	Benzin	AR11615*0003926 bis 0006250	AR01615	2.325
	GTV 2000	116.36	1962 cm^3	4 Zylinder in Reihe	122 PS	Benzin	AR11636*0022651 bis 0027099	AR01623	4.449
	GTV 2000 (1)	116.37	1962 cm^3	4 Zylinder in Reihe	122 PS	Benzin	AR11637*0004201 bis 0011800	AR01623	2.650
	GTV 2000 L	116.36A	1962 cm^3	4 Zylinder in Reihe	130 PS	Benzin	AR11636*0030001 bis 0034000	AR01655	3.400
1979	GT 1.6	116.04	1570 cm^3	4 Zylinder in Reihe	108 PS	Benzin	AR11604*0015001 bis 0015799	AR01600	799
	GTV 2.0 SI (2)	116.15	1962 cm^3	4 Zylinder in Reihe	122 PS	Benzin	AR11615*0006251 bis 0006650	AR01615	400
	GTV 2000 L	116.36A	1962 cm^3	4 Zylinder in Reihe	130 PS	Benzin	AR11636*0034001 bis 0041000	AR01655	6.700
	GTV 2.0 Turbodelta	116.36D	1962 cm^3	4 Zylinder in Reihe	150 PS	Benzin	In jenen von GTV 2000 L enthalten	AR01655	200
1980	GT 1.6	116.04	1570 cm^3	4 Zylinder in Reihe	108 PS	Benzin	AR11604*0015800 bis 0016450	AR01600	651
	GTV 2000 L	116.36A	1962 cm^3	4 Zylinder in Reihe	130 PS	Benzin	AR11636*0041001 bis 0044000	AR01655	3.000
	GTV 2.0	116.36B	1962 cm^3	4 Zylinder in Reihe	130 PS	Benzin	ZAR116360*0050001 bis 0050600	AR01655	600
	GTV 2.0 Turbodelta	116.36D	1962 cm^3	4 Zylinder in Reihe	150 PS	Benzin	In jenen von GTV 2000 L enthalten	AR01655	200
	GTV6 2.5	116.C	2492 cm^3	V6 mit 60° Zylinderwinkel	160 PS	Benzin	ZAR116C00*0001001 bis 0006000	AR01646	5.000
1981	GTV 2.0	116.36B	1962 cm^3	4 Zylinder in Reihe	130 PS	Benzin	ZAR116360*0050601 bis 0055100	AR01655	4.500
	GTV 2.0 Turbodelta	116.36D	1962 cm^3	4 Zylinder in Reihe	150 PS	Benzin	In jenen von GTV 2000 L enthalten	AR01655	100
	GTV6 2.5	116.C	2492 cm^3	V6 mit 60° Zylinderwinkel	160 PS	Benzin	ZAR116C00*0007501 bis 0008000	AR01646	500
	GTV6 2.5 Kat. (2)	116.69	2492 cm^3	V6 mit 60° Zylinderwinkel	156 PS	Benzin	ZAR116690*0001001 bis 0002000	AR01911	1.000
1982	GTV 2.0	116.36C	1962 cm^3	4 Zylinder in Reihe	130 PS	Benzin	ZAR116360*0055101 bis 0062700	AR01655	7.600
	GTV6 2.5	116.C	2492 cm^3	V6 mit 60° Zylinderwinkel	160 PS	Benzin	ZAR116C00*0008001 bis 0010500	AR01646	2.500
	GTV6 2.5 Kat. (2)	116.69	2492 cm^3	V6 mit 60° Zylinderwinkel	156 PS	Benzin	ZAR116690*0002001 bis 0005000	AR01911	3.000
1983	GTV 2.0	116.36C	1962 cm^3	4 Zylinder in Reihe	130 PS	Benzin	ZAR116360*0062701 bis 0066250	AR01655	3.550
	GTV6 2.5 (3)	116.C	2492 cm^3	V6 mit 60° Zylinderwinkel	160 PS	Benzin	ZAR116C00*0012001 bis 0015210	AR01646	3.210
	GTV6 2.5 Kat. (2)	116.69	2492 cm^3	V6 mit 60° Zylinderwinkel	156 PS	Benzin	ZAR116690*0005001 bis 0005500	AR01911	500
1984	GTV 2.0	116.36C	1962 cm^3	4 Zylinder in Reihe	130 PS	Benzin	ZAR116360*0066251 bis 0067850	AR01655	1.600
	GTV6 2.5	116.C	2492 cm^3	V6 mit 60° Zylinderwinkel	160 PS	Benzin	ZAR116C00*0015211 bis 0017600	AR01646	2.390
	GTV6 2.5 Kat. (2)	116.69	2492 cm^3	V6 mit 60° Zylinderwinkel	156 PS	Benzin	ZAR116690*0005501 bis 0006410	AR01911	910
1985	GTV 2.0	116.36C	1962 cm^3	4 Zylinder in Reihe	130 PS	Benzin	ZAR116360*0067851 bis 0069000	AR01655	1.150
	GTV6 2.5	116.C	2492 cm^3	V6 mit 60° Zylinderwinkel	160 PS	Benzin	ZAR116C00*0017601 bis 0019000	AR01646	1.400
	GTV6 2.5 Kat. (2)	116.69	2492 cm^3	V6 mit 60° Zylinderwinkel	156 PS	Benzin	ZAR116690*0006411 bis 0007500	AR01911	1.090
1986	GTV6 2.5 (4)	116.CA	2492 cm^3	V6 mit 60° Zylinderwinkel	160 PS	Benzin	ZAR116C00*0020011 bis 0020600	AR01646/01911	361
	GTV6 2.5 Kat. (2)	116.69	2492 cm^3	V6 mit 60° Zylinderwinkel	156 PS	Benzin	ZAR116690*0007501 bis 0008500	AR01911	1.000
								TOTAL	**134.643**

(1) = Rechtslenkung / (2) = USA-Version / (3) = Inkl. 230 Expl. GTV6 3.0 / (4) = inkl. Kat.-Versionen für Europa
Die diversen Sonderserien wie Grand Prix, Maratona und Balocco sind bei den entsprechenden Motorisierungen inbegriffen.
Die beiden Tunermodelle „2.8 Gleich“ (50 Expl.) und „2.5 Callaway Twin Turbo“ (ca. 40 Expl.) sind beim GTV6 2.5, bzw. beim GTV6 2.5 Kat. enthalten.
Nicht separat aufgeführt sind die rechtsgelenkten Fahrzeuge ab 1980 und die 230 Exemplare des GTV6 3.0 Südafrika von 1983, dessen Hubraumerweiterung in Südafrika duch Kits von Autodelta erfolgte.

BOSCH

4 Technik und Ausstattung

Soundfabrik: Vor dem Einbau müssen in Arese alle Motoren auf den Prüfstand.

4

Technik und Ausstattung

Die Motoren

Mit nur fünf serienmäßigen Motorvarianten war das Angebot bei den Alfetta-Coupés eher bescheiden. Bevor der faszinierende Sechszylinder in V-Anordnung 1980 im GTV6 erhältlich war, gab es Alfetta GT und GTV mit den seit den sechziger Jahren bewährten Vierzylindertriebwerken mit 1,6, 1,8 und 2,0 Litern Hubraum. 1979 kam dann noch die aufgeladene Variante von Turbodelta in kleiner Stückzahl ins Sortiment. Auf den folgenden Seiten werden die serienmäßig verbauten Motoren näher beschrieben. Fachbegriffe wie Bohrung, Hub, nasse Buchsen und Verdichtungsverhältnis werden im Abschnitt über den V6 genauer erklärt.

Der V6

Das sportliche Herz des Alfa Romeo GTV6 ist ein in jeder Hinsicht überzeugendes Triebwerk mit herausragenden technischen Eigenschaften, das in der Lage ist, sich mit allen anderen Sechszylindern seiner Zeit zu messen. Ein kraftvolles, vitales und dynamisches Aggregat, das allen Anforderungen mühelos gerecht wird und überaus zuverlässig ist. Dieser Spitzenmotor ist nicht bloß gut für äußerst sportliche Fahrweise, sondern garantiert zugleich die souveräne Kontrolle über die erhebliche Kraft, wenn man es lieber etwas ruhiger angehen will. Der so genannte Busso-V6 genießt international den Ruf, einer der bestgelungenen Motoren aller Zeiten zu sein.

Er war wegweisend in der Motorentechnik Alfa Romeos, und ihm verdankt die Marke zahlreiche Motorsporterfolge auf der ganzen Welt. Bis 2007 wurden noch annähernd dieselben Motorblöcke für die Sechszylinder-Alfas verwendet, ein Beweis dafür, wie hoch entwickelt diese Konstruktion bereits 1979 war. Damals baute Alfa Romeo das Aggregat zunächst in die Limousine Alfa 6 ein, deren Verbrennungsräume anfangs noch aus einer Batterie von sechs Fallstrom-Vergasern großzügig mit Benzin versorgt wurden.

Zu den Spitzenwerten der sportlichen Bilanz zählen vier Erfolge in der europäischen Tourenwagenmeisterschaft (1982 bis 1985) sowie die beiden nationalen Titel in der französischen Meisterschaft (1983 und 1984) mit dem GTV6. Außerdem erwies sich der Sechszylinder, natürlich in modifizierter Form, auch in DTM und ITC mit dem Alfa Romeo 155 als äußerst stark und zuverlässig. So gelangen bedeutende Rennsiege und Meisterschaftstitel gegen starke Konkurrenten wie Mercedes, BMW oder Opel.

Beim GTV6 setzte man bei der Gemischaufbereitung jedoch von Anfang an auf die elektronische Benzineinspritzung L-Jetronic von Bosch, die dann auch im Alfa 6 die Vergaser ablöste. Aus gutem Grund: So ließ sich selbst bei sportlicher Fahrweise der Treibstoffverbrauch

Oben: Zwei fertige GTV6-Motoren stehen für den Einbau bereit.

Unten: Letzte Schritte zur Vollendung des V6: Ein Werksarbeiter stellt das Ventilspiel ein.

um einige Liter verringern. Außerdem waren nur so die niedrigen Abgaswerte zu erreichen, die für den Verkauf auf dem US-Markt nötig waren. Eine Art Kombination aus Herz (der großzügige sportliche Sechser) und Hirn (die vernünftige Einspritzung) also.

Diese Formel war auch entscheidend für die außergewöhnliche Langlebigkeit des Motors. Dank der Einspritzung war es Ende 1985 kein Problem, eine Katalysator-Version des GTV6 zu lancieren, um vor Produktionsende die letzten Modelle an den Mann zu bringen. Leider fiel dem Kat nicht nur ein wenig Power zum Opfer. Vom typischen trompetenhaften Auspuff-Geschmetter zwischen 3000 und 4000/min – einem unverkennbaren akustischen „Leckerli" des GTV6 – blieb mit Abgasreiniger auch nicht viel übrig.

Das ist auch der Hauptgrund dafür, dass GTV6 mit Katalysator heute unter Enthusiasten nicht sehr beliebt sind. Trotz allem gilt für jeden GTV6, ob Kat oder nicht: Beim Hochdrehen besticht er bis 3000/min mit seidig-vibrationsarmem Motorlauf, um dann zwischen 4000 Touren und dem roten Bereich ab 5700 Umdrehungen erfreulich zornig, aber niemals gequält zu tönen. Während zeitgenössische Konkurrenten wie der BMW 323i und der Ford Sierra XR 4i 2.8 für die Beschleunigung von 60 auf 140 km/h 37 und 32 Sekunden benötigten, war der GTV6 mit nur 22,5 Sekunden deutlich schneller. Ein Beweis dafür, wie beeindruckend Kraftentfaltung und Elastizität des 160-PS-Motors sind.

Während der sechsjährigen Bauzeit des GTV6 erfuhr der Motor kaum eine Änderung. Der wassergekühlte V6 ist längs über der Vorderachse angeordnet, hat einen Hubraum von 2492 cm^3, 160 PS und einen Gabelwinkel von 60°, die beiden Zylinderreihen stehen sich also in einem Winkel von 60° gegenüber. Das ist ein idealer Wert bei einem Sechszylinder, da so im Vergleich zum Reihen-

Links: Ein Traum von einem Motor: Die Schnittzeichnung gestattet den Blick ins Innere des Sechszylinders.

Rechts: Der V6 mit einem Gabelwinkel von 60° wird immer wieder weiterentwickelt und kommt bis 1995 in einer stark überarbeiteten Version auch im Alfa 155 in der deutschen Tourenwagenmeisterschaft DTM zum Einsatz, ehe er dort von einem 90°-V6 abgelöst wurde.

motor in der Länge Platz gespart wird und alle 120° Drehung der Kurbelwelle ein Verbrennungstakt in der Zylinder-Reihenfolge 1-4-2-5-3-6 erfolgt. So wird die Belastung auf die Kurbelwelle gleichmäßiger verteilt. Das Triebwerk läuft runder und geschmeidiger, da weniger Torsionsschwingungen auftreten.

Die Leichtmetall-Kolben, versehen mit drei Kolbenringen, laufen in „nassen" Buchsen. Die Zylinderlaufbuchsen aus Grauguss sind vom Kühlwasser umspült und nach dem Ausbau der Aluminium-Zylinderköpfe einzeln ersetzbar, in dem man sie einfach aus dem Leichtmetall-Block herauszieht – nachdem die große, mit reichlich Kühlrippen versehene Ölwanne entfernt und die Kolben mit den Pleueln ausgebaut worden sind. Ein dünner Gummiring unter den Buchsen sorgt für die nötige Abdichtung zwischen Ölwanne und Kühlkreislauf.

Das Positive daran sind die verhältnismäßig günstigen Reparatur-Kosten bei einem Motorschaden. Während bei konventionellen Motoren die gravierenden Eindrücke von gebrochenen Ventilen, abgesplitterten Zündkerzenteilen oder geborstenen Kolben in den Zylinderwänden zum Teil gar nicht oder kostspielig gehohnt und mit Übermaß-Ersatzteilen repariert werden müssen, kann beim Alfa Motor ein neuer Satz nasser Buchsen mit Kolben montiert werden.

Der Innendurchmesser der Buchsen ist die Bohrung. Sie beträgt 88 mm. Der Hub, also der Weg den ein Kolben vom unteren bis zum oberen Totpunkt zurücklegt, beträgt 68,3 mm. Es handelt sich also um einen klassischen Kurzhuber, weil das Bohrungsmaß größer ist. Vorteile sind eine ausgemachte Drehfreude und spontaneres Ansprechen.

Die Kurbelwelle ist vierfach gelagert mit Gegengewichten, besitzt also vier Hauptlager. Zudem gibt es zwei Vertikallager für die Schmierung bei seitlichen Bewegungen. Die Kurbelwelle ist aus nitritgehärtetem Stahl, besitzt Spritzbohrungen für die Schmierung und Kühlung der Zylinderwände und weitere Bohrungen für die Ölversorgung der Pleuellager aus Weißmetall.

Die beiden Zylinderköpfe weisen flache, hemisphärisch geformte Brennräume auf, die für ein Verdichtungsverhältnis von 9:1 sorgen. Das Verdichtungsverhältnis ist das Verhältnis von größtmöglichem Verbrennungsraum (Kolben im unteren Totpunkt) zu kleinstmöglichem Verbrennungsraum (Kolben im oberen Totpunkt). Je größer dieses Verhältnis ist, desto mehr Leistung kann aus dem Motor geholt werden. Dann ist jedoch auch die Belastung für Dichtungen, Kolbenringe und die übrigen Motorteile hoch, und das Risiko von Motorschäden wächst. Zudem kann der Motor anfangen zu klopfen,

Oben links: Alles unter einem Dach: Die Pleuel kommen aus der hauseigenen Produktion im Motorenwerk in Arese.

Oben rechts: Konfektionsware: Kolben, Laufbuchsen und Pleuel kommen als einbaufertige Einheit zum Motorenbau.

Unten: Auswechselbar: Die nasse Laufbuchse des GTV6 schmiegt sich um den Kolben, daneben Dichtring und Kolbenbolzen.

was bei unkontrollierten Verbrennungen ebenfalls zu Motorschäden führen kann. Bekanntlich besitzt der GTV6 noch keine Klopfsensoren mit dazugehörigem Motormanagement, die das Klopfen unterbinden würde. Das Verhältnis 9:1 ist also der ideale Kompromiss zwischen Leistung und Zuverlässigkeit und für den Normalgebrauch durchweg ausreichend, zumal die 160 italienischen Vollbluthengste keinen Grund zur Beanstandung gaben.

Die V-förmig angeordneten Ventile stehen in einem Winkel von 46° zueinander und werden über eine Nockenwelle je Zylinderkopf betätigt. Bei dieser Lösung floss Rennsporterfahrung mit dem Tipo 33 mit ein. Die großen Einlassventile werden direkt über Tassenstößel, die natriumgekühlten Auslassventile indirekt über kleinere Tassenstößel, Stößelstangen und Kipphebel angetrieben.

Das Ventilspiel muss bei diesem Motor noch eingestellt werden. Das Spiel sollte bei kaltem Motor bei den Einlassventilen 0.475-0.500 mm und bei den Auslassventilen 0.225-0.250 mm betragen. Eingestellt wird bei den Auslassventilen über Einstellschrauben an den Kipphebeln, was relativ einfach machbar ist, bei den Einlassventilen geschieht dies mit der Auswechslung von Ventilplättchen, die unter den Tassenstößeln positioniert sind. Dies zieht jedoch unweigerlich den Ausbau der Nockenwelle mit sich.

Dank einer raffinierten Konstruktion muss der Zahnriemen, der die beiden Nockenwellen antreibt, für diese Arbeit nicht ausgebaut werden. Mit einem speziellen Abzieher lässt sich dank Konus die Nockenwelle vom Nockenwellenrad lösen. Nun ist das Nockenwellenrad noch in der Lagerung des Zylinderkopfes fixiert, was keine Verstellung

Links: Feinschliff: Die Ventilsitze im Zylinderkopf eines Sechszylinders werden bearbeitet.

Rechts: Kompakt, stark und wohltönend: Der legendäre Busso-V6 Motor wird im GTV6 und dann in Alfa 90 und Alfa 75 eingebaut.

der Steuerzeiten befürchten lässt. Die Welle kann nun nach Lösen der drei Lagerböcke problemlos ausgebaut werden. Sind die Ventile einmal richtig eingestellt, sollte das Prozedere bis zum nächsten Zahnriemenwechsel unnötig sein, da die direkte Betätigung der Einlassventile kaum eine Verstellung des Spiels hervorrufen wird, es sei denn, Tassenstößel oder Nockenwelle nutzten sich aus irgendeinem Grund ab. Dies kann durch Material- oder Bearbeitungsfehler passieren, genauso aber auch durch schlechtes, altes oder zu wenig Motorenöl oder gar durch Überhitzung des Motors. Die Zylinderköpfe mit Nockenwellen und Ventiltrieb werden von zwei großen Ventildeckeln mit Dichtung verschlossen. Anfangs nur mit dem Alfa-Romeo-Schriftzug versehen, wurden spätere Ausführungen mit kleinen Kühlrippen ergänzt, was neben besserer Wärmeableitung auch für eine ansehnlichere Optik sorgte.

Das Ventilspiel sollte gemäß Werksangaben alle 20.000 km geprüft und gegebenenfalls eingestellt werden, der Zahnriemen muss alle 60.000 km gewechselt werden. Dies ist auch sehr empfehlenswert, will man sich die leidige und kostspielige Motorrevision ersparen. Der Riemen treibt nur die beiden Nockenwellen und die Zündverteilerwelle an und wird über einen mechanisch-hydraulischen Riemenspanner gespannt. Wasserpumpe und Lichtmaschine werden von einem Keilriemen angetrieben, genauso wie die als Option erhältliche Klimaanlage.

Das Kühlsystem fasst inklusive Ausgleichbehälter 12 Liter Kühlmittel. Zwei von Thermosensoren gesteuerte Elektrolüfter sorgen zusammen mit dem großflächigen Kühler und der leistungsstarken Wasserpumpe für optimale Kühlung. Ein Thermostat regelt den Kühlkreislauf bei kaltem und warmem Motor. Ein Thermoschalter an seinem Gehäuse liefert dem Steuergerät der Bosch-Einspritzung das wichtige Temperatursignal, um die entsprechende Anpassung der Treibstoffmenge auszurechnen.

Durch das Schmiersystem drückt die Ölpumpe 6,5 Liter Motoröl. Sie wird von der Zündverteilerwelle angetrieben und fördert bis zu 20 Liter Öl pro Minute. Ein Filter mit Überdruckventil hält das Öl sauber. Sollte er verstopft sein, wird er vom Ölfluss umgangen. Zwei Öldruckschalter, eine Dose am Zylinderkopf für das Manometer und ein Schalter am Motorblock für die Kontrollleuchte überwachen den Systemdruck. Bei zu geringem Öldruck wird der Benzinpumpenstromkreis unterbrochen, um einen Motorschaden zu verhindern.

Der Sechszylinder atmet zunächst durch einen Luftfiltereinsatz aus Papier. Durch den am Luftfiltergehäuse angebrachten Luftmengenmesser der L-Jetronic gelangt die Luft nach Ansaugschlauch und Drosselklappenkörper in den majestätischen Ansaugtopf, bevor sie in den sechs Ansaugkanälen mit dem Benzin aus den Einspritzdüsen vermischt und in den Verbrennungsraum gesogen wird. Nach den nur Millisekunden dauernden Arbeitstakten werden die Abgase durch die Kolben in den Grauguss-Kollektor gedrückt, bevor sie über die Flexrohre und die Schalldämpfer ins Freie gelangen.

Das kontaktlose elektronische Zündsystem, ebenfalls von Bosch, besteht im Wesentlichen aus Zündspule, Zündverteiler, Zündkabel mit Steckern, Zündkerzen und

Ein GTV6 der letzten Serie: Gut sichtbar ist im Vordergrund der Luftmengenmesser der L-Jetronic.

natürlich dem Steuergerät. Die Zündung kann manuell eingestellt werden. Die Zündkerzen, original waren Golden Lodge verbaut, sitzen zentral in den Zylinderköpfen und können durch abgedeckte Löcher im Ventildeckel ausgebaut werden. Der Zündverteiler hat Fliehkraft- und Unterdruck-Zündzeitpunktverstellung und begrenzt die maximale Drehzahl auf 6300/min ± 150/min.

Das Einspritzsystem L-Jetronic wird von mehreren Sensoren und Schaltern wie Motortemperaturfühler, Drosselklappenschalter, Thermozeitschalter und Motordrehzahlgeber mit Informationen versorgt, um je nach Betriebszuständen die richtige Menge Kraftstoff zu liefern. Bei kaltem Motor greifen Kaltstartventil und Zusatzluftregler ein und sorgen für optimalen Rundlauf. Die Elektronik ist zuverlässig, bedarf kaum der Wartung, und Nachstellarbeiten sind kaum erforderlich.

Für den V6 gab es mehrere internationale Preise von Fach- und Journalisten-Juries. Es ist denn auch nicht verwunderlich, dass der Motorblock noch bis 2007 in alle Serien-Alfas mit sechs Zylindern eingebaut wurde.

Oben: Vierzylinder, auch bekannt als Nord-Motoren, stehen zum Einbau bereit.

Die Vierzylinder

Die drei Reihenmotoren mit 1,6, 1,8 und zwei Litern Hubraum sind von außen praktisch nicht zu unterscheiden. Urahn ist der Vierzylinder, den Alfa 1950 für die neue Familienlimousine 1900 entwickelte. Ab 1960 wurde das Konzept zur Einführung von Giulia und Giulia GT überarbeitet und modernisiert. Entstanden sind kraftvolle und robuste Aggregate mit seinerzeit beeindruckenden und praktisch konkurrenzlos guten Leistungswerten. Nach weiteren Verbesserungen wurden die Motoren ab 1972 dann in der Alfetta und ab 1974 im neuen Coupé verbaut – zunächst mit 1779 cm^3, später als günstigere und sparsamere Variante mit 1570 und schließlich als stärkste Version mit 1962 cm^3.

Alle drei Ausführungen waren mit zwei Doppelvergasern der Marken Weber, Dell'Orto oder Solex bestückt. Sie sind verantwortlich für das alfatypisch schnorchelnde Ansauggeräusch, nicht nur für Alfisti ein unvergleichlicher akustischer Genuss. Die Vierzylindermotoren erfuhren im Alfetta Coupé von 1974 bis 1985 kaum gravierende Änderungen. Es handelt sich um wassergekühlte Motorblöcke aus Aluminium, die nasse Zylinderlaufbuchsen aus Grauguss bergen. Im Gegensatz zum Sechszylinder des GTV6 handelt es sich bei allen drei Versionen um Langhuber mit der Zündreihenfolge 1-3-4-2.

Auch der Zylinderkopf besteht aus einer Aluminiumlegierung. Er ist zehnfach mit Hutmuttern auf Stehbolzen fixiert und birgt die vier Zündkerzen, eine Einlass- und eine Auslassnockenwelle sowie die acht per Tassenstößel bedienten Ventile mit einem Winkel von 80°. Das Verdichtungsverhältnis beträgt beim 1600er und beim Zweiliter 9:1, beim 1,8-Liter 9,5:1. Auch bei diesen Motoren muss das Ventilspiel eingestellt werden, wobei Prüfung und Einstellung ebenfalls bei kaltem Motor geschehen sollten. Für den Austausch der Ventilplättchen unter den Tassenstößeln muss die Nockenwelle ausgebaut werden. Nach dem Lösen des Kettenspanners können die Steuerkette entspannt und die Lagerböcke entfernt werden. Nun können die Nockenwellen problemlos in die Zylinderkopfmitte gelegt werden, ohne die Kette zu demontieren. Das Ventilspiel soll gemäß Werksangaben

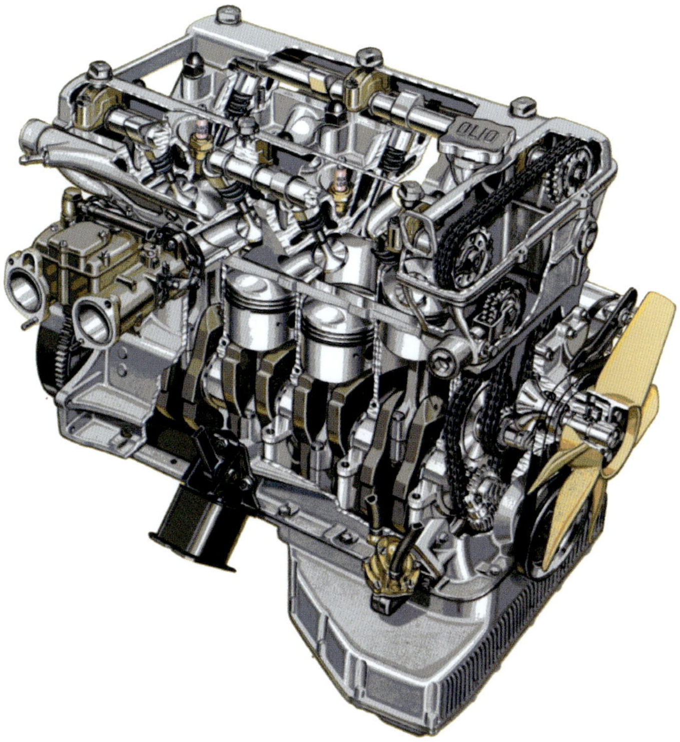

Oben links: Anfangs haben die Alfettas runde Luftfiltergehäuse, später wurden eckige verbaut.

Oben rechts: Die Schnittzeichnung zeigt einen Vierzylinder, wie er in Alfetta GT und GTV eingebaut wurde.

Unten: Diese Motoren der späteren Generation haben bereits das eckigere Filtergehäuse.

alle 20.000 km geprüft und gegebenenfalls korrigiert werden. Sofern an Tassenstößeln und Nockenwellen kein Verschleiß vorliegt, sollte sich auch das Ventilspiel nicht ändern. Eine korrekte Einstellung ab Werk bleibt oft viele tausend Kilometer unverändert, was auch die Servicekosten mindert.

Dank Kettenantriebs ist der Motor sehr wartungsfreundlich. Der teure Zahnriemenersatz entfällt und die Steuerkette hält im Normalfall das ganze Autoleben lang. Einzig der Keilriemen, der Wasserpumpe und Lichtmaschine antreibt, muss regelmäßig ersetzt werden. Für optimale Kühlung sorgen das Kühlsystem mit rund 8 Litern Kühlmittel und ein Elektrolüfter sowie ein Thermostat, der den Kühlkreislauf regelt. Das Schmiersystem inklusive Ölfilter enthält etwa 5 Liter Motorenöl.

Das Zündsystem der Vierzylindermotoren wurde im Laufe der Zeit ständig modernisiert. Anfangs wurde noch eine Unterbrecherzündung eingebaut, später dann eine kontaktlose elektronische Zündanlage, die im Wesentlichen aus Zündspule, Zündverteiler, Zündkabel mit Stecker, Kerzen und natürlich dem Steuergerät besteht. Die Zündung lässt sich durch Verdrehen des Verteilers manuell einstellen. Die vier Kerzen sitzen zentral im Zylinderkopf, und der Zündverteiler ist mit einer Fliehkraft- und Unterdruck-Zündzeitpunktverstellung versehen inklusive Drehzahlbegrenzer (6300/min ± 150/min). Die ganze Zündanlage ist relativ wartungsarm und zuverlässig.

Vor allem für den US-Markt gedacht war die Version GTV 2.0 Si, deren Vierzylinder aus einer mechanischen Einspritzanlage von SPICA gespeist wurde, der Schwester-

Oben links: Die beiden Doppelvergaser für die Nord-Motoren kommen von verschiedenen Herstellern. Diese sind von Dell'Orto.

Oben rechts: Auf den ersten Blick fällt am 2.0 Si Motor vor allem das größere Luftfiltergehäuse mit dem Schriftzug INIEZIONE – Einspritzung – auf.

Unten rechts: Dieser Zweiliter für den GTV 2.0 Si hat die mechanische Einspritzung von SPICA.

firma im Finmeccanica-Konzern. Einige wenige Autos kamen in Europa in den Verkauf. Hauptbestandteil der Anlage ist die Einspritzpumpe, die über einen Zahnriemen vom Motor angetrieben wird und ähnlich aufgebaut ist wie eine Dieseleinspritzpumpe. Über Leitungen wird der unter Druck stehende Treibstoff in den Ansaugkrümmer befördert und mit der Luft zum Verbrennungsgemisch aufbereitet. Mit dieser Einspritzanlage leistet der Motor allerdings nur 122 PS. Zudem erfordert die korrekte Einstellung der Pumpe viel Geschick und besondere Kenntnisse. Die Arbeit beherrschen heute nur noch wenige Fachleute.

Oben: Beim Turbo ist der Luftfilter in Fahrtrichtung links montiert.

Unten: Der KKK-Turbolader mit dem großen Wastegate ist auf der Auspuffseite unter dem Luftfiltergehäuse montiert.

Turbo

Der Motor mit KKK-Turbolader (Kühnle, Kopp & Kausch) unterscheidet sich im Innenleben nur geringfügig von den Vierzylinder-Saugmotoren. Bohrung und Hub und somit auch der Hubraum von 1962 cm³ sind unverändert. Wegen des Ladedrucks begrenzte man das Verdichtungsverhältnis jedoch auf 7:1. Der Abgasturbolader beschert dem Motor mit einem per Waste-Gate geregelten maximalen Ladedruck von 0,7 bar 20 zusätzliche und somit stattliche 150 PS. Die Motoren wurden bei Autodelta, der damaligen Sportabteilung von Alfa Romeo, aufgerüstet, die auch für Wartung und Instandsetzung der Turbodelta-Rennwagen verantwortlich war.

Oben: Die Zeichnung zeigt die linke Vorderradaufhängung mit dem Querlenker (unten), dem waagerecht liegenden Torsionsstab (nach hinten weisend), dem Stabilisator (vorn) und der Zugstange (nach vorn weisend).

Unten links: An der Vorderachse sind nur bei den Sechszylindermodellen innenbelüftete Bremsscheiben serienmäßig.

Unten rechts: Bei ausgebautem Radträger sind gut zu erkennen der am Drehstab befestigte Querlenker (unten), die Zugstange (oben) und die seitlich herausragende Spurstange mit dem Faltenbalg.

Das Fahrwerk

Das perfekte Verhältnis zwischen Auto und Straße wird hauptsächlich durch ein ausgereiftes Fahrwerk erreicht. Exzellente Fahrwerkstechnik steht nicht nur für stabile Straßenlage bei Kurvenfahrten mit hoher Geschwindigkeit, sondern auch für Komfort und gute Dämpfung bei Bodenunebenheiten. In der Philosophie von Alfa Romeo herrscht die Überzeugung, dass der Reiz des sportlichen Fahrens vor allem darin besteht, das Fahrzeug „fühlen" und es aktiv kontrollieren zu können. Wie bei der Alfetta-Limousine sorgen auch beim Coupé optimale Gewichtsverteilung und die Radaufhängung für mehr Fahrstabilität und ein hohes Maß an aktiver Sicherheit. Exzellentes Handling und sportlicher Komfort bescherten auch dem routinierten Fahrer enormen Fahrspaß. Erst mit dem raffinierten und sehr anspruchsvollen Fahrwerk kommt das Leistungspotenzial der feinen Motoren so richtig zur Geltung.

Auch die selbsttragende Karosserie trägt dazu bei. Bei Alfetta GT, GTV und GTV6 besteht sie aus Stahlblech und Stahlprofilen mit zwei Türen und vier Sitzplätzen. Die Bauweise besticht mit Torsionsfestigkeit, Tragfähigkeit

Oben: Die aufwändig konstruierte De-Dion-Hinterachse ist eine Starrachse, weist jedoch die Vorzüge einer Einzelradaufhängung auf.

Unten links: Die innenliegenden Scheibenbremsen sind direkt am Differenzial angeflanscht und gehören somit zur gefederten Masse.

Unten rechts: Die ganze Hinterachse wird von einem Rohr getragen, an dem auch das Wattgestänge angeschlagen ist.

und Steifigkeit und ist dabei leicht. Die Karosserie ist ab Werk durch ein elektrophoretisches Bad und einen PVC-Unterbodenschutz gegen Korrosion geschützt. Nachbehandlung war dennoch mehr als empfehlenswert.

Alle Fahrwerkteile sind an diesem Chassis befestigt. Vorne hat das Coupé Einzelradaufhängung mit Vierecks-Querlenkern, degressiv arbeitenden hydraulischen Teleskopstoßdämpfern und Torsionsstäben zur Federung. Dazu kommt ein Querstabilisator. Für die perfekte Balance bedarf es einer adäquat gebauten Hinterachse. Das De-Dion-Prinzip verbindet die Vorteile der Starrachse mit den Vorzügen der Einzelradaufhängung und reduziert die ungefederten Massen. Die De-Dion Achse besteht aus einer Rohrkonstruktion in Dreieckform, die vorn über eine Gummibuchse an einem am Fahrzeugaufbau verankerten Querträger befestigt ist. Über diese Verbindung wird die von den Antriebsrädern erzeugte Schubkraft auf den Aufbau übertragen.

Zur Befestigung hinten dient ein Wattgestänge, das über einen Kipphebel an der Achse angelenkt ist, der wiederum

Links: Bei der hinteren Aufhängung sind alle Fahrwerksbauteile wie Stoßdämpfer, Federn, Querstabilisator und Radnabe am Achskörper befestigt.

Rechts: Auch Reifen und Felgen gehören zum Fahrwerk. Diese Stahlfelgen wurden eigens für die Alfetta entworfen.

über zwei Querlenker am Aufbau befestigt ist. Die Hebelarme des Wattgestänges wirken abwechselnd als Zug- und als Druckstab den von den Rädern auf die Achse übertragenen Beanspruchungen mit gleicher Kraft entgegen und vermeiden so jede seitliche Bewegung des Fahrzeugaufbaus. Vervollständigt wird die Hinterradaufhängung durch Schraubenfedern, hydraulische Teleskopstoßdämpfer und einen Torsionsstabilisator. Diese Konstruktion gewährleistet auch in Kurven und auf schlechter Straße senkrechte Radstellung und gute Bodenhaftung, ist also auch ein echtes Sicherheitsplus.

Die Zahnstangen-Sicherheitslenkung besteht aus einer geteilten Lenksäule mit Kardangelenk und elastischer Verbindung. Mangels Servounterstützung und dank breiter Reifen muss der Fahrer zumindest beim Einparken kräftig zupacken. Alfa-Entwicklungschef Filippo Surace hatte für Kritik daran kein Verständnis: „Ein Sportwagen ist eben etwas für Männer." Mit etwa 3,5 Lenkradumdrehungen und einer gesamten Untersetzung von 21,2 lässt sich ein kleinster Wendekreisradius von 5050 mm fahren. Das Lenkrad ist in der Höhe um 80 mm verstellbar.

Wie bei allen Transaxle-Alfas sind rundum Scheibenbremsen mit doppeltem Bremskreis und Bremskraftregler auf die Hinterräder montiert. Die vorderen sind nur beim GTV6 innenbelüftet und haben ansonsten je nach Modell einen Durchmesser von 261 bis 269 mm. Die Bremsfläche ist auf Leistung und Gewicht des Motors abgestimmt. Der Durchmesser der hinteren Scheiben beträgt bei allen Versionen 250 mm. Vorn wie hinten gibt es Zweikolbenzangen, hinten ist noch die mechanische Vorrichtung der Handbremse integriert. Die Montage der Bremsen innen am Getriebe erleichtert die Wartung nicht unbedingt, und das Einstellen ist für den Unerfahrenen eine veritable Herausforderung. Ein Unterdruck-gesteuerter 6-Zoll-Bremskraftverstärker unterstützt den Fahrer beim Bremsen und reduziert den Kraftaufwand auf ein Minimum.

Auch wenn moderne Fronttriebler kaum noch Antriebseinflüsse in der Lenkung spüren lassen und narrensicher ihre Bahn ziehen – beim Alfetta-Coupé ist es ein gutes Gefühl, wenn die Kraft hinten zupackt und per Gaspedal mitgelenkt werden kann. Es bleibt in schnellen Kurven sehr lange neutral, bis das Heck anfängt zum Kurvenaußenrand zu drängen. Was das Alfetta-Coupé in fahrdynamischer Hinsicht zuwege brachte, stellte 1984 ein GTV6 auf der MIRA-Teststrecke in England unter Beweis. Er absolvierte 1000 Meilen auf dem Rundkurs mit einer Durchschnittsgeschwindigkeit von 197,6 km/h und löste damit den bisherigen Rekordhalter ab: einen Lamborghini Countach.

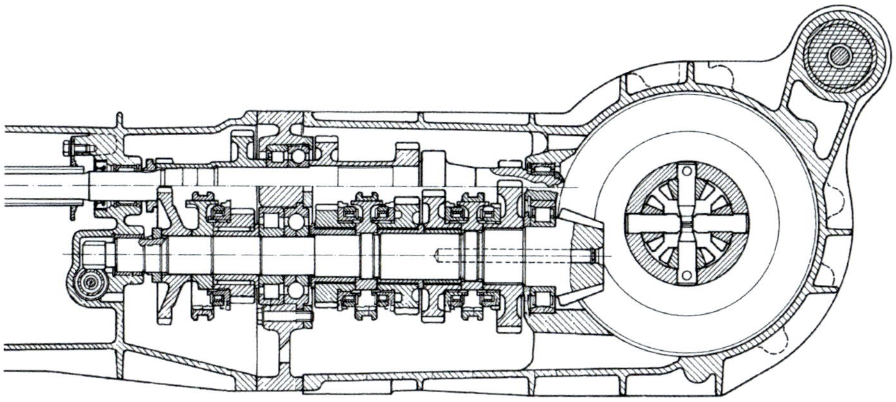

Oben links: Auch die Getriebe werden vollständig im Werk Arese hergestellt. Diese stehen fertig zum Einbau parat.

Oben rechts: Schnittzeichnung des Transaxle-Getriebes

Unten rechts: Das Schaltwerk ist am mittleren Lagerschild montiert. Eine Reparatur ist so relativ einfach zu bewerkstelligen.

Transaxle

Ein guter Teil der Ausgewogenheit des Alfetta-Fahrwerks geht auf das Konto der Transaxle-Bauweise. Die Anordnung des Getriebes an der Hinterachse obendrein in De-Dion-Bauweise ist ein technischer Leckerbissen, wie er sich seinerzeit nur bei ungleich teureren Exoten fand. Dieses Prinzip, ein weiteres Highlight aus den Büros der Alfa-Konstrukteure unter der Leitung des genialen Giuseppe Busso, war allerdings keine Neuerfindung. Schon die Ur-Alfetta, die 1950 und 1951 die Formel-1-Weltmeisterschaften für Alfa Romeo holte, war ähnlich konstruiert. Für die Alfetta wurde das Transaxle-Konzept jedoch in Arese modernisiert und komplett neu konstruiert.

Transaxle steht für die Anordnung von Getriebe und Differenzial auf der Hinterachse. So wird das Fahrzeuggewicht annähernd gleich auf Vorder-und Hinterachse verteilt. Das garantiert ausgewogenes Fahrverhalten, außergewöhnliche Stabilität und verbesserte Lenkbarkeit. Die De-Dion-Achse ist eine Starrachse, jedoch bleibt der Achsantrieb von der Achse getrennt und ist am Aufbau befestigt, um die großen ungefederten Massen der angetriebenen Achse zu vermindern. Die Kraftübertragung erfolgt über Gelenkwellen mit je zwei homokinetischen Gelenken mit zusätzlichem Längenausgleich.

Die Seitenführung übernehmen zwei an einem Zwischenhebel angreifende Querstreben. Dieses Watt-Gestänge hält die Räder auch bei Kurvenfahrt senkrecht zur Straße. Nachteil dieser aufwändigen Konstruktion ist der lange Schaltweg, der das exakte und schnelle Wechseln der Gänge erschwert. Gegen Ende der Produktionszeit wurde eine isostatische Schalthebelführung mit kleinerem Spiel eingebaut, um Abhilfe zu schaffen.

Motor und Getriebe sind mit einer zweiteiligen Kardanwelle verbunden, die an beiden Enden mit einem Polygongummigelenk befestigt ist, das Schwingungen und Vertikalbewegungen auffängt. Zusätzlich ist sie in der Mitte gelagert und mit einem dritten Gummigelenk versehen.

Am Getriebeeingang sitzt die Einscheiben-Trockenkupplung, beim Sechszylinder eine Zweischeiben-Variante, was den Durchmesser der Mitnehmerscheiben kleinhält.

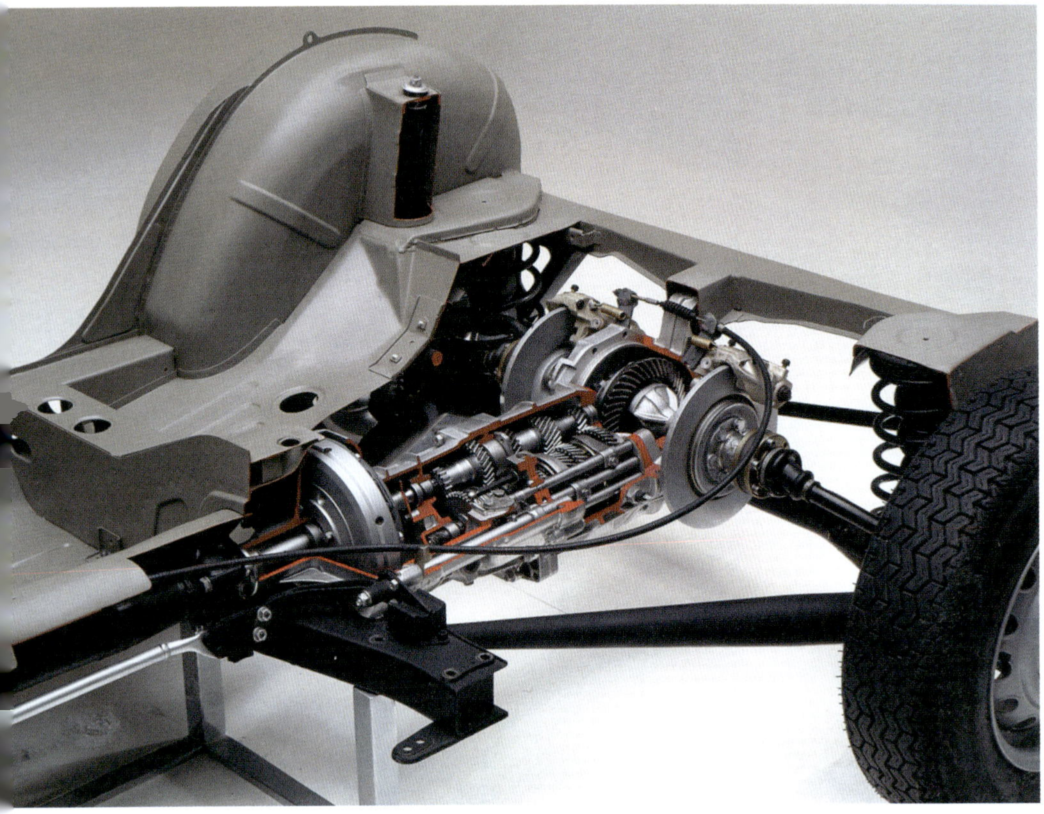

Oben links: Das Schnittmodell wird zur Vorstellung der Alfetta-Limousine 1972 hergestellt.

Oben rechts: Das Getriebegehäuse kommt aus der hauseigenen Fonderia, der Gießerei, und wird im nächsten Schritt für den Zusammenbau bearbeitet.

Unten rechts: Eine fertige Hinterachse inklusive Getriebe wartet auf den Einbau ins Fahrzeug.

Rechte Seite: „Hochzeit“: Neben dem Fließband stehen fertige Getriebe-Achseinheiten auf einer Art Lorenbahn bereit, um zum Einbau unter die Karosserien gefahren zu werden.

Die Kupplung mit automatischem Spielausgleich wird hydraulisch und mit geringem Kraftaufwand betätigt. Alle Vorwärtsgänge sind schrägverzahnt und nach System Porsche synchronisiert. Der Rückwärtsgang ist geradeverzahnt und unsynchronisiert. Die Übersetzungsverhältnisse von Getriebe und Hinterachse wurden je nach Motorisierung so gewählt, dass ein bestmöglicher Kompromiss zwischen niedrigem Verbrauch (längere Gänge) und guter Beschleunigung (kurze Übersetzungen) erzielt wurde. Das Differenzial mit Hypoid-Antrieb liegt beim Getriebeausgang und hat eine Achsübersetzung von 4,10:1. Ein Sperrdifferenzial wurde leider bei keinem Modell ab Werk montiert.

Das Getriebe enthält etwas mehr als 2,1 Liter Öl, das gemäß Wartungsplan alle 40.000 km ersetzt werden sollte. Das Geschwindigkeitssignal an den Tacho kommt vom Getriebe – zunächst mechanisch mittels einer Drahtsaite, später mit einem am Gehäuse angebrachten Tachogeber mit Schneckenradantrieb, der eine Wechselspannung erzeugt und das elektrische Signal via Kabel dem Tacho liefert.

Das Getriebe mit seinem Gehäuse aus einer Aluminium-Gusslegierung ist äußerst wartungsfreundlich. Ein Fachmann vermag die Kupplung in nur zwei Stunden zu ersetzen und benötigt für Aus-und Einbau des Getriebeflansches mit beiden Getriebewellen nur etwa vier Stunden. Ein Schwachpunkt ist die Synchronisation des zweiten Ganges, die unter der langen Schaltübertragung leidet. In der Fachpresse hat die ganze Konstruktion nicht immer nur Lob erfahren, für Alfisti ist sie jedoch bis heute ein wichtiger Teil dessen, was die Alfetta so begehrenswert und anspruchsvoll macht. Transaxle-Autos wurden noch bis 1993 in Arese produziert, zuletzt die limitierten Zagato-Modelle auf 75-Basis, das Coupé SZ und der Roadster RZ.

Einladend: Holzlenkrad und die optional erhältlichen Kunstledersitze saugen den Alfista geradezu hinters Steuer dieser Alfetta GT der ersten Serie.

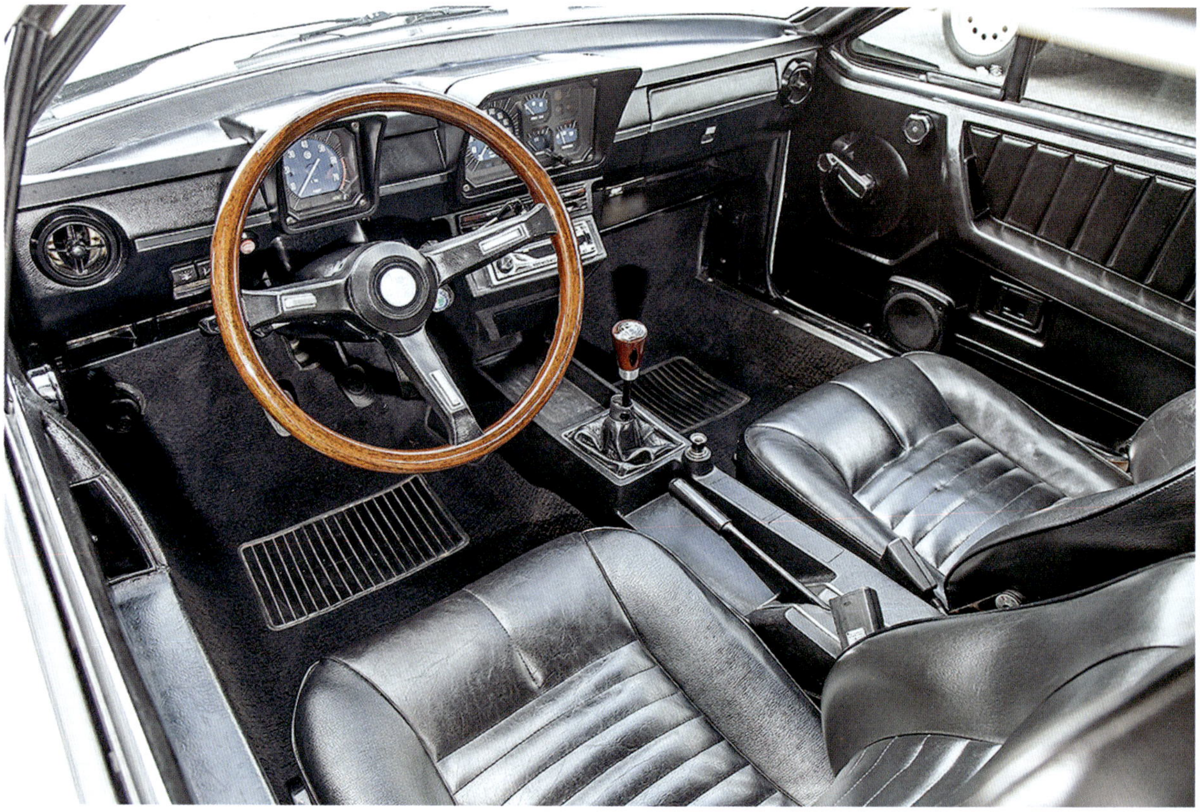

Interieur

Das Design von Alfetta GT, GTV und GTV6 ist ein geradezu klassischer Coupé-Entwurf, und im Inneren zeigt sich gleich der sportliche Anspruch von Alfa Romeo. Konstrukteure und Designer haben es mit viel Einfühlungsvermögen ganz auf den anspruchsvollen Fahrer zugeschnitten. Armaturentafel, Instrumentierung und Mittelkonsole sind harmonisch aufeinander abgestimmt. Die Instrumente sind groß, gut ablesbar und beleuchtet sowie übersichtlich angeordnet, was bei einem Sportwagen besonders wichtig ist. Die ergonomisch angeordneten Bedienelemente sind für den Fahrer leicht und bequem zu erreichen, damit alle Konzentration der Straße gelten kann.

Das wichtigste Instrument, der Drehzahlmesser, sitzt dort, wo er im Sportwagen hingehört: direkt im Sichtfeld des Fahrers. Bis zum großen Facelift von 1980 thronte der Tourenzähler noch solo mittig hinter dem Lenkrad. Tacho und kleinere Uhren für Benzinstand, Wassertemperatur und Öldruck waren zu einer größeren Einheit in der Mitte des Armaturenbretts zusammengefasst, ergänzt um einige Kontrollleuchten. 1980 wurde die Instrumententafel etwas modernisiert und um eine Quarzuhr ergänzt. Nun waren alle Anzeigen in einem Gehäuse untergebracht.

Die gesamte Stirnfläche des Armaturenbretts ist mit gepolstertem Material bezogen. Harmonisch angefügt ist die Mittelkonsole, die bis auf den Kardantunnel reicht. In ihr sind die Bedienungshebel für Heizung und Belüftung untergebracht, die Aufnahme für das Autoradio, der Aschenbecher sowie ein Ablagefach. Das Handschuhfach auf der Beifahrerseite fasst Bedienungsanleitung und Kleinkram. Das Lenkrad änderte über die Jahre einige Male das durchweg exklusive Design und hatte stets drei Speichen.

Ein Alfa-Romeo soll sportlich und sicher sein, aber auch komfortabel. Dafür sorgen die gut konstruierten und Halt gebenden Sitze, die bis 1982 praktisch unverändert blieben und in verschiedenen Farbtönen in Velours oder Leder zu bestellen waren und international Lob ernteten. Die Innenverkleidungen sind jeweils passend bezogen. Beide Vordersitze haben Kopfstützen, und der Fahrersitz ist stufenlos in der Höhe verstellbar. Fahrer und Beifahrer

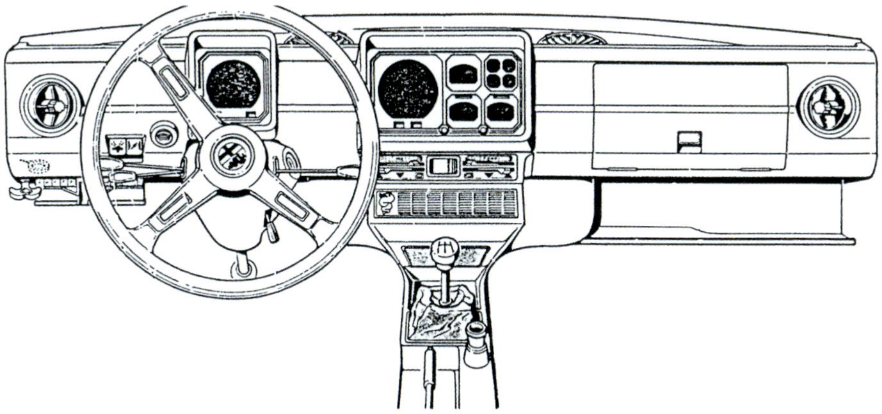

Oben und Mitte links: Bei der ersten Serie gibt es das Interieur wahlweise auch zweifarbig, außerdem sind Tür- und Seitenverkleidungen noch aufwändiger gestaltet.

Unten links: Das Kofferraumvolumen misst, außer bei GTV 2.0 Si und GTV6, stattliche 370 Liter und fasst doch allerhand Gepäck.

Mitte rechts: Übersichtlich und aufgeräumt ist das Armaturenbrett der Fahrzeuge bis 1979 gestaltet. Wie bei einem Sportwagen üblich, ist der Tourenzähler das wichtigste Anzeigeinstrument. Er liegt im direkten Blickfeld des Fahrers.

Unten: Neben dem Drehzahlmesser gehören der Tacho, Tank-, Öldruck- und Wassertemperaturanzeigen zu den Kontrollinstrumenten.

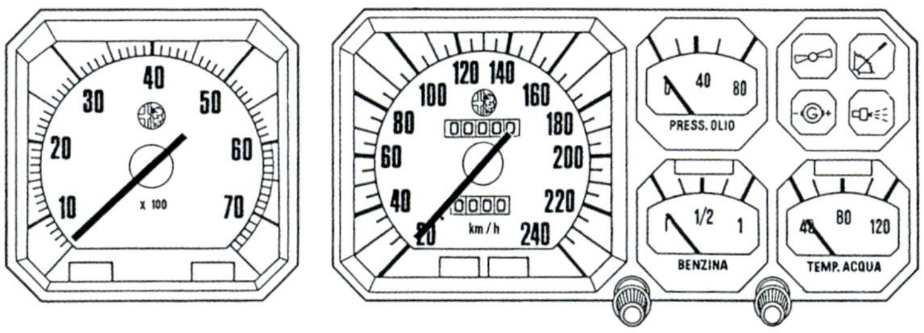

Oben links: Im neuen Armaturenbrett ab 1980 sind die Instrumente zusammengefasst, und es gab Leder- oder Holzlenkrad.

Oben rechts: Für GT und GTV lässt sich das Armaturenbrett anfangs auf Wunsch mit Holzapplikationen ordern.

Rechts: Zusatzanzeigen, Kontrollleuchten und Schalter ab 1980 über der unveränderten Heizungsbetätigung. Im Bild darunter ein Auto von 1983 mit originaler Klimaanlage. Ins beleuchtete Handschuhfach passen alle Fahrzeugdokumente und noch etwas mehr.

genießen ein gutes Raumgefühl, und auch hinten – abgesehen von den etwas beengten Verhältnissen – lässt es sich dank guter Sitze aushalten.

Die Fondpassagiere dürfen sich über ein liebevolles Detail freuen. Während viele Coupés hinten fest eingebaute Seitenscheiben haben, lassen sie sich im Alfetta-Coupé per Handkurbel herablassen. Ein Stahlschiebedach war als Zubehör erhältlich.

Das letzte Restyling von 1982 bescherte den beiden Versionen GTV 2.0 und GTV6 ein neues Farb- und Formenkonzept. Die Stoffe in beigefarbenem oder schwarzem Velours hatten nun dezente Streifen, und Leder gab es in den gleichen Farben. Neue Sitze boten mehr Seitenhalt und hatten Netzkopfstützen.

Oben links und Mitte: Velours-Sitze gibt es bis 1980 in unterschiedlichen Farben.

Mitte und Mitte links: Von 1980 bis Ende 1982 kommen diese gestreiften Stoffe in grau zum Einsatz.

Oben rechts und rechts Mitte: Dieselbe Musterung gibt es auch in beige.

Unten links, Mitte und rechts: Die neu gestalteten Sitze ab 1983 gibt es als Option in Echtleder in den Farben schwarz und beige. Nach mehr als 30 Jahren dürfen auch einige Altersrisse zu sehen sein.

Oben: Das elegant gestreifte Originalinterieur der letzten Serie gibt es je nach Außenfarbe in schwarz oder beige.

Unten: Der Kofferrum eines GTV6 hat wegen des Benzintanks hinter dem Rücksitz nur ein Volumen von 280 Litern. Eine Seltenheit, aber mit etwas Glück immer noch zu finden sind gepflegte Auskleidungen und eine Hutablage ohne Lautsprecherlöcher.

Nicht zu vergessen ist der Kofferraum, der zwar mit einem Fassungsvermögen von 370 respektive 280 Litern (GTV6 und 2.0 Si) nicht gerade zu den Stärken des Autos gehört, aber wegen der fast rechteckigen Form sehr gut nutzbar und immerhin rund doppelt so groß ist wie beim Nachfolger, dem GTV Typ 916. Bei Sechszylinder und SI schränkt der 75-Liter-Tank im Kofferraum dessen Volumen ein – ein Zugeständnis an US-Zulassungsbestimmungen und bessere Gewichtsverteilung.

Ebenfalls im Kofferraum finden sich auf der rechten Seite die Reserveradwanne und bei GTV6 und Turbodelta, wegen deren übervoller Motorräume, auf der linken Seite die Batterie, versenkt und abgedeckt im Batteriekasten.

Oben links. Bei den Modellen Turbodelta und GTV6 ist die Batterie im Kofferraum unter einer Kunststoffabdeckung untergebracht.

Oben rechts: Das Reserverad im Kofferraum ist leicht zugänglich, gleich daneben hängt der Wagenheber seitlich angeschraubt.

Mitte links: Handbremse und Zigarettenanzünder haben ihre Plätze auf dem Kardantunnel gleich hinter der Konsole.

Mitte rechts: Stets ist nur der Fahrersitz höhenverstellbar, über den ausziehbaren Griff vorne links. Der kleine Hebel hinten bedient die Kippfunktion der Rücklehne, damit die Fond-Passagiere zusteigen können.

Unten: Ein manuell bedientes Stahlschiebedach ist ab Werk als Zubehör zu haben.

Oben: Sämtliche neuen Alfas werden vor der Auslieferung intensiven Tests unterzogen.

Unten: Nach der Endkontrolle warten die Neuwagen, darunter auch einige Alfetta GT und GTV, auf dem großen Parkplatz oder im Parksilo von Arese auf den Weitertransport zu den Händlern.

Testfahrten und Endkontrolle

Nachdem die Coupés am Ende der Produktionskette angelangt waren, standen ihnen noch ausführliche Test bevor, ehe sie in die Silos parkiert oder zum Abtransport verladen wurden. Zuerst wurden sämtliche Fahrzeuge anhand einer Checkliste einer umfangreichen Qualitätskontrolle unterzogen. Dabei wurde auf Lackqualität, Spaltmaße der Karosserie, Montagefehler und auf korrekte Funktion der Beleuchtung geachtet. Nach einem Bremsentest auf dem Prüfstand wurden die Neuwagen auf der firmeneigenen Teststrecke zwischen den Hallen der Montage und der Lackiererei auf Herz und Nieren geprüft. Auf Kopfsteinpflaster, Holperpiste, Spitzkehre und einer Rampe mit 16 Prozent Steigung absolvierten die Testfahrer vorgegebene Testabläufe und achteten auf unübliche Vibrationen und Geräusche, auf Spurtreue und korrekte Funktionsweise des Getriebes, der Lenkung, Bremsen und der elektrischen Aggregate.

Die Motoren wurden bereits vor der Montage ausführlich auf dem Motorenprüfstand einem Härtetest unterzogen. Zur Kontrolle der Abgaswerte wurden die Wagen in einer eigens dafür eingerichteten Halle untersucht. Falls bei der Endkontrolle Abweichungen festgestellt wurden, die der Testfahrer nicht selbst beheben konnte, kamen die Autos zurück in die Auslieferungshalle zur Nachbesserung. Schließlich fanden auch diese Alfettas Ihren Platz auf den Abstellplätzen oder im Parksilo, wo sie auf den Abtransport zu den Kunden warteten.

Sonderausstattungen

Diese Liste umfasst alle Ausstattungsmöglichkeiten inklusive aller erhältlichen Optionen, wobei nicht das gesamte Zubehör bei allen Versionen und in allen Ländern gleich umfassend im Angebot war. Die Liste ist alphabetisch sortiert.

Ausstattungen	Alfetta GT 1.6	Alfetta GT 1.8	Alfetta GTV 2000	Alfetta GTV 2.0 Si	Alfetta GTV 2.0 Turbodelta	Alfa GTV 2.0 1. Serie	Alfa GTV 2.0 2. Serie	Alfa GTV6 2.5 1. Serie	Alfa GTV6 2.5 2. Serie	Alfa GTV6 2.5 Grand Prix
Abschlepphaken hinten	•	•	•	•	•	•	•	•	•	•
Abschließbarer Tankdeckel	•	• (1)	•	•	•	•	•	•	•	•
Aerodynamische Seitenschürzen	–	–	–	–	–	•	•	•	•	•
Antenne in Windschutzscheibe integr.	–	–	–	–	–	–	•	–	•	•
Außenspiegel links, manuell verstellbar	• (2)	• (2)	•	•	•	•	•	•	•	•
Außenspiegel rechts, elektrisch verst.	–	–	–	–	–	o	o	o	o	o
Ausstellbare Dreiecksfenster vorne	•	•	•	•	•	–	–	–	–	–
Autom. Sicherheitsgurte vorne	• (2)	• (2)	•	•	•	•	•	•	•	•
Autom. Sicherheitsgurte hinten	– (6)	– (6)	– (6)	•	– (6)	•	•	•	•	•
Beheizbare Heckscheibe	•	•	•	•	•	•	•	•	•	•
Colorverglasung, wärmedämmend	–	–	–	–	–	•	•	•	•	•
Deckenleuchte	•	•	•	•	•	•	•	•	•	•
Elektrische Fensterheber vorne	–	–	–	–	–	o	•	o	•	•
Drehzahlmesser (ab 1976 elektron.)	•	•	•	•	•	•	•	•	•	•
Elektronischer Tachometer	–	–	–	–	–	•	•	•	•	•
Fensterheber hinten	•	•	•	•	•	•	•	•	•	•
Frontspoiler	•	•	•	•	•	•	•	•	•	•
Halogenscheinwerfer	•	•	•	•	•	•	•	•	•	•
Haltegriffe	•	•	•	•	•	•	•	•	•	•
Handschuhfach	•	•	•	•	•	•	•	•	•	•
Heckspoiler	–	–	–	–	–	–	–	–	–	•
Holzlenkrad	–	• (3)	–	• (3)	–	•	–	•	–	–
Katalysator	–	–	–	–	–	–	–	–	o (5)	o (5)
Klimaanlage	o	o	o	o	o	o	o	o	o	o
Kopfstützen vorne	•	•	•	•	•	•	•	•	•	•
Kotflügelverbreiterungen	–	–	–	–	–	–	–	–	–	o
Kraftstoffanzeige	•	•	•	•	•	•	•	•	•	•
Kühlwassertemperaturanzeige	•	•	•	•	•	•	•	•	•	•
Lederlenkrad	–	–	–	–	–	–	•	–	•	•
Ledersitze	o	o	o	o	o	o	o	o	o	o
Leichtmetallfelgen	o	o	o	o	o	o	•	•	•	•
Lenkrad verstellbar	•	•	•	•	•	•	•	•	•	•
Metallic-Lackierung	o	o	o	o	o	o	o	o	o	o
Motorraumbeleuchtung	•	•	•	•	•	•	•	•	•	•
Nebelscheinwerfer	–	–	–	–	–	–	–	–	–	•
Nebelschlussleuchten	–	–	–	–	–	•	•	•	•	•
Öldruckanzeige	•	•	•	•	•	•	•	•	•	•
Quartzuhr	–	–	–	–	–	•	•	•	•	•
Scheibenwischer zweistufig & Intervall	•	•	•	•	•	•	•	•	•	•
Scheinwerferwaschanlage	–	–	–	–	–	o	o	o	o	•
Schiebedach	–	–	o	o	o	o	o	o	o	o
Schminkspiegel	•	•	•	•	•	•	•	•	•	•
Verstellbare Instrumentenbeleuchtung	•	•	•	•	•	•	•	•	•	•
Warnblinkanlage	• (4)	• (4)	•	•	•	•	•	•	•	•
Zigarettenanzünder	•	•	•	•	•	•	•	•	•	•

• = Serienausstattung o = Sonderausstattung – = nicht verfügbar

(1) = Typ 116.10 nur mit Tankklappe / (2) = ab 1976 / (3) = bis 1976 / (4) = bis 1976 nicht in allen Ländern / (5) = letzte Modelle serienmässig / (6) = Aufnahmepunkte bei allen Modellen vorhanden

Oben rechts: Im Fond finden sich gelenkige und nicht allzugroße Personen gut zurecht, auch wenn die Beinfreiheit besser sein könnte.

Mitte: Die Innenmaße der Modelle bis 1980 (links) unterscheiden sich nur in wenigen Punkten von denen nach dem Facelifting (rechts).

Unten links: Auch die Außenmaße bleiben über die ganzen zwölf Jahre beinahe unverändert. Der Dreiseitenriss zeigt einen GTV6.

Unten rechts: Die Maße in der Draufsicht sind in Zoll angegeben.

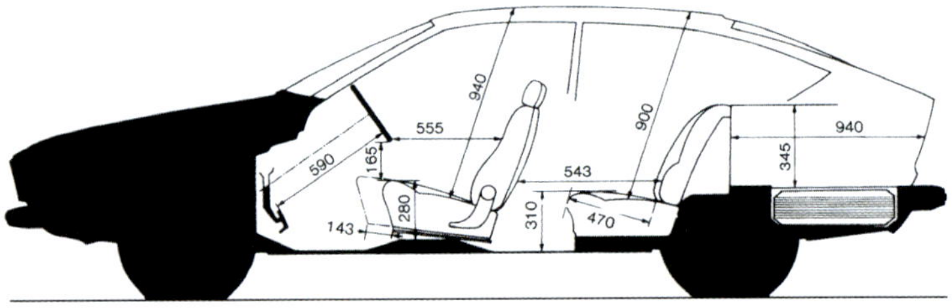

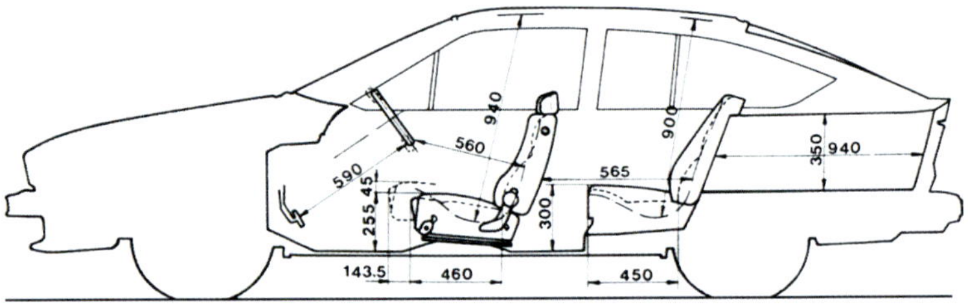

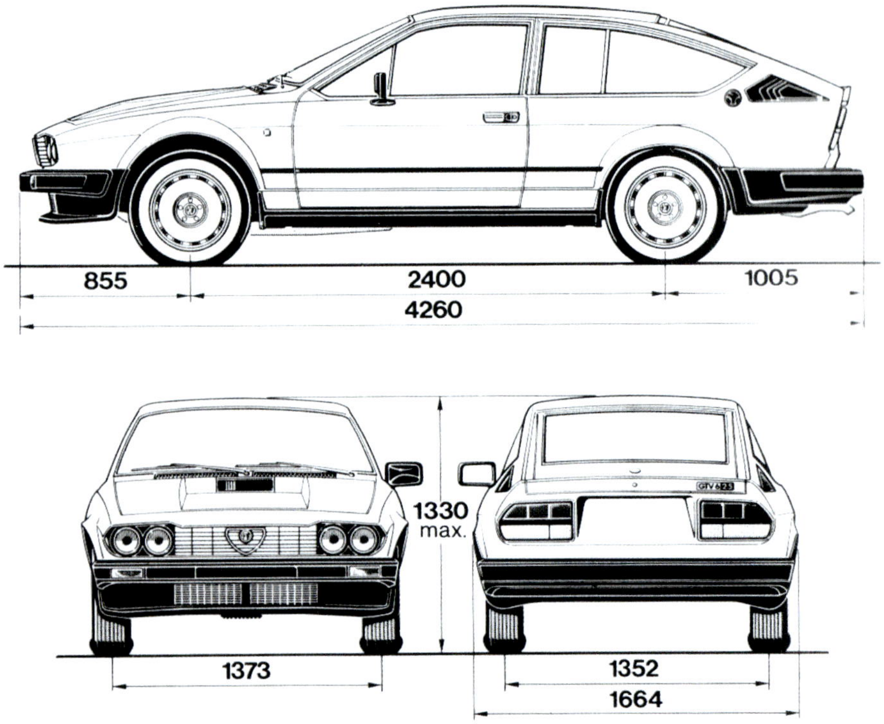

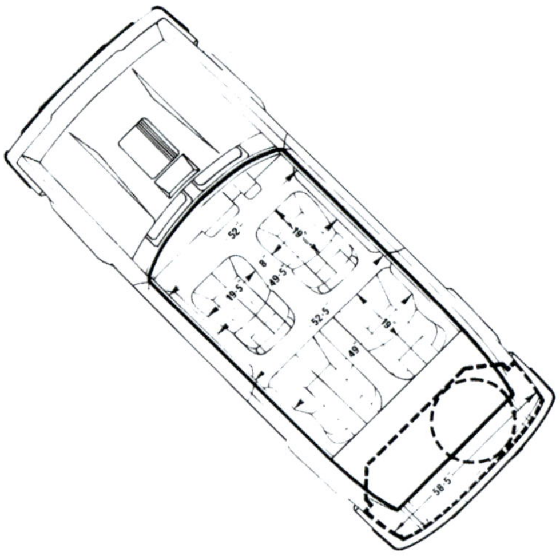

Abmessungen

Trotz kompakter Außenabmessungen von je nach Version 4190 mm bis 4343 mm Länge und 1664 mm bis 1672 mm Breite haben alle Alfetta GT und GTV für ein Coupé einen erstaunlich geräumigen Innenraum. Kopffreiheit und Sitzbreite in Schulterhöhe sind überaus großzügig und bieten in den sportlichen Sitzen ausreichend Platz für vier Personen. Nur im Fond könnte die Beinfreiheit etwas größer sein, auch wenn die Passagiere ansonsten in den gut konturierten Sitzen bequem Platz finden.

Links Mitte: Hübsch und schlicht gezeichnet ist die Farbkarte für die Alfetta GTV.

Unten links: Der Color Guide für Alfetta-Limousine und -Coupé für den US-Markt. Einige Farben gibt es für das Coupé nur jenseits des Atlantiks.

Oben: Zum Fotoshooting für dieses Buch ist eine recht gute Palette zusammengekommen.

Alfa Romeo
Color Combinations

Alfetta sedan

Exterior	Interior TEXALFA	or VELOURS
103 Ivory	Black	Charcoal
013 Satin White	Black	Charcoal
343 Navy Blue	Natural	Fawn
516 Aubergine	Natural	Fawn
116 Topaz	Black	Charcoal
501 Alfa Red	Black	Charcoal
509 Plum	Natural	Fawn
227 Moss Green	Saddle	Tobacco
901 Black	Natural	Fawn
727 Silver Metallic*	Saddle	Charcoal
827 Champagne Metallic*	Saddle	Charcoal
349 Sapphire Metallic*	Natural	Fawn
518 Ruby Metallic*	Natural	Fawn

Alfetta GT coupe

Exterior	Interior TEXALFA	or VELOURS
821 Desert Beige	Black	Charcoal
013 Satin White	Black	Charcoal
343 Navy Blue	Natural	Pecan
516 Aubergine	Natural	Pearl Gray
116 Topaz	Black	Charcoal
501 Alfa Red	Black	Charcoal
509 Plum	Natural	Pearl Gray
227 Moss Green	Pigskin	Pearl Gray
901 Black	Natural	Pearl Gray
727 Silver Metallic*	Black or Pigskin	Charcoal
827 Champagne Metallic*	Black	Charcoal
349 Sapphire Metallic*	Natural	Pecan
518 Ruby Metallic*	Natural	Pecan

*Extra charge for metallic paint

Alfa Romeo Inc.
Headquarters and Eastern Division
250 Sylvan Avenue, Englewood Cliffs, N.J. 07632
Western Division
215 Douglas Street South, El Segundo, California 90245
PRINTED IN U.S.A.

Farben

In den zwölf Produktionsjahren des Coupés gab es verhältnismäßig viele Außenfarben. Neben dem traditionellen Rosso Alfa waren das diverse Weiß-, Grün-, Blau- und Grautöne sowie einige Spezialfarben in „metallizzato", also Metallic. Einige Farben bekamen im Laufe der Jahre allerdings neue Farbcodes und nicht alle waren für jede Version erhältlich. Überdies wurden in außereuropäischen Ländern auch andere Farben angeboten. Die Modelle ab 1980 kamen in Europa nur noch in Rosso Alfa, Grigio metallizzato, Grigio chiaro metallizzato, Luci di bosco metallizzato, Grigio nube metallizzato, Nero und Nero metallizzato.

Eine GTV-Karosserie wird für die Lackierung an die Förderbandkette gelegt.

Farbe	Code	Produktionsjahre
Biancospino	AR008	1974 – 1980
Biancospino	AR013	1974
Bianco	AR081	1974 – 1979
Avorio	AR103	1974 – 1979
Giallo piper	AR116	1976 – 1980
Verde pino	AR216	1974 – 1980
Verde muschio	AR227	1974 – 1980
Verde oliva metallizzato	AR235	1977
Blu olandese	AR343	1974 – 1980
Azzurro Le Mans	AR348	1974
Blu pervinca metallizzato	AR349	1974 – 1977
Blu pervinca	AR357	1977 – 1980
Blu scuro	AR369	1975 – 1979
Rosso Corsa	AR501	1974 – 1986
Amaranto	AR509	1974 – 1977
Faggio-Aubergine	AR516	1974 – 1980
Robinia metallizzato	AR518	1976 – 1977
Luci di bosco	AR524	1978 – 1980
Rosso Alfa	AR530	1974 – 1986
Luci di bosco metallizzato	AR543	1980 – 1983
Rosso opale metallizzato	AR545	1985
Argento metallizzato	AR727	1974 – 1980
Grigio metallizzato	AR761	1980 – 1986
Grigio chiaro metallizzato	AR762	1985 – 1986
Grigio nube metallizzato	AR763	1983 – 1986
Blu notte	AR782	1975 – 1979
Desert beige	AR821	1975 – 1979
Champagne metallizzato	AR827	1974 – 1978
Beige chiaro metallizzato	AR835	1977 – 1980
Nero	AR901	1974 – 1985
Nero metallizzato	AR909	1983 – 1985

Alle Angaben ohne Gewähr

CORSE
BARDI

5 Das Coupé im Rennsport

Oben: Giuseppe Farina wird auf Alfetta 158 erster Formel-1-Weltmeister der Geschichte.

Unten links: Mit dem 33 TT 12 feiert Alfa Romeo in den Siebzigern drei WM-Titel in der Sportwagen-Weltmeisterschaft.

Unten rechts: Der Alfa 156 ist der letzte werksmäßig eingesetzte Rennwagen. Dieses Quartett führt das Feld eines WTCC-Rennens im Jahr 2005 an.

5 Das Coupé im Rennsport

Alfa Romeo ist seit jeher ein Begriff für konzentrierte Sportlichkeit. Mugello, Monza, Spa, Targa Florio, Le Mans und die Mille Miglia sind nur einige der legendären Strecken, auf denen Alfa Romeo unvergessliche Triumphe feierte. Egal ob Grand Prix, Formel 1, Sportwagen-WM, Formel 3 oder Tourenwagen – mit Alfa Romeo waren Rennfahrer fast immer gut bedient. In der Erfolgsbilanz können die Mailänder insgesamt fünf WM-Titel, zahllose Europameisterschaften und eine kaum mehr ermittelbare Zahl nationaler Titel verbuchen. Neben dem zweifachen Formel-1-Weltmeistertitel auf Alfetta 158 und 159 in den Jahren '50 und '51 trugen die Erfolge, die Alfa Romeo im Rallye- und im Tourenwagensport errang, einen ebenso großen Teil zum sportlichen Image der Fahrzeuge mit dem „Cuore Sportivo" bei.

Die letzten sportlichen Großerfolge sind nun jedoch schon einige Jahre her und wurden mit dem Alfa 156 eingefahren. Nach drei Titeln in der italienischen Supertourenwagen Meisterschaft gewann er von 2001 bis 2003 dreimal in Folge souverän die europäische Tourenwagen-Meisterschaft ETCC (European Touring Car Championship). Die

Oben links: Das Werksteam Autodelta verlädt Rennwagen. Im Vordergrund steht eine Alfetta Turbodelta 2.0 Gruppe 4, wie sie 1980 in zahlreichen Rallyes erfolgreich eingesetzt wurde.

Oben rechts: Ein Alfa GTV6 2.5 vom Team Jolly Club beim ETCC-Rennen 500 km di Monza 1984. Dieser Wagen mit den Fahrern Roberto De Gaetano, Giorgio Schön und Duilio Truffo sieht allerdings die Zielflagge nicht.

Unten: Der ehemalige Rennwagen von Bruno Bentivogli, stilvoll in Szene gesetzt, wird von seinem Besitzer auch heute noch regelmäßig in Rallyes und historischen Rennen eingesetzt.

anschließende Weltmeisterschaft WTCC (World Touring Car Championship) beendete der Alfa 156 von 2005 bis 2007 jeweils auf dem dritten Platz. Am Steuer saßen namhafte Piloten wie Nicola Larini, Gabriele Tarquini oder Fabrizio Giovanardi. Ende 2008 zog sich Alfa Romeo dann leider ganz aus dem Werks-Rennsport zurück.

Mit den Alfetta Coupés errang Alfa Romeo in den Jahren 1975 bis 1986 ebenfalls viele wichtige und ebenso prestigeträchtige wie werbewirksame Erfolge. Bei Alfa Romeo war es guter Brauch, einer sportlichen Limousine eine Coupé-Version zur Seite zu stellen. So ließ sich auch die Sportlichkeit der Limousinen aus dem Hause des Biscione betonen. Die Alfetta GT, Repräsentantin einer neuen Ära mit dem kantigen Kleid im Stil der Zeit, verkörperte ab 1975 den Beginn der Neuzeit, sowohl auf der Straße als Serienmodell, als auch im Rallye- und im Tourenwagen-Sport.

Yves Loubet belegte 1985 mit seinem Copiloten Jean-Bernard Vieu auf GTV6 bei der 29. Tour de Corse den 5. Gesamtplatz.

Rallye

Nur wenige Automobilhersteller blicken auf eine so erfolgreiche Motorsportgeschichte zurück. Auch die Alfetta-Coupés trugen mit zahlreichen Siegen maßgeblich dazu bei, Alfas Rennsport-Geschichte um einige Kapitel zu erweitern. Bevor Alfa mit den neuen Autos auch im Tourenwagensport Erfolge feierte, startete das Unternehmen mit Rallye-Einsätzen und blieb bis 1986 dabei, als das Coupé vom Alfa 75 Turbo abgelöst wurde. Allerdings war es ab 1982 Privatteams zu verdanken, dass die Marke in der Rallyeszene erfolgreich blieb.

1975 Der Startschuss fiel am 14. Februar 1975: Zwei Alfetta GT, von Autodelta mit dem 200 PS starken Doppelzündungs-Zweiliter des GTAm ausgerüstet, starteten offiziell für Alfa Romeo in der Gruppe 2 zur 23. Rally Costa Brava. Auf dem zweiten Gesamtrang liegend, musste Jean Claude Andruet jedoch infolge eines Defektes im Ölkreislauf das Rennen aufgeben. Auch der zweite Werkspilot, Amilcare Ballestrieri, erlitt schon kurz nach Rennbeginn denselben Defekt, als ein großer Stein die Ölversorgung zerstörte.

Der Einstieg in den Rallyesport war dennoch gelungen und die Konkurrenzfähigkeit bewiesen. Die stärksten Konkurrenten waren damals auf Fiat 124 Abarth und auf Renault Alpine A110 unterwegs. Im zweiten Rennen am 6. und 7. März in Frankreich, der 28. Rallye Stuttgart-Lyon-Charbonnière baute Andruet mit seiner Alfetta GT im dichten Nebel einen Unfall. Der zweite Wagen mit Amilcare Ballestrieri und seinem Navigator Enrico Gigli erreichte das Ziel jedoch als dritter hinter zwei Fiat 124 und noch vor zwei rennerprobten Alfa Giulia GTV 2000.

Der Podestplatz machte dem Team für die kommenden Rennen Mut. Schon am nächsten Tag beim 22. Critérium Neige et Glace fuhr Andruet mit Beifahrerin Michèle Petit

Oben links: Anfangs sind die Alfetta GT Corsa mit dem 200-PS-Motor aus dem GTAm ausgestattet.

Oben rechts: Jean-Claude Andruet und Michèle Petit (Biche) sind auf Alfetta-Coupé schnell unterwegs.

Unten links: Andruet/Biche müssen die Rally Costa Brava 1975 leider an zweiter Stelle liegend wegen einer defekten Ölwanne aufgeben.

Unten rechts: Während der Saison werden die Werks-Alfettas von Autodelta mit 230 PS starken 16V-Motoren mit SPICA-Einspritzung aufgerüstet.

den 4. Gesamtrang heraus. Das vierte Rennen, die Rally Firestone (21. bis 23. März) in Spanien, dominierten allerdings wieder die Fiat 124 Spider. Andruet schied mit Antriebsschaden aus, Ballestrieri kam von der Strecke ab. Langsam sanken die Hoffnungen, als Ballestrieri im fünften Rennen, der 4. Rally di Sicilia (28. bis 30. März) wieder nur den vierten Gesamtrang belegte.

Doch die 8. Rally dell'Isola d'Elba (17. bis 19. April) entschied Ballestrieri für sich und führte so die Alfetta GT zum ersten historischen Rallye-Sieg für Alfa Romeo überhaupt. Außerdem platzierten sich an diesem Wochenende drei weitere Alfetta GT unter den ersten acht im Gesamtklassement. In der zur Weltmeisterschaft WRC zählenden 22. Rallye Acropolis (24. bis 31. Mai) erreichte der Grieche Giorgos Moschous als dritter das Ziel in der Gruppe 2 und als siebter in der Gesamtwertung, ein großartiger Achtungserfolg.

In den weiteren Rennen jenes Jahres ging es mal auf und mal ab, mit Etappensiegen und Podestplätzen aber auch mit Totalausfällen. Mittlerweile versuchten sich auch einige Privatfahrer mit 150 PS starken Alfetta GT in der schwächeren Gruppe 1, und die Werks-Alfas in der Gruppe 2 wurden von Autodelta mit einem 230 PS starken 16-Ventiler mit SPICA-Einspritzung aufgerüstet.

Eine Schnittzeichnung der Alfetta GT Corsa von Amilcare Ballestrieri. Gut sichtbar ist auch der Motor mit Doppelzündung.

Mitte links: Während einer kurzen Rennpause geben die Mechaniker ihr Bestes, um die Autos wieder instandzusetzen. Die Fahrer, hier Ballestrieri im Auto, nutzen jede längere Pause, um etwas Schlaf nachzuholen.

Mitte rechts: Auf Alfetta GT erreicht Giorgos Moschous in der 22. Rallye Acropolis Rang 7 in der Gesamtwertung.

Unten: Zu den stärksten Konkurrenten von 1975 gehören die Fiat 124 Abarth und die Renault Alpine A110.

Oben und links: Amilcare Ballestrieri entscheidet zusammen mit seinem Navigator Enrico Gigli die 8. Rally dell'Isola d'Elba als Gesamtsieger für sich. Unter den ersten vier klassieren sich gleich drei Alfetta GT. Leo Pittoni wurde Zweiter, Jean-Claude Andruet Vierter.

Erst am 12./13. Juli kam in der italienischen Meisterschaft CIR ein weiterer Gesamtsieg in der 1. Rally Bellunese mit Leo Pittoni dazu. Der Höhepunkt des Jahres gelang jedoch wiederum Jean-Claude Andruet, als er am Ende der Saison in der WRC in der 19. Tour de Corse die Gruppe 2 gewann und in der Gesamtwertung fabelhafter Dritter wurde. Vor ihm platzierten sich nur noch ein Renault Alpine auf Platz 2 und ein außergewöhnlicher Lancia. Der Stratos sollte in den nächsten Jahren die Rallye-Szene dominieren.

Schließlich konnte sich Alfa Romeo am Ende der Saison mit Amilcare Ballestrieri über den vierten Rang in der ERC-Wertung (European Rally Championship) freuen. Für Carlo Chiti, der bei Autodelta, der weltbekannten Rennabteilung von Alfa Romeo, für alle Renn- und Rallyefahrzeuge verantwortlich zeichnete, war die Saison jedoch unbefriedigend. Doch Chiti hatte bereits ein As im Ärmel.

Oben links: Leo Pittoni mit dem Spitznamen Il Pilota hat bei der Rally d'Elba seine Frau Serena als Navigatorin an Bord.

Oben rechts: Der Zylinderkopf eines 16-Ventilers – die beiden Doppelvergaser sind durch einen Flansch für die SPICA-Einspritzung ersetzt.

Mitte links: Ein Teil des Autodelta-Rallyeteams von 1975 posiert mit den Autos: von links Maiga, Masetto, Svizzero, Ormezzano, Cartotto, Ballestrieri, Gigli und Dall'Ava. Es fehlen Pittoni und Andruet mit ihren Co-Piloten.

Mitte rechts: Francesco Svizzero hat als Dienstwagen eine Alfetta in giallo piper, genannt „brutto anatroccolo", das hässliche Entlein.

Unten rechts: Der Wagen von Ballestrieri/Gigli hält zur Wartung während der Rally dell'Isola d'Elba.

Oben und Mitte: In den kurzen Rennpausen werden die Autos repariert.

Unten links: Mit voller Beleuchtung absolvieren Svizzero/Masetto eine Nachtprüfung.

Unten rechts: Federico Ormezzano kämpft in der Gruppe 1 mit Fagnola und Brambilla gegen die hubraumstärkeren Opel Commodore.

Oben von links: Die Gruppe-1-Alfettas mit den Fahrerpaarungen Alberto Brambilla/Giorgio Bottini, Federico Ormezzano/Enrico Cartotto und Alfredo Fagnola/Elvio Novarese sind nicht so erfolgreich wie die Gruppe-2-Fahrzeuge.

Mitte von links: Dasselbe gilt für Anna Cambiaghi und ihre Co-Pilotin Claudia Grandi. Außerdem werden die Lancia Stratos immer stärker und dominieren in den kommenden Jahren die Rallyeszene. Auch die Ford Escort haben stets ein Wörtchen mitzureden, wenn es um den Sieg geht.

Unten: Jean-Claude Andruet und Yves Jouanny sind Gruppe-2-Sieger in der 19. Tour de Corse. Im Gesamtklassement werden sie bravourös Dritte.

Erfolge im Rallysport 1975 – Top 10 Platzierungen

Jahr	Datum	Serie	Rallye	Rang	Fahrzeug	Startnr.	Fahrer - Navigator
1975	06.03.-07.03.	ERC	28. Rally Stuttgart-Lyon-Charbonnières	3. (3. Gesamtwertung)	Alfetta GT Corsa	5	Amilcare Ballestrieri - Enrico Gigli
1975	08.03.-09.03.	FFSA	22. Critérium Neige et Glace	4. (4. Gesamtwertung)	Alfetta GT Corsa	4	Jean Claude Andruet - Michélle Petit
1975	28.03.-30.03.	CIR	4. Rally di Sicilia	4. (4. Gesamtwertung)	Alfetta GT Corsa	5	Amilcare Ballestrieri - Enrico Gigli
1975	28.03.-30.03.	CIR	4. Rally di Sicilia	5. (5. Gesamtwertung)	Alfetta GT Corsa	8	Francesco Svizzero - Gianfranco Masetto
1975	28.03.-30.03.	CIR	4. Rally di Sicilia	9. (9. Gesamtwertung)	Alfetta GT	8	Alberto Brambilla - Mosconi
1975	17.04.-19.04.	ERC	8. Rally dell'Isola d'Elba	1. (1. Gesamtwertung)	Alfetta GT Corsa	6	Amilcare Ballestrieri - Enrico Gigli
1975	17.04.-19.04.	ERC	8. Rally dell'Isola d'Elba	2. (2. Gesamtwertung)	Alfetta GT Corsa	16	Leo Pittoni - Serena Pittoni
1975	17.04.-19.04.	ERC	8. Rally dell'Isola d'Elba	4. (4. Gesamtwertung)	Alfetta GT Corsa	3	Jean Claude Andruet - Michélle Petit
1975	17.04.-19.04.	ERC	8. Rally dell'Isola d'Elba	7. (8. Gesamtwertung)	Alfetta GT	9	Alfredo Fagnola - Elvio Novarese
1975	24.05.-31.05.	WRC	22. Acropolis Rally Gruppe 2	3. (7. Gesamtwertung)	Alfetta GT	10	Giorgos Moschous - Aris Stathakis
1975	30.05.-31.05.	ERC	5. Rally 4 Regioni	4. (4. Gesamtwertung)	Alfetta GT Corsa	12	Francesco Svizzero - Gianfranco Masetto
1975	30.05.-31.05.	ERC	5. Rally 4 Regioni	8. (8. Gesamtwertung)	Alfetta GT	15	Federico Ormezzano - Enrico Cartotto
1975	30.05.-31.05.	ERC	5. Rally 4 Regioni	9. (9. Gesamtwertung)	Alfetta GT Corsa	24	Alberto Brambilla - Mosconi
1975	30.05.-31.05.	ERC	5. Rally 4 Regioni	10. (10. Gesamtwertung)	Alfetta GT	18	Alfredo Fagnola - Giorgio D'Angelo
1975	28.06.-29.06.	ERC	11. Rally del Friuli - Alpi Orientali	3. (3. Gesamtwertung)	Alfetta GT Corsa	4	Francesco Svizzero - Gianfranco Masetto
1975	28.06.-29.06.	ERC	11. Rally del Friuli - Alpi Orientali	6. (6. Gesamtwertung)	Alfetta GT Corsa	8	Amilcare Ballestrieri - Enrico Gigli
1975	28.06.-29.06.	ERC	11. Rally del Friuli - Alpi Orientali	7. (7. Gesamtwertung)	Alfetta GT Corsa	11	Leo Pittoni - Stefano Zanetti
1975	12.07.-13.07.	CIR	1. Rally del Bellunese	1. (1. Gesamtwertung)	Alfetta GT Corsa	9	Leo Pittoni - Fox
1975	28.08.-30.08.	ERC	12. Rally San Martino di Castrozza	6. (6. Gesamtwertung)	Alfetta GT Corsa	5	Amilcare Ballestrieri - Enrico Gigli
1975	01.10.-04.10.	WRC	17. Rally Sanremo Gruppe 1	2. (7. Gesamtwertung)	Alfetta GT	26	Alberto Brambilla - Giorgio Bottini
1975	01.10.-04.10.	WRC	17. Rally Sanremo Gruppe 1	3. (9. Gesamtwertung)	Alfetta GT	22	Federico Ormezzano - Enrico Cartotto
1975	25.10.-26.10.	ERC	5. Rally 100.000 Trabucchi	2. (2. Gesamtwertung)	Alfetta GT Corsa	3	Amilcare Ballestrieri - Sergio Maiga
1975	08.11.-09.11.	WRC	19. Tour de Corse Gruppe 2	1. (3. Gesamtwertung)	Alfetta GT Corsa	3	Jean Claude Andruet - Yves Jouanny
1975	01.01.-31.12.	ERC	Europ. Rally Championship 1975	4. Jahreswertung	Alfetta GT Corsa	div.	Amilcare Ballestrieri

Abkürzungen: ERC = European Rally Championship WRC = World Rally Championship CIR = Campionato Italiano Rally
FFSA = Fédération Française du Sport Automobile GRC = Greek Rally Championship BER = Belgische Rallymeisterschaft

Alle Tabellen ohne Anspruch auf Vollständigkeit

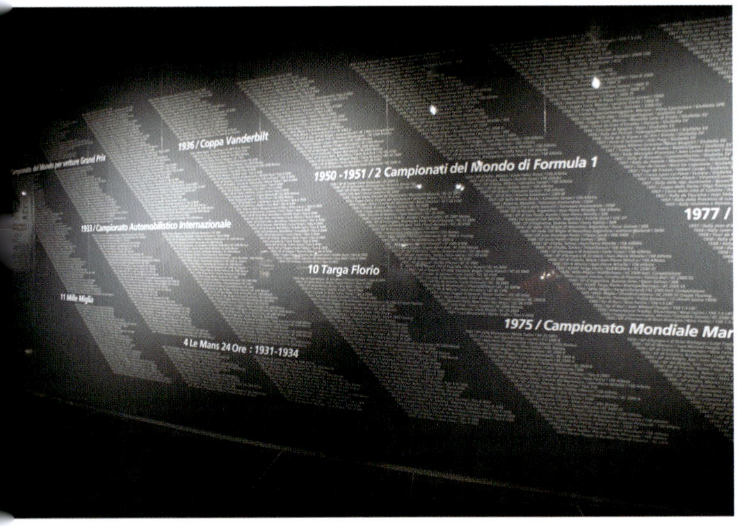

Links: Auf der „Wall of Fame" im Werksmuseum in Arese ist auch so mancher Rallye-Erfolg mit den Alfetta-Coupés vermerkt.

Rechts: Die Werkstatt von Autodelta in Settimo Milanese. Beim Werkstuner von Alfa Romeo ist auch eine Alfetta GT Corsa zu sehen.

Oben: Carlo Chiti nennt die Alfetta GT V8 die Anti-Stratos-Waffe, furchteinflößend sieht sie schon mal aus. Die Öffnung auf der Motorhaube soll den V8 mit ausreichend Atemluft versorgen.

Mitte links: Die angenieteten Verbreiterungen sind noch voluminöser als bei der Alfetta GT Corsa und entsprechen bereits dem Reglement von 1976.

Mitte rechts: Von der Rallye-Alfetta V8 existieren gerade mal zwei Exemplare. Eines davon wird erst Jahre nach den Testfahrten fertiggestellt.

Unten: Das Autodelta-Logo ist auf allen offiziellen Fahrzeugen der Rennschmiede zu finden.

Die Alfetta GTV V8 war ein Monster mit dem Achtzylinder-Motor aus dem Alfa Romeo Montreal, jedoch mit einem größeren Hubraum von 3000 cm^3 und sagenhaften 340 PS.

Das Auto wurde in aller Eile von Autodelta hergerichtet, um am letzten Saisonrennen, der Rally Piacenza am 6. und 7. Dezember noch an den Start gehen zu können. Leider wurde bei dem Termindruck vergessen, den Antriebsstrang zu verstärken, und so brach nach nur drei Prüfungen eine Antriebswelle. Dennoch reichte das Potenzial des Wagens, um zu zeigen, wen es in Zukunft zu schlagen galt.

Es folgten jedoch weitere Schwierigkeiten, zuerst mit Getriebe und Differenzial, dann mit dem enormen Reifenverschleiß. Bei Testfahrten in den Apenninen stellte man gravierende Antriebseinflüsse fest, so dass zuerst Pirelli um Spezialreifen angefragt wurde. Danach wurde gar eine Einzelradaufhängung anstelle der De-Dion-Achse erwogen. 400 Exemplare wollte Autodelta für die Homologation bauen, doch trotz absolut überzeugenden Testzeiten auf dem Autodromo di Morano durch Jean Claude Andruet, war die Zeit des V8-Monsters vorbei, bevor sie richtig begonnen hatte. In der Chefetage von Alfa Romeo wurde gar über eine Reduzierung des Budgets für den Rallyesport entschieden, so dass die Alfetta GTV V8 schlussendlich nur als Prototyp an einigen Rennen teilnehmen durfte, aber nie zu einem offiziellen Rennen einer Meisterschaft antrat.

Oben: Ballestrieri und Maiga fahren die Rallye der Debütanten, die Elecar, am 6. und 7. Dezember 1975.

Mitte: Das Cockpit ist auf das Nötigste abgespeckt, um möglichst viel Gewicht zu sparen. Der Dreiliter-Motor leistet bemerkenswerte 340 PS.

Unten: Das neue Rallye-Monster versetzt Jung und Alt in Staunen.

Oben links und rechts: Die Alfetta GT V8 hat ihren letzten Einsatz in der Rallye d'Armor am 20. und 21. März 1976. Bei Tests ist das Auto stets schneller als die starken Lancia Stratos.

Unten links: Ab 1976 gehören neben den Lancia Stratos auch die Fiat 131 Abarth zu den Fahrzeugen, die es zu schlagen gilt.

Unten rechts: 1976 sind nur Privatteams auf Alfa Romeo bei den Rallyes vertreten.

1976 Alle Rallye-Ambitionen wurden folglich vom Mutterhaus bis 1978 auf Eis gelegt. Nur wenige Privatteams engagierten sich noch mit Gruppe-1-Alfettas im Rallyesport, dies allerdings trotz kleiner Budgets recht erfolg reich. In sieben Rennen fuhren diverse Piloten mit ihren Alfetta GT unter die ersten acht. Das beste Resultat erzielten Alfredo Fagnola und Giorgio D'Angelo mit einer Alfetta GT Corsa in der 6. Rally 4 Regioni in der Gruppe 1 mit einem 2. Platz.

Auch Dario Trucco und sein Navigator De Leoni glänzten mit einem dritten Platz in der Gruppe 2 hinter zwei Opel am 2. bis 4. September in der 13. Rally San Martino di Castrozza. Im Gesamtklassement wurden sie zwar nur 16., aber vor ihnen platzierten sich Fahrzeuge wie Lancia Stratos, Fiat 131 Abarth und einige Porsche 911 Carrera. Namhafte Konkurrenz also, die den Alfettas das ganze Jahr über vor der Sonne stand. Vom 22. bis 28. Mai an der zur WRC zählenden 23. Rally Acropolis fielen die Coupés wiederum mit guten Ergebnissen auf. Es gab einen 4., einen 5. und einen 6. Platz in den Gruppen 4 und 1, außerdem der 4. Platz in der Gesamtwertung. Giorgos Moschous musste sich am Ende der Prüfung nur einem Renault Alpine A110 und zwei Datsun geschlagen geben.

Oben links und rechts: Zweimal Dario Trucco, der 1976 mit De Leoni für das Team von Jolly Club am Start ist. Die einzige Top-Ten Platzierung ist der dritte Platz in der italienischen Meisterschaft in der Rally San Martino di Castrozza.

Unten: Alfredo Fagnola mit Co-Pilot Elvio Novarese bei der 18. Rally Sanremo von 1976, in der er jedoch mit Motorproblemen ausscheidet. Auf den ersten vier Rängen platzieren sich vier Lancia Stratos HF.

Erfolge im Rallysport 1976 – Top 10 Platzierungen

Jahr	Datum	Serie	Rallye	Rang	Fahrzeug	Startnr.	Fahrer - Navigator
1976	27.03.-28.03	ERC	5. Rally di Sicilia	8. (8. Gesamtwertung)	Alfetta GT Corsa	9	Alfredo Fagnola - Giorgio D'Angelo
1976	17.04.-18.04.	GRC	5. Rally Skorpios	5. (5. Gesamtwertung)	Alfetta GT	7	Kostas Mexis - Ioannis Vassiliadis
1976	22.05.-28.05.	WRC	23. Acropolis Rally Gruppe 4	4. (4. Gesamtwertung)	Alfetta GT	15	Giorgos Moschous - Dionissis Arvanitakis
1976	22.05.-28.05.	WRC	23. Acropolis Rally Gruppe 1	5. (17. Gesamtwertung)	Alfetta GT	101	Mihalis Moschous - Ikaros Kanellopoulos
1976	22.05.-28.05.	WRC	23. Acropolis Rally Gruppe 1	6. (20. Gesamtwertung)	Alfetta GT	106	Kostas Mexis - Ioannis Vassiliadis
1976	04.06.-06.06.	ERC	6. Rally 4 Regioni Gruppe 1	2. (8. Gesamtwertung)	Alfetta GT Corsa	16	Alfredo Fagnola - Giorgio D'Angelo
1976	02.09.-04.09.	CIR	13. Rally San Martino di Castrozza Gruppe 1	3. (16. Gesamtwertung)	Alfetta GT	26	Dario Trucco - De Leoni
1976	25.09.-26.09.	GRC	1. Giros Piliou	6. (6. Gesamtwertung)	Alfetta GT	3	Kostas Mexis - Ioannis Vassiliadis

Oben: Leo Pittoni und Marisa Borghini erreichen in der 1. Rally Campagnolo e delle Alpi Orientali den 7. Gesamtrang. Besser macht Pittoni es Ende November in der Rallye Bosphorus, wo er zusammen mit Alberto Russo den 1. Platz herausfährt.

Rechts: Nochmals Leo Pittoni, nun aber mit Co-Pilotin Gabriella Zappia – in der 10. Rally dell'Isola d'Elba fahren sie erneut auf den 7. Gesamtrang.

1977 Die Situation blieb im Folgejahr unverändert. Auf Werksunterstützung konnten die Fahrer nicht zählen, was viele Piloten davon abhielt, mit der Alfetta GT zu Rallyes anzutreten. Einer ließ sich jedoch nicht beirren und glänzte in sechs ERC-Veranstaltungen mit einer neu hergerichteten Alfetta GTV 2.0 mit Top-Acht-Platzierungen. Leo Pittoni, der den Spitznamen „Il Pilota" trug, fuhr mit vier verschiedenen Navigatoren und erreichte am Ende der Saison am 28. November zusammen mit Alberto Russo in der Bosphorus Rally in der Türkei sogar den 1. Platz in der Gesamtwertung vor einem Opel Kadett GT und einem Fiat 131 Abarth.

In der WRC vermochte nur Orlando Dall'Ava mit Co-Pilot Alberto Russo aufzufallen. In der weltberühmten 19. Rally Sanremo (4. bis 8. Oktober) fuhren die beiden auf den vierten Platz in der Gruppe 2 und erreichten den bemerkenswerten neunten Rang in der Gesamtwertung. Schneller waren nur einige stärkere Gruppe-4-Fahrzeuge mit Werksunterstützung, darunter drei Männer, die mit Alfa Romeo Geschichte schrieben oder noch schreiben sollten: Sieger Jean-Claude Andruet, Alfa-Werkspilot von 1975 auf Fiat 131 Abarth, damals das Maß der Dinge, Mauro Pregliasco auf Lancia Stratos HF und Federico Ormezzano auf Opel Kadett GT.

Erfolge im Rallysport 1977 – Top 10 Platzierungen

Jahr	Datum	Serie	Rallye	Rang	Fahrzeug	Startnr.	Fahrer - Navigator
1977	26.03.-27.03.	ERC	6. Rally di Sicilia	5. (5. Gesamtwertung)	Alfetta GTV 2.0	17	Leo Pittoni - Maurizio Perissinot
1977	21.04.-22.04.	ERC	10. Rally dell'Isola d'Elba	7. (7. Gesamtwertung)	Alfetta GTV 2.0	9	Leo Pittoni - Gabriella Zappia
1977	03.06.-05.06.	ERC	7. Rally 4 Regioni	4. (4. Gesamtwertung)	Alfetta GTV 2.0	9	Leo Pittoni - Gabriella Zappia
1977	01.07.-02.07.	ERC	1. Rally Campagnolo e delle Alpi Orientali	7. (7. Gesamtwertung)	Alfetta GTV 2.0	10	Leo Pittoni - Marisa Borghini
1977	02.09.-04.09.	ERC	14. Rally San Martino di Castrozza	8. (8. Gesamtwertung)	Alfetta GTV 2.0	10	Leo Pittoni - Marisa Borghini
1977	04.10.-08.10.	WRC	19. Rally Sanremo Gruppe 2	4. (9. Gesamtwertung)	Alfetta GTV 2.0	29	Orlando Dall'Ava - Alberto Russo
1977	27.11.-28.11.	ERC	Bosphorus Rally	1. (1. Gesamtwertung)	Alfetta GTV 2.0	40	Leo Pittoni - Alberto Russo

Oben links: Ausnahmsweise mal in blau: Das einzige 1978er Alfetta-Werksteam von Autodelta mit Mauro Pregliasco und Vittorio Reisoli wird in der Rally Sanremo Gruppenzweiter.

Oben rechts: Mauro Pregliasco und Vittorio Reisoli fahren 1978 für das bekannte Jolly Club Team. In der 12. Coppa Liburna kommt das Duo allerdings nicht ins Ziel.

1978 Alfa Romeo kehrte schließlich doch wieder mit Autodelta in den Rallyesport zurück. Die Alfetta GT von 1975 wurde im Vergleich zum Siegerauto der 8. Rally dell'Isola d'Elba in technischer Hinsicht kaum verändert. Das Fahrzeug war nun jedoch auf der Karosserie einer Alfetta GTV aufgebaut, und die attraktiven Verbreiterungen mit Lufteinlässen mussten üppigen runden Radläufen weichen, damit die breiten Räder seitlich nicht hervorragten. Autodelta hatte die zwei rallyefreien Jahre genutzt, um einen konkurrenzfähigen neuen Rennwagen auf die Beine zu stellen. So war das Auto dann auch von Beginn an auf der Höhe der Gegner.

Zudem verpflichtete Alfa Romeo Mauro Pregliasco und seinen erfahrenen Co-Piloten Vittorio Reisoli, was sich schon bald auszahlte. In seinem ersten Rennen unter dem Biscione, der 62. Rally Targa Florio (24. bis 26. März), wurde er nur durch Disqualifikation infolge eines Fahrfehlers am Sieg gehindert. Gewertet wurde er schließlich als 54. Weitere gute Resultate folgten: 3. Platz in der 8. Rally 4 Regioni, 2. Platz in der 6. Rally del Gargano, 3. Platz in der 14. Rally Alpi Orientali. Im August 1978 gelang dann endlich auch wieder ein Gesamtsieg des Jahres in der 8. Rally sulle Colline Romagnole mit sagenhaften sechs Minuten Vorsprung auf den Favoriten Antonio Fassina auf Fiat 131 Abarth.

Es sollte nicht der letzte Sieg sein. Nach einem 1. Rang in der 20. Rally Sanremo in der Gruppe 2 und dem 5. Platz in der WRC-Gesamtwertung hinter einem Lancia, einem Fiat und zwei Porsche gewann Pregliasco schließlich noch die Gesamtwertung der 8. Rally 100.000 Trabucchi am 21. und 22. Oktober. Dass endlich so namhafte Konkurrenten wie die Werks-Stratos und Fiat 131 Abarth geschlagen wurden, machte den Rallyesport in der Alfa-Chefetage und bei Autodelta wieder deutlich interessanter. Das Fahrerduo war jedoch das einzige Alfetta-GTV-Team, das 1978 mit Top-Resultaten auffiel.

Erfolge im Rallysport 1978 – Top 10 Platzierungen

Jahr	Datum	Serie	Rallye	Rang	Fahrzeug	Startnr.	Fahrer - Navigator
1978	19.05.-21.05.	ERC	8. Rally 4 Regioni	3. (3. Gesamtwertung)	Alfetta GTV 2.0	7	Mauro Pregliasco - Vittorio Reisoli
1978	03.06.-04.06.	CIR	6. Rally del Gargano	2. (2. Gesamtwertung)	Alfetta GTV 2.0	1	Mauro Pregliasco - Vittorio Reisoli
1978	01.07.-03.07.	ERC	14. Rally del Friuli - Alpi Orientali	3. (3. Gesamtwertung)	Alfetta GTV 2.0	7	Mauro Pregliasco - Vittorio Reisoli
1978	05.08.-06.08.	CIR	8. Rally Sulle Colline Romagnole Gruppe 2	1. (1. Gesamtwertung)	Alfetta GTV 2.0	2	Mauro Pregliasco - Vittorio Reisoli
1978	03.10.-07.10.	WRC	20. Rally Sanremo Gruppe 2	1. (5. Gesamtwertung)	Alfetta GTV 2.0	9	Mauro Pregliasco - Vittorio Reisoli
1978	21.10.-22.10.	CIR	8. Rally 100.000 Trabucchi	1. (1. Gesamtwertung)	Alfetta GTV 2.0	1	Mauro Pregliasco - Vittorio Reisoli

Ganz nah dran: Auch auf Elba ist Tuchfühlung mit dem Publikum Ende der 70er eine fast intime Angelegenheit. 1979 kommen auf der Insel Elba Mauro Pregliasco und Vittorio Reisoli in riskante Nähe zu den Fans.

1979 Um konkurrenzfähig zu bleiben, plante man für 1980 eine Turboversion zum Einsatz zu bringen. Man arbeitete bei Autodelta fortan fieberhaft an der Entwicklung der Alfetta GTV 2.0 Turbodelta. Für den Einsatz im Rennsport mussten in Settimo Milanese zur Homologation 500 Stück gebaut werden. In Arese wurden GTV 2000 vom Band genommen und beim Werkstuner mit dem aufgeladenen Motor und weiteren Modifikationen versehen. Parallel dazu mussten die Mechaniker aber auch noch die Rennwagen für die laufende Saison herrichten und versorgen, was für das ganze Team eine enorme Doppelbelastung bedeutete.

Unter diesen Umständen sind die Ergebnisse der Saison 1979 noch höher zu bewerten. Pregliasco fuhr 1979 also noch die Saugerausführung der Alfetta GTV 2.0 in der Gruppe 2 und wurde mit sechs Podestplätzen schließlich vierter in der Schlusstabelle der ERC, zweiter in der italienischen Meisterschaft CIR und sogar ERC-Gesamterster in der Gruppe 2. Das Ganze erstaunt umso mehr, weil Alfa Romeo und Autodelta zugunsten der Entwicklung des Turbodelta gegen Ende 1979 an einigen Rennen gar nicht mehr teilnahmen. Man konzentrierte sich nun vollends auf die Evolution des Turbomonsters, das den ebenfalls erstarkten Lancia Stratos und Fiat 131 sowie der neuen Konkurrenz mit Ford Escort RS und Renault 5 Turbo Paroli bieten sollte.

Oben links: Die 12. Rally dell'Isola d'Elba im Frühling 1979 ist eine schmutzige Angelegenheit. Hier röhren Pregliasco/Reisoli durch eine Ortschaft in Richtung dritter Gesamtrang.

Oben rechts: Zwischen zwei Teilprüfungen auf Elba am 27. April 1979

Unten links: In der 2. Rally Costa Smeralda fahren die beiden am Ende ebenfalls auf Platz 3 in der Gesamtwertung.

Unten rechts: Mauro Pregliasco beobachtet die Arbeit der Mechaniker an seinem Renngerät während der 24-Stunden-Rallye von Ypern in Belgien. Die Rallye wird er wegen eines Motorenproblems nicht beenden.

Erfolge im Rallysport 1979 - Top 10 Platzierungen

Jahr	Datum	Serie	Rallye	Rang	Fahrzeug	Startnr.	Fahrer - Navigator
1979	16.02.-18.02.	ERC	27. Rally Costa Brava Gruppe 2	1. (2. Gesamtwertung)	Alfetta GTV 2.0	11	Mauro Pregliasco - Vittorio Reisoli
1979	16.03.-18.03.	ERC	63. Rally Targa Florio	4. (4. Gesamtwertung)	Alfetta GTV 2.0	4	Mauro Pregliasco - Vittorio Reisoli
1979	16.03.-18.03.	ERC	63. Rally Targa Florio	10. (10. Gesamtwertung)	Alfetta GTV 2.0	53	Raffaele Picciurro - Enrico Briguglio
1979	04.04.-07.04.	ERC	2. Rally Costa Smeralda	3. (3. Gesamtwertung)	Alfetta GTV 2.0	4	Mauro Pregliasco - Vittorio Reisoli
1979	26.04.-28.04.	ERC	12. Rally dell'Isola d'Elba	3. (3. Gesamtwertung)	Alfetta GTV 2.0	7	Mauro Pregliasco - Vittorio Reisoli
1979	04.09.-06.09.	ERC	4. Rally Halkidiki Gruppe 2	2. (2. Gesamtwertung)	Alfetta GTV 2.0	4	Mauro Pregliasco - Vittorio Reisoli
1979	13.10.-14.10.	CIR	1. Rally Città di Messina	2. (2. Gesamtwertung)	Alfetta GTV 2.0	15	Raffaele Picciurro - Mandalà
1979	02.11.-04.11.	CIR	2. Rally della Lana Gruppe 2	1. (4. Gesamtwertung)	Alfetta GTV 2.0	2	Federico Ormezzano - Bruno Scabini
1979	01.01.-31.12.	ERC	European Rally Championship Gruppe. 2 1979	1. (4. Jahreswertung)	Alfetta GTV 2.0	div.	Mauro Pregliasco
1979	01.01.-31.12.	CIR	Campionato Italiano Rally 1979	2. Jahreswertung	Alfetta GTV 2.0	div.	Mauro Pregliasco

TURBODELTA

Oben: Pregliasco und Reisoli noch ohne Turbounterstützung bei der 15. 24-Stunden-Rallye von Ypern 1979 in Belgien, wo die beiden allerdings mit Motorproblemen aufgeben.

Links: Die neue Alfetta GTV Turbodelta wird 1979 entwickelt, kommt jedoch erst 1980 in den Rallyes zum Einsatz. Das erfolgreiche Werksteam bilden (von links): Bruno Scabini, Federico Ormezzano, Mauro Mannini, Maurizio Verini, Vittorio Reisoli und Mauro Pregliasco.

Oben links: Maurizio Verini und Mauro Mannini sind in der 28. Rally Costa Brava 1980 noch ohne die farbigen Turbostreifen unterwegs. Sie erreichen Platz 5 in der Gruppe 4.

Oben rechts: Nachts im Staub auf Elba: Am Steuer der dritten Alfetta Turbodelta sitzt Federico Ormezzano, Navigator ist Bruno Scabini.

Unten: Das sind erneut Verini/Mannini, aber nun auf Elba und am Ende ohne Punkte.

1980 Arbeit und Kosten sollten sich lohnen. Der Turbodelta mit 300 PS bescherte dem Konzern eine erfolgreiche Saison und debütierte am 8. Februar in der Gruppe 4 in der 28. Rally Costa Brava. Mauro Pregliasco und Vittorio Reisoli erreichten auf Anhieb den dritten Gesamtrang und mussten sich nur einem Porsche 911 und erneut einem Lancia Stratos HF geschlagen geben. Ein zweiter Werks-Turbodelta wurde von Maurizio Verini pilotiert, der mit Navigator Mauro Mannini den guten 5. Platz in der Gruppe 4 und den neunten Gesamtrang herausfuhr. In der 64. Rally Targa Florio platzierte sich Verini auf dem 3. Gesamtrang. Einen Achtungserfolg erzielte Federico Ormezzano, der bis dahin meistens auf Alfasud Ti im Einsatz war. Mit einem GTV 2.0 aus dem Vorjahr beendete er die 3. Rally Costa Smeralda auf dem 7. Gesamtrang. Das Rennen absolvierten Verini/Mannini als Gesamtvierte, während Pregliasco nach einem Unfall aufgeben musste. Nach einigen Rennen, in denen die Turbo-Alfettas meist auf den vorderen Rängen fuhren, bevor sie durch technische Defekte ausschieden,

Oben: Verini/Mannini fahren in der 10. Rallye 4 Regioni auf Rang 7.

Unten: In der zweiten Saisonhälfte kommt die mit 315 PS stärkere Version der Turbodelta-Alfetta zum Einsatz. Für den größeren Ladeluftkühler gibt es eine Hutze. Darunter verbirgt sich auch ein großer Lufttrichter für den Ladeluftkühler. Pregliasco/Reisoli müssen im strömenden Regen bei der 22. Rally Sanremo wegen Problemen mit der Benzinpumpe aufgeben.

konnte Maurizio Verini mit seinem Co-Piloten Bruno Scabini bei der 21. Volta à Madeira am 16. und 17. August 1980 mit einem Turbodelta mit dem zweiten Platz glänzen, nachdem er zeitweilig sogar in Führung lag. Es folgten zahlreiche Topplatzierungen beider Fahrerduos, darunter mehrere zweite und dritte Plätze, aber auch ein Sieg von Pregliasco/Reisoli in der 15. Donau Rallye (6. bis 8. Juni). In der ERC-Schlusswertung belegte Pregliasco schließlich den 5. Rang, Verini schaffte es mit wechselnden Beifahrern immerhin auf den 13. Gesamtrang und das, obwohl die Konkurrenz schon mit Walter Röhrl, Ari Vatanen und Alén Markku sehr prominent war.

Dessen ungeachtet vernachlässigte Alfa Romeo nach 1976 erneut die Rallye-Abteilung von Autodelta und forderte einen Großteil der Chiti-Leute für den Einsatz in der prestigeträchtigeren Königsklasse des Motorsports, der Formel 1. Die Zeit der ruhmreichen Alfetta GTV 2.0 Turbodelta war trotz der vielen Erfolge bereits nach einem Jahr wieder abgelaufen.

Oben: Unter dem voluminösen Kühlluft-Trichter für den größeren Turbolader lauern 315 PS.

Rechts und unten: Zweimal Pregliasco/Reisoli in Sanremo – im Verlauf der sechs Tage dauernden Rallye werden die Autos je nach Strecke und Tageszeit mit mehr oder weniger Lampen ausgerüstet.

Erfolge im Rallysport 1980 – Top 10 Platzierungen							
Jahr	**Datum**	**Serie**	**Rallye**	**Rang**	**Fahrzeug**	**Startnr.**	**Fahrer - Navigator**
1980	08.02.-10.02.	ERC	28. Rally Costa Brava Gruppe 4	3. (3. Gesamtwertung)	Alfetta GTV 2.0 Turbodelta	3	Mauro Pregliasco - Vittorio Reisoli
1980	08.02.-10.02.	ERC	28. Rally Costa Brava Gruppe 4	5. (9. Gesamtwertung)	Alfetta GTV 2.0 Turbodelta	6	Maurizio Verini - Mauro Mannini
1980	07.03.-09.03.	ERC	64. Rally Targa Florio Gruppe 4	3. (3. Gesamtwertung)	Alfetta GTV 2.0 Turbodelta	5	Maurizio Verini - Mauro Mannini
1980	27.03.-28.03.	ERC	3. Rally Costa Smeralda Gruppe 4	4. (4. Gesamtwertung)	Alfetta GTV 2.0 Turbodelta	7	Maurizio Verini - Mauro Mannini
1980	27.03.-28.03.	ERC	3. Rally Costa Smeralda Gruppe 4	6. (7. Gesamtwertung)	Alfetta GTV 2.0	12	Federico Ormezzano - Bruno Scabini
1980	15.05.-17.05.	ERC	10. Rally 4 Regioni	7. (7. Gesamtwertung)	Alfetta GTV 2.0 Turbodelta	1	Mauro Pregliasco - Vittorio Reisoli
1980	06.06.-08.06.	ERC	15. Donau Rally Danube-Dacia	1. (1. Gesamtwertung)	Alfetta GTV 2.0 Turbodelta	1	Mauro Pregliasco - Vittorio Reisoli
1980	27.06.-29.06.	ERC	16. 24 h von Ieper Gruppe 4	5. (5. Gesamtwertung)	Alfetta GTV 2.0 Turbodelta	8	Maurizio Verini - Bruno Scabini
1980	16.08.-17.08.	ERC	21. Volta à Madeira	2. (2. Gesamtwertung)	Alfetta GTV 2.0 Turbodelta	2	Maurizio Verini - Bruno Scabini
1980	17.10.-19.10.	ERC	28. Rally RACE Marbella	2. (2. Gesamtwertung)	Alfetta GTV 2.0 Turbodelta	2	Mauro Pregliasco - Vittorio Reisoli
1980	07.11.-09.11.	ERC	8. Rally di San Marino Gruppe 4	2. (3. Gesamtwertung)	Alfetta GTV 2.0 Turbodelta	3	Maurizio Verini - Mauro Mannini
1980	07.11.-09.11.	ERC	8. Rally di San Marino Gruppe 4	3. (5. Gesamtwertung)	Alfetta GTV 2.0 Turbodelta	2	Mauro Pregliasco - Vittorio Reisoli
1980	22.11.-23.11.	ERC	16. Rally Catalunya Espana	2. (2. Gesamtwertung)	Alfetta GTV 2.0 Turbodelta	2	Mauro Pregliasco - Vittorio Reisoli
1980	01.01.-31.12.	ERC	European Rally Championship 1980	5. Jahreswertung	Alfetta GTV 2.0 Turbodelta	div.	Mauro Pregliasco
1981	Keine nennenswerten Rallyeeinsätze in WRC, ERC, CRI und FFSA infolge des geplanten Wechsels von der Alfetta GTV 2.0 Turbodelta auf den neuen Alfa GTV6 2.5.						

Links: Alfa Romeo intensiviert 1980 das Formel-1-Engagement. Damit sind bei Autodelta viele Leute fürs Rallyegeschäft verloren. Die große Zeit der Turbodeltas ist schon wieder vorbei und damit auch die Ära der Werksalfas im Rallyesport.

Rechts: 1982 kommt der GTV6 in den Rallyesport, allerdings meist ohne Werksunterstützung. Bruno Bentivogli und Co-Pilot Stefano Evangelisti gehen zur 7. Rallye Il Ciocco e Valle del Serchio an den Start.

1981 Und wieder entschied Alfa Romeo, sich trotz guter Zukunftsaussichten aus dem Rallyesport zurückzuziehen. Von da an fuhren die Alfetta GTV nur noch in Privatteams um die Rallyekrone, allerdings mit mäßigem Erfolg und ohne nennenswerte Ergebnisse, da die Konkurrenz der Werksteams von Lancia, Ford, Fiat und Audi einfach viel zu stark war – sportlich wie finanziell. Erwähnenswert sind die Duos Mella/Porro, Barci/Mangano oder Speranza/Baldacci, die 1981 an italienischen Rallyes mit Alfetta GTV 2.0 teilnahmen. Allerdings keimte in dieser Zeit für die Rallye-Enthusiasten unter den Alfisti auch wieder etwas Hoffnung. Mit dem 1980 präsentierten Topmodell GTV6 standen die Chancen auch für Privatteams wieder besser.

Oben: Ab 1982 geben eine Zeit lang die Audi Quattro den Ton an, unter anderem bei der 24. Rally Sanremo, wo sich vier Audis unter den ersten sechs platzierten, vorneweg Stig Blomquist und Hannu Mikkola.

Rechts: Bruno Bentivogli und Sante Valbonetti erreichen mit dem GTV6 in der 5. Rally Costa Smeralda den 1. Platz in der Gruppe N.

1982 Die Zweiliter-Ära mit den GTV war vorüber, der neue Platzhirsch bei Alfa Romeo hieß GTV6, hatte einen Sechszylinder und ordentlich Dampf unter der Haube und war auch äußerlich hübsch anzusehen. Vorbei waren die Zeiten mit breiten Backen und Kotflügelverbreiterungen. Der GTV6 sah auch auf der Piste praktisch so aus wie der Serienwagen, abgesehen mal von den vielen Werbe-Aufklebern. Teams wie Luigi Racing, Jolly Club und Gemma nahmen sich des GTV6 an und präparierten einige konkurrenzfähige Rennwagen für die Saison '82.

Lancia und Fiat wurden allerdings durch Audi Quattro, Ford Escort RS und Opel Ascona 400 als härteste Gegner abgelöst, aber mit Bruno Bentivogli und Yves Loubet saßen nun wieder zwei Topleute hinter Alfa-Lenkrädern. Die GTV6 stellten sich in WRC und ERC hauptsächlich in der Gruppe N der Konkurrenz, mit wenigen Ausnahmen in der Gruppe A, und hatten deshalb kaum Aussicht auf vordere Ränge in der Gesamtwertung. Die Gruppe N für seriennahe Rennwagen dominierten sie jedoch nach Belieben und erreichten zwölf Siege, drei zweite Plätze und einen dritten.

Allein Bruno Bentivogli und Sante Valbonetti waren für sechs Siege verantwortlich, während Yves Loubet zusammen mit René Alemany vier Mal aufs Treppchen steigen durfte. Dazu zählten Siege in namhaften Veranstaltungen wie der Targa Florio, der Tour de Corse und der prestigeträchtigen Tour de France, die über eine Distanz von 587 km ging. Als zweitklassiertes Fahrerduo in der 41. Tour de France fielen Bertrand Balas und Eric Lainé auf, zwei Namen, die in den Folgejahren auf GTV6 noch Furore machen sollten.

Obwohl in der WRC Rallyes auf der ganzen Welt und in der ERC in ganz Europa stattfanden, nahmen die Alfas hauptsächlich an Rennen in Italien und Frankreich teil. Kleine Privat-Budgets ließen keine weiten Reisen zu. Nichtsdestotrotz errang Bruno Bentivogli am Ende der Saison 1982 den 1. Gesamtrang in der Gruppe N der European Rally Championship, obwohl er nur an einem Bruchteil der zählbaren Rallyes teilgenommen hatte.

Erfolge im Rallysport 1982 – Top 10 Platzierungen

Jahr	Datum	Serie	Rallye	Rang	Fahrzeug	Startnr.	Fahrer - Navigator
1982	12.03.-14.03.	ERC	66. Rally Targa Florio Gruppe N	1. (11. Gesamtwertung)	Alfa GTV6 2.5	15	Bruno Bentivogli - Stefano Evangelisti
1982	12.03.-14.03.	ERC	66. Rally Targa Florio Gruppe N	2. (16. Gesamtwertung)	Alfa GTV6 2.5	92	Salvatore Zambuto - Grillo
1982	13.03.-14.03.	FFSA	15. Critérium International de Touraine Gr. N	1. (22. Gesamtwertung)	Alfa GTV6 2.5	146	Bernard Donguès - Jean Michel Roy
1982	01.04.-03.04.	ERC	5. Rally Costa Smeralda Gruppe A	1. (15. Gesamtwertung)	Alfa GTV6 2.5	52	Alberto Bigo - Beppe Ameglio
1982	01.04.-03.04.	ERC	5. Rally Costa Smeralda Gruppe N	1. (17. Gesamtwertung)	Alfa GTV6 2.5	30	Bruno Bentivogli - Sante Valbonetti
1982	14.04.-15.04.	FFSA	25. Critérium Alpin - Behra Gruppe N	1. (29. Gesamtwertung)	Alfa GTV6 2.5	24	Yves Loubet - René Alemany
1982	06.05.-08.05.	WRC	26. Tour de Corse - Rally de France Gruppe N	1. (17. Gesamtwertung)	Alfa GTV6 2.5	53	Yves Loubet - René Alemany
1982	04.06.-06.06.	FFSA	34. Rally du Mont-Blanc Gruppe N	1. (14. Gesamtwertung)	Alfa GTV6 2.5	95	Yves Loubet - René Alemany
1982	10.06.-12.06.	ERC	5. Rally Internazionale della Lana Gruppe N	1. (12. Gesamtwertung)	Alfa GTV6 2.5	26	Bruno Bentivogli - Sante Valbonetti
1982	02.09.-05.09.	CIR	3. Rally Piancavallo Gruppe N	1. (10. Gesamtwertung)	Alfa GTV6 2.5	12	Bruno Bentivogli - Sante Valbonetti
1982	17.09.-22.09.	ERC	41. Tour de France Automobile Gruppe N	1. (11. Gesamtwertung)	Alfa GTV6 2.5	90	Yves Loubet - René Alemany
1982	17.09.-22.09.	ERC	41. Tour de France Automobile Gruppe N	2. (14. Gesamtwertung)	Alfa GTV6 2.5	93	Bertrand Balas - Eric Lainé
1982	17.09.-22.09.	ERC	41. Tour de France Automobile Gruppe N	3. (20. Gesamtwertung)	Alfa GTV6 2.5	92	Henri Cabaniols - Régine Cabaniols
1982	16.10.-16.10.	CIR	6. Trofeo Maremma	2. (2. Gesamtwertung)	Alfa GTV6 2.5	8	Stefano Speranza - Carlo Sovani
1982	22.10.-24.10.	CIR	12. Rally 100.000 Trabucchi Gruppe N	1. (8. Gesamtwertung)	Alfa GTV6 2.5	20	Bruno Bentivogli - Sante Valbonetti
1982	11.11.-14.11.	ERC	10. Rally di San Marino Gruppe A	1. (5. Gesamtwertung)	Alfa GTV6 2.5	12	Bruno Bentivogli - Sante Valbonetti
1982	01.01.-31.12.	ERC	European Rally Championship 1982 Gruppe N	1. Jahreswertung	Alfa GTV6 2.5	div.	Bruno Bentivogli

Oben: An der 31. Marlboro Safari Rally 1983 in Kenia nehmen Sandro Munari und Co-Pilot Ian Street in einem offiziellen Werksalfa teil. Wegen eines simplen elektrischen Problems müssen sie das Rennen jedoch an guter Position liegend aufgeben.

1983 Dass der GTV6 das Zeug zum guten Rallyeauto hatte, bewiesen die guten Resultate von 1982. Alfa Romeo unternahm deshalb erneut mit Autodelta den Versuch, etwas Großartiges zu schaffen. 1983 wurde unter Aufsicht Carlo Chitis ein GTV6 für eine ganz spezielle Rallye bereitgestellt, die 31. Marlboro Safari Rally in Kenia. Dieser GTV6 war somit der einzige offizielle vom Werk unterstützte Rallyewagen nach dem Ausstieg 1980. Der erfolgreiche und bekannte Pilot Sandro Munari arbeitete bei der Vorbereitung eng mit Autodelta zusammen. In Settimo Milanese kam beim Aufbau des Motors eine doppelte Einspritzung zum Einsatz, und der V6 wurde auf 2934 cm^3 erweitert. Am Ende standen stramme 230 PS.

Die Serienstoßstangen wichen stabilen Stahlprofilen. Große Scheinwerfer wurden montiert sowie spezielle Stollenreifen von Pirelli. Trotz intensiver Tests in Kenia und guter Vorbereitung schieden Sandro Munari und sein kenianischer Copilot Ian Street leider kurz vor Ende

Oben und unten rechts: Der Munari-GTV6 rollt zum Start der Safari Rally.

Unten links: Die Streckenverhältnisse sind teilweise anspruchsvoller als in Europa.

der Rallye, an aussichtsreicher Position liegend, durch einen simplen elektrischen Defekt aus: Der Zündverteiler war gebrochen. Das billige Ersatzteil wäre im Handumdrehen ersetzt gewesen, hätte es denn zur Verfügung gestanden. Obschon die Zwischenresultate positiv ausfielen, sah das Werk von weiterem offiziellem Engagement ab.

Das Jahr 1983 hatte für die Alfisti aber mehr zu bieten als nur die Safari-Rallye. Mit 18 Siegen in den Gruppen A und N in WRC und ERC war es eins der erfolgreichsten Rallye-Jahre für Alfa. Die Zahl der GTV6-Teams wuchs stetig, und zahlreiche Privatfahrer feierten bedeutende Erfolge. Besonders hervorzuheben sind Yves Loubet, der die 51. WRC Rallye Monte Carlo und die 42. Tour de France in der Gruppe A für sich entschied. Oder einmal mehr Bruno Bentivogli, der am Ende der Saison die italienische Rallye-Meisterschaft CIR als Gesamtsieger in der Gruppe A beendete und gleichzeitig die ERC Gesamtwertung auf dem bemerkenswerten fünften Schlussrang abschloss. Da war aber auch wieder Bertrand Balas, der mehrere Siege herausfuhr und in der französischen Gesamtwertung noch einen Rang vor Loubet ausgezeichneter Vierter wurde. Weitere Podestfahrer waren Federico Ormezzano, Gabriele Noberasco, Christian Rigollet, Henri Cabaniols, Stefano Speranza, Massimo Maneo, Salvatore Costanzo, Claudio Ragazzoni und Claude Labrot.

Oben links und rechts: In Kenia sind Pisten und Klima ganz anders als in Europa. Daher hat das Team um Sandro Munari schon viele Wochen dort trainiert.

Mitte links: Die Begeisterung der Zuschauer ist groß und die Risikobereitschaft ebenso.

Unten rechts: Dies ist der bittere Moment, in dem das Team begreift, dass die Rallye wegen einer Kleinigkeit gelaufen ist.

Die GTV6-Renner waren in technischer Hinsicht ähnlich aufgebaut wie die Rennmaschine von Yves Loubet. Sein Fahrzeug wurde von Luigi Racing, dem auch in der Tourenwagen-Europameisterschaft sehr erfolgreichen Privatteam, aufgebaut. Luigi Racing war also dank der Erfahrung im Rennsport offensichtlich der ideale Partner und wurde teilweise vom Werk unterstützt. So stellte der französische Importeur ein gewisses Budget zur Verfügung. Ein totaler Neuaufbau sparte trotz Verstärkungen 200 kg. So wurde ein Überrollkäfig aus Aluminium eingebaut.

Oben links: Salvatore Costanzo und Sergio Mongiorgi fahren bei der 13. Rally 4 Regioni in der Gruppe N auf Platz 2.

Oben rechts: Stefano Speranza und Beifahrer Gabriele Ciocca starten zur 25. Rally Sanremo.

Unten links: Nochmals Stefano Speranza, hier mit Carlo Cassina bei der 6. Rally Costa Smeralda – sie fallen nach Unfall aus.

Unten rechts: Alfa-Urgestein Federico Ormezzano gewinnt zusammen mit Claudio Berro die Gruppe A in der 6. Rally Costa Smeralda und platziert sich in der Gesamtwertung auf Rang 7.

Trotzdem wog das Rallye-Coupé noch 1050 kg, also fast 100 mehr als das für die Gruppe A mögliche Minimalgewicht von 960 kg für Fahrzeuge bis 2,5 Liter. Ein Novum war auch der elektronische Drehzahlmesser mit LED-Anzeige, der die Schaltpunkte signalisierte. Das Getriebe samt Sperrdifferenzial lieferte Autodelta. Den Serienmotor trimmte Luigi Racing in Eigenregie auf 220 PS bei 7500/min. Nicht alle Privatteams hatten solch ideale Voraussetzungen und derart große Budgets, aber das '83er Gesamtergebnis war trotzdem bemerkenswert.

Die Rennwagen von Luigi Cimarosti gehören zu den stärkeren GTV6 im Feld, ist er doch auch in der Tourenwagen-EM erfolgreich damit vertreten. Auch Yves Loubet gehört zum Team von Luigi-Racing.

Erfolge im Rallysport 1983 – Top 10 Platzierungen

Jahr	Datum	Serie	Rallye	Rang	Fahrzeug	Startnr.	Fahrer - Navigator
1983	22.01.-29.01.	WRC	51. Rally Monte-Carlo Gruppe A	1. (15. Gesamtwertung)	Alfa GTV6 2.5	29	Yves Loubet - René Alemany
1983	03.03.-05.03.	ERC	67. Targa Florio Gruppe A	1. (6. Gesamtwertung)	Alfa GTV6 2.5	5	Federico Ormezzano - Claudio Berro
1983	03.03.-05.03.	ERC	67. Targa Florio Gruppe A	2. (7. Gesamtwertung)	Alfa GTV6 2.5	12	Gabriele Noberasco - Andrea Ulivi
1983	03.03.-05.03.	ERC	67. Targa Florio Gruppe A	3. (8. Gesamtwertung)	Alfa GTV6 2.5	8	Bruno Bentivogli - Sante Valbonetti
1983	12.03.-13.03	FFSA	16. Critérium International de Touraine Gr. A	1. (9. Gesamtwertung)	Alfa GTV6 2.5	71	Christian Rigollet - Michel Bathelot
1983	23.03.-26.03.	ERC	6. Rally Costa Smeralda Gruppe A	1. (7. Gesamtwertung)	Alfa GTV6 2.5	11	Federico Ormezzano - Claudio Berro
1983	23.03.-26.03.	ERC	6. Rally Costa Smeralda Gruppe A	2. (8. Gesamtwertung)	Alfa GTV6 2.5	15	Bruno Bentivogli - Sante Valbonetti
1983	23.03.-26.03.	ERC	6. Rally Costa Smeralda Gruppe A	3. (9. Gesamtwertung)	Alfa GTV6 2.5	25	Gabriele Noberasco - Andrea Ulivi
1983	08.04.-10.04.	ERC	26. Critérium Alpin - Behra Gruppe N	1. (7. Gesamtwertung)	Alfa GTV6 2.5	20	Bertrand Balas - Eric Lainé
1983	05.05.-07.05.	WRC	27. Tour de Corse - Rallye de France Gruppe N	2. (24. Gesamtwertung)	Alfa GTV6 2.5	42	Henri Cabaniols - Régine Cabaniols
1983	12.05.-14.05.	ERC	13. Rally 4 Regioni Gruppe A	1. (6. Gesamtwertung)	Alfa GTV6 2.5	37	Bruno Bentivogli - Stefano Evangelisti
1983	12.05.-14.05.	ERC	13. Rally 4 Regioni Gruppe A	2. (7. Gesamtwertung)	Alfa GTV6 2.5	9	Federico Ormezzano - Claudio Berro
1983	12.05.-14.05.	ERC	13. Rally 4 Regioni Gruppe A	3. (8. Gesamtwertung)	Alfa GTV6 2.5	19	Stefano Speranza - Nelson Ziviani
1983	12.05.-14.05.	ERC	13. Rally 4 Regioni Gruppe N	1. (15. Gesamtwertung)	Alfa GTV6 2.5	73	Massimo Maneo - Luciano Zangrandi
1983	12.05.-14.05.	ERC	13. Rally 4 Regioni Gruppe N	2. (19. Gesamtwertung)	Alfa GTV6 2.5	74	Salvatore Costanzo - Sergio Mongiorgi
1983	12.05.-14.05.	ERC	13. Rally 4 Regioni Gruppe N	3. (21. Gesamtwertung)	Alfa GTV6 2.5	76	Claudio Ragazzoni - Conti
1983	03.06.-05.06.	ERC	6. Rally Internazionale della Lana Gruppe N	1. (12. Gesamtwertung)	Alfa GTV6 2.5	121	Massimo Maneo - Luciano Zangrandi
1983	11.06.-12.06.	ERC	4. Rally des Garrigues Gruppe A	1. (4. Gesamtwertung)	Alfa GTV6 2.5	56	Yves Loubet - Patricia Trivero
1983	02.09.-04.09.	ERC	4. Rally Piancavallo Gruppe A	1. (5. Gesamtwertung)	Alfa GTV6 2.5	8	Bruno Bentivogli - Sante Valbonetti
1983	02.09.-04.09.	ERC	4. Rally Piancavallo Gruppe N	1. (10. Gesamtwertung)	Alfa GTV6 2.5	76	Massimo Maneo - Luciano Zangrandi
1983	16.09.-17.09.	ERC	17. Coppa Liburna Gruppe A	1. (4. Gesamtwertung)	Alfa GTV6 2.5	12	Bruno Bentivogli - Stefano Evangelisti
1983	16.09.-17.09.	ERC	17. Coppa Liburna Gruppe N	2. (5. Gesamtwertung)	Alfa GTV6 2.5	18	Federico Ormezzano - Claudio Berro
1983	16.09.-17.09.	ERC	17. Coppa Liburna Gruppe N	1. (10. Gesamtwertung)	Alfa GTV6 2.5	24	Massimo Maneo - Luciano Zangrandi
1983	19.09.-23.09.	ERC	42. Tour de France Automobile Gruppe A	1. (4. Gesamtwertung)	Alfa GTV6 2.5	18	Yves Loubet - Jean Bernard Vieu
1983	19.09.-23.09.	ERC	42. Tour de France Automobile Gruppe A	2. (8. Gesamtwertung)	Alfa GTV6 2.5	41	Christian Rigollet - Michel Bathelot
1983	19.09.-23.09.	ERC	42. Tour de France Automobile Gruppe N	1. (10. Gesamtwertung)	Alfa GTV6 2.5	9	Bertrand Balas - Eric Lainé
1983	19.09.-23.09.	ERC	42. Tour de France Automobile Gruppe N	2. (17. Gesamtwertung)	Alfa GTV6 2.5	73	Claude Labrot - Régine Cabaniols
1983	02.10.-08.10.	WRC	25. Rally Sanremo Gruppe Gruppe A	1. (10. Gesamtwertung)	Alfa GTV6 2.5	22	Gabriele Noberasco - Daniele Cianci
1983	02.10.-08.10.	WRC	25. Rally Sanremo Gruppe Gruppe A	2. (13. Gesamtwertung)	Alfa GTV6 2.5	21	Bruno Bentivogli - Stefano Evangelisti
1983	13.10.-15.10.	ERC	18. Rally d'Antibes Gruppe N	1. (9. Gesamtwertung)	Alfa GTV6 2.5	24	Bertrand Balas - Eric Lainé
1983	11.11.-12.11.	ERC	11. Rally di San Marino Gruppe A	1. (4. Gesamtwertung)	Alfa GTV6 2.5	12	Gabriele Noberasco - Daniele Cianci
1983	11.11.-12.11.	ERC	11. Rally di San Marino Gruppe A	2. (5. Gesamtwertung)	Alfa GTV6 2.5	14	Bruno Bentivogli - Sante Valbonetti
1983	01.01.-31.12.	ERC	European Rally Championship 1983 Gruppe A	5. Jahreswertung	Alfa GTV6 2.5	div.	Bruno Bentivogli
1983	01.01.-31.12.	ERC	European Rally Championship 1983 Gruppe A	8. Jahreswertung	Alfa GTV6 2.5	div.	Federico Ormezzano
1983	01.01.-31.12.	ERC	European Rally Championship 1983 Gruppe A	9. Jahreswertung	Alfa GTV6 2.5	div.	Gabriele Noberasco
1983	01.01.-31.12.	CIR	Campionato Italiano Rally 1983 Gruppe A	1. Jahreswertung	Alfa GTV6 2.5	div.	Bruno Bentivogli
1983	01.01.-31.12.	FFSA	Championnat de Rally de France 1983	4. Jahreswertung	Alfa GTV6 2.5	div.	Bertrand Balas
1983	01.01.-31.12.	FFSA	Championnat de Rally de France 1983	5. Jahreswertung	Alfa GTV6 2.5	div.	Yves Loubet

Oben: Bruno Bentivogli mit Sante Valbonetti platziert sich in der 11. Rally di San Marino auf Rang 2 in der Gruppe A. Der Kameramann bleibt cool.

Unten: Im Flug ist zu sehen, dass die Alfetta dank raffinierten Fahrwerks auch mit perfekt stehenden Rädern wieder landet: In diesem Fall nutzen das Gabriele Noberasco und Andrea Ulivi, die in der 6. Rally Costa Smeralda in Gruppe A den dritten Platz hinter zwei weiteren GTV6 erreichen.

Gegenüberliegende Seite: Impressionen der erfolgreichen Saison 1983 von Bruno Bentivogli mit seinem Alfa GTV6. Er gewinnt die Gruppe A in der italienischen Rallye-Meisterschaft CIR und wird Fünfter in der Gesamtwertung der European Rally Championship ERC.

AgipPetroli

Oben: Schauspieler Jean-Louis Trintignant und Co-Pilot Tioulang sind in der 52. Rally Monte Carlo im Schnee chancenlos gegen die 4x4-Fahrzeuge. Sie belegen in der Gruppe N immerhin noch den 10. Platz.

Unten von links: Yves Loubet, Sieger der 28. Tour de Corse, baut im Januar bei der Rallye Monte Carlo einen Unfall.

1984 Die Alfa GTV6 waren im Rallyesport mittlerweile eine feste Größe, und die neue Saison begann, wie die alte aufgehört hatte: erfolgreich. Erneut gingen 18 Siege in den Gruppen A und N aufs Konto der Alfa-Piloten. Mit Jacques Panciaticci und Navigator Françoise Sappey tauchte ein neues Fahrergespann auf und trug sich gleich viermal in die Siegerliste der Gruppe N ein, etwa nach der 43. Tour de France. Loubet, Bentivogli und Balas gehörten ebenfalls wieder zu den Gewinnern. Dazu kamen Jean-Claude Clemens, Bernard Orengo, Jacques Martin, Gaby Goudezeune, Pierre Bos und Jean-Loup Jourdain. Interessant in dieser Saison war die Tatsache, dass Alfa GTV6 immer noch vorwiegend an Rallyes in Frankreich und Italien teilnahmen, was einen Sieg in der europäischen Jahreswertung praktisch unmöglich machte.

Auch Jacques Panciaticci und Françoise Sappey kommen in Monte Carlo nicht ins Ziel.

Erfolge im Rallysport 1984 – Top 10 Platzierungen

Jahr	Datum	Serie	Rallye	Rang	Fahrzeug	Startnr.	Fahrer - Navigator
1984	21.01.-27.01.	WRC	52. Rally Monte-Carlo Gruppe N	5. (28. Gesamtwertung)	Alfa GTV6 2.5	46	Bernard Orengo - Daniel Brezzo
1984	21.01.-27.01.	WRC	52. Rally Monte-Carlo Gruppe N	10. (47. Gesamtwertung)	Alfa GTV6 2.5	40	Jean-Louis Trintignant - Tioulang
1984	29.03.-31.03.	ERC	68. Targa Florio Rally Gruppe A	1. (5. Gesamtwertung)	Alfa GTV6 2.5	7	Bruno Bentivogli - Stefano Evangelisti
1984	30.03.-31.03	ERC	5. Rally des Garrigues Gruppe N	1. (13. Gesamtwertung)	Alfa GTV6 2.5	74	Jean-Claude Clemens - Christian Lefèbvre
1984	14.04.-15.04.	ERC	27. Critérium Alpin - Behra Gruppe N	1. (8. Gesamtwertung)	Alfa GTV6 2.5	8	Jacques Panciaticci - Françoise Sappey
1984	14.04.-15.04.	ERC	27. Critérium Alpin - Behra Gruppe N	2. (9. Gesamtwertung)	Alfa GTV6 2.5	15	Jean-Claude Clemens - Christian Lefèbvre
1984	14.04.-15.04.	ERC	27. Critérium Alpin - Behra Gruppe N	3. (10. Gesamtwertung)	Alfa GTV6 2.5	24	Bernard Orengo - Daniel Brezzo
1984	21.04.-23.04.	FFSA	11. Critérium Rouergat Gruppe A	1. (1. Gesamtwertung)	Alfa GTV6 2.5	12	Christian Rigollet - Michel Bathelot
1984	03.05.-05.05.	WRC	28. Tour de Corse - Rallye de France Gruppe A	1. (10. Gesamtwertung)	Alfa GTV6 2.5	19	Yves Loubet - Patricia Trivero
1984	03.05.-05.05.	WRC	28. Tour de Corse - Rallye de France Gruppe A	2. (18. Gesamtwertung)	Alfa GTV6 2.5	20	Bertrand Balas - Eric Lainé
1984	03.05.-05.05.	WRC	28. Tour de Corse - Rallye de France Gruppe N	1. (27. Gesamtwertung)	Alfa GTV6 2.5	116	Jacques Martin - Francis Napolitano
1984	18.05.-20.05	ERC	14. Rally 4 Regioni Gruppe A	2. (5. Gesamtwertung)	Alfa GTV6 2.5	6	Bruno Bentivogli - Stefano Evangelisti
1984	29.06.-01.07.	ERC	20. 24 h von Ypern Gruppe A	1. (9. Gesamtwertung)	Alfa GTV6 2.5	29	Gaby Goudezeune - Serge Messine
1984	29.06.-01.07.	ERC	20. 24 h von Ypern Gruppe N	1. (13. Gesamtwertung)	Alfa GTV6 2.5	42	Jacques Panciaticci - Françoise Sappey
1984	29.06.-01.07.	ERC	20. 24 h von Ypern Gruppe N	5. (29. Gesamtwertung)	Alfa GTV6 2.5	148	Gilbert Revel - Gérard Lavaux
1984	30.08.-02.09.	ERC	5. Rally Piancavallo Gruppe A	1. (4. Gesamtwertung)	Alfa GTV6 2.5	5	Bruno Bentivogli - Stefano Evangelisti
1984	07.09.-09.09.	ERC	36. Rally du Mont-Blanc Gruppe A	1. (7. Gesamtwertung)	Alfa GTV6 2.5	7	Bertrand Balas - Eric Lainé
1984	07.09.-09.09.	ERC	36. Rally du Mont-Blanc Gruppe N	1. (11. Gesamtwertung)	Alfa GTV6 2.5	6	Jacques Panciaticci - Françoise Sappey
1984	07.09.-09.09.	ERC	36. Rally du Mont-Blanc Gruppe N	2. (43. Gesamtwertung)	Alfa GTV6 2.5	94	Jean-Loup Jourdain - Denise Sanner
1984	24.09.-28.09.	ERC	43. Tour de France Automobile Gruppe A	1. (6. Gesamtwertung)	Alfa GTV6 2.5	14	Bertrand Balas - Eric Lainé
1984	24.09.-28.09.	ERC	43. Tour de France Automobile Gruppe A	2. (14. Gesamtwertung)	Alfa GTV6 2.5	58	Pierre Bos - Frédéric Schmit
1984	24.09.-28.09.	ERC	43. Tour de France Automobile Gruppe A	4. (31. Gesamtwertung)	Alfa GTV6 2.5	57	Christian Rigollet - Michel Bathelot
1984	24.09.-28.09.	ERC	43. Tour de France Automobile Gruppe N	1. (9. Gesamtwertung)	Alfa GTV6 2.5	11	Jacques Panciaticci - Françoise Sappey
1984	12.10.-13.10.	ERC	19. Rally d'Antibes Gruppe A	1. (8. Gesamtwertung)	Alfa GTV6 2.5	17	Yves Loubet - Jean-Bernard Vieu
1984	02.11.-04.11.	FFSA	27. Critérium des Cévennes Gruppe A	1. (6. Gesamtwertung)	Alfa GTV6 2.5	3	Christian Rigollet - Michel Bathelot
1984	09.11.-11.11.	ERC	12. Rally di San Marino Gruppe A	1. (5. Gesamtwertung)	Alfa GTV6 2.5	9	Bruno Bentivogli - Stefano Evangelisti
1984	23.11.-25.11.	ERC	30. Rally du Var Gruppe A	1. (6. Gesamtwertung)	Alfa GTV6 2.5	14	Bertrand Balas - Eric Lainé
1984	23.11.-25.11.	ERC	30. Rally du Var Gruppe N	1. (15. Gesamtwertung)	Alfa GTV6 2.5	148	Jean-Claude Clemens - René Mullanu

Oben und unten: Yves Loubet und Navigator Jean-Bernard Vieu gewinnen in Gruppe A die 29. Tour de Corse. Im Gesamtklassement fahren sie gegen starke Konkurrenz auf Platz 5.

1985 Die Rallye-Veranstaltungen übten ungebrochene Faszination aus. Die Atmosphäre war berauschend und lockte jede Woche tausende Fans zu den zahlreichen WRC- und ERC-Events auf der ganzen Welt. Die beeindruckenden Bilder aus dieser Zeit sprechen für sich und dokumentieren die faszinierende Stimmung. Die riesige Zahl der Rallyes war nur für viele Teams irgendwann nicht mehr zu stemmen. Allein in der ERC gab es 1985 unglaubliche fünfzig Rennen, in der WRC weitere zwölf. Trotzdem war auch diese Saison für Alfa Romeo erfolgreich, auch wenn nach wie vor kein Werksteam unterwegs war. Die Hauptkonkurrenz bestand aus mehreren neuen Fahrzeugen. Außer dem bekannten Audi Quattro rangen nun Peugeot 205 Turbo, Lancia 037 Rallye, Renault 5 Turbo, Manta 400 und Fiat Ritmo Abarth 130 TC um den Gesamtsieg. Die GTV6 starteten wieder in den Gruppen A und N und erzielten zwanzig Gruppensiege, vierzehn in der Gruppe A und sechs in der Gruppe N.

Oben und unten: Auch das Duo Bertrand Balas/Eric Lainé ist in Korsika erfolgreich. Gleich hinter Yves Loubet landen sie auf dem 2. Gruppen- und dem 6. Gesamtrang.

Für einen Sieg in der Gesamtwertung reichte es nicht, die beste Platzierung im Gesamtklassement schafften Yves Loubet und Co-Pilot Jean-Bernard Vieu mit dem 2. Rang in der 2. Rallye Aquitaine (28. bis 30. Juni), die zur französischen Meisterschaft zählte. Erwähnenswert ist auch Loubets Gruppe-A-Sieg in der WRC-Rallye 29. Tour de Corse, in der er gleichzeitig den fünften Platz im Gesamtklassement erreichte. Überdies war das Duo Loubet/Vieu mit acht Siegen das erfolgreichste Alfa-Gespann der Saison, mit vier Siegen folgten Panciaticci/Tabet, dreimal zuoberst auf dem Treppchen standen Rigollet/Bathelot, zweimal Balas/Lainé und jeweils einmal reüssierten Goudezeune/Messine, Massias/Goin und Clemens/Grégoire.

Oben: Wenn Yves Loubet auf der Tour de Corse eine Spitzkehre nimmt, klicken die Kamera-Verschlüsse.

Mitte von links: Zu den Hauptkonkurrenten gehören nach wie vor die Lancia 037. Neben dem offiziellen Werksteam setzten auch einige Privatfahrer erfolgreich auf dieses Auto.

Jacques Panciaticci und seine Beifahrerin Françoise Sappey fahren in der 53. Monte in der Gruppe N auf den 2. Platz. Mit Co-Pilot Andrée Tabet gewinnt Panciaticci drei Rennen und wird je einmal zweiter und dritter.

Unterdessen gibt es immer vielfältigere Konkurrenz: Fiat setzt auf Ritmo 130 TC Abarth, Opel auf Manta 400, und Peugeot trumpft mit dem 205 GTI groß auf.

An den Strecken herrscht tolle Atmosphäre. Zuschauer kommen in Scharen und wagen sich oft sehr nahe an die Straße, etwa um auf der Tour de Corse Yves Loubet zu erleben.

Erfolge im Rallysport 1985 – Top 10 Platzierungen

Jahr	Datum	Serie	Rallye	Rang	Fahrzeug	Startnr.	Fahrer - Navigator
1985	26.01.-02.02.	WRC	53. Rally Monte Carlo Gruppe N	2. (17. Gesamtwertung)	Alfa GTV6 2.5	27	Jacques Panciaticci - Françoise Sappey
1985	26.01.-02.02.	WRC	53. Rally Monte Carlo Gruppe A8	2. (62. Gesamtwertung)	Alfa GTV6 2.5	103	Philippe Chaboseau - Alain do Amaral
1985	06.03.-09.03.	WRC	19. Rally de Portugal - Vinho do Porto Gr. A	9. (17. Gesamtwertung)	Alfa GTV6 2.5	35	Giancarlo Rizzi - Giuseppe Fiorucci
1985	09.03.-10.03.	FFSA	18. Critérium de Touraine Gruppe A	1. (4. Gesamtwertung)	Alfa GTV6 2.5	9	Yves Loubet - Jean-Bernard Vieu
1985	09.03.-10.03.	FFSA	18. Critérium de Touraine Gruppe N	1. (6. Gesamtwertung)	Alfa GTV6 2.5	4	Jacques Panciaticci - Andrée Tabet
1985	29.03.-30.03.	ERC	6. Rally des Garrigues Gruppe A	1. (8. Gesamtwertung)	Alfa GTV6 2.5	16	Yves Loubet - Jean-Bernard Vieu
1985	30.03.-31.03.	CIR	9. Rally 1000 Miglia	7. (7. Gesamtwertung)	Alfa GTV6 2.5	9	Fabrizio Marini - Daniela Vinzioli
1985	30.03.-31.03.	FFSA	10. Rally National 62	4. (4. Gesamtwertung)	Alfa GTV6 2.5	19	William Massias - André Jézéquel
1985	12.04.-14.04.	ERC	28. Critérium Alpin - Behra Gruppe N	1. (11. Gesamtwertung)	Alfa GTV6 2.5	5	Jacques Panciaticci - Andrée Tabet
1985	12.04.-14.04.	BER	12. TAC Rally Gruppe A	1. (6. Gesamtwertung)	Alfa GTV6 2.5	14	Gaby Goudezeune - Serge Messine
1985	20.04.-21.04.	FFSA	Rally International de Dieppe Gruppe N	1. (8. Gesamtwertung)	Alfa GTV6 2.5	26	William Massias - Goin
1985	04.05.-05.05.	CIR	6. Rally della Lanterna	3. (3. Gesamtwertung)	Alfa GTV6 2.5	19	Maurizio Rossi - Alessandro Toselli
1985	04.05.-05.05.	CIR	6. Rally della Lanterna	5. (5. Gesamtwertung)	Alfa GTV6 2.5	21	Fabrizio Marini - Daniela Vinzioli
1985	02.05.-04.05.	WRC	29. Tour de Corse - Rallye de France Gruppe A	1. (5. Gesamtwertung)	Alfa GTV6 2.5	23	Yves Loubet - Jean-Bernard Vieu
1985	02.05.-04.05.	WRC	29. Tour de Corse - Rallye de France Gruppe A	2. (6. Gesamtwertung)	Alfa GTV6 2.5	22	Bertrand Balas - Eric Lainé
1985	11.05.-12.05.	FFSA	31. Rally de Lorraine Gruppe A	1. (7. Gesamtwertung)	Alfa GTV6 2.5	8	Christian Rigollet - Michel Bathelot
1985	01.06.-02.06.	FFSA	25. Rally International du Touquet Gruppe N	1. (7. Gesamtwertung)	Alfa GTV6 2.5	7	Jacques Panciaticci - Andrée Tabet
1985	01.06.-02.06.	FFSA	25. Rally International du Touquet Gruppe N	3. (10. Gesamtwertung)	Alfa GTV6 2.5	50	William Massias - Thierry Bullot
1985	08.06.-09.06.	FFSA	18. Rally de la Baule Gruppe A	1. (5. Gesamtwertung)	Alfa GTV6 2.5	8	Christian Rigollet - Michel Bathelot
1985	15.06.-16.06.	FFSA	12. Critérium Rouergat Gruppe A	1. (4. Gesamtwertung)	Alfa GTV6 2.5	3	Yves Loubet - Jean-Bernard Vieu
1985	15.06.-16.06.	FFSA	12. Critérium Rouergat Gruppe A	2. (5. Gesamtwertung)	Alfa GTV6 2.5	5	Bertrand Balas - Eric Lainé
1985	15.06.-16.06.	FFSA	12. Critérium Rouergat Gruppe A	4. (7. Gesamtwertung)	Alfa GTV6 2.5	7	Christian Rigollet - Michel Bathelot
1985	15.06.-16.06.	FFSA	12. Critérium Rouergat Gruppe N	3. (13. Gesamtwertung)	Alfa GTV6 2.5	8	Jacques Panciaticci - Andrée Tabet
1985	21.06.-23.06.	FFSA	18. Rally du Forez Gruppe A	1. (4. Gesamtwertung)	Alfa GTV6 2.5	9	Christian Rigollet - Michel Bathelot
1985	28.06.-30.06.	FFSA	2. Rally Aquitaine - Pays Basque Gruppe A	1. (2. Gesamtwertung)	Alfa GTV6 2.5	4	Yves Loubet - Jean-Bernard Vieu
1985	28.06.-30.06.	FFSA	2. Rally Aquitaine - Pays Basque Gruppe A	6. (19. Gesamtwertung)	Alfa GTV6 2.5	26	Philippe Chaboseau - Graca
1985	28.06.-30.06.	FFSA	2. Rally Aquitaine - Pays Basque Gruppe N	1. (9. Gesamtwertung)	Alfa GTV6 2.5	11	Jacques Panciaticci - Andrée Tabet
1985	28.06.-30.06.	FFSA	2. Rally Aquitaine - Pays Basque Gruppe N	2. (17. Gesamtwertung)	Alfa GTV6 2.5	24	Jean-Loup Jourdain - Moullade
1985	02.08.-04.08.	ERC	26. Rally Vinho da Madeira Gruppe A	1. (7. Gesamtwertung)	Alfa GTV6 2.5	7	Yves Loubet - Jean-Bernard Vieu
1985	06.09.-08.09.	FFSA	37. Rally du Mont-Blanc Gruppe A	1. (4. Gesamtwertung)	Alfa GTV6 2.5	4	Yves Loubet - Jean-Bernard Vieu
1985	06.09.-08.09.	FFSA	37. Rally du Mont-Blanc Gruppe N	5. (42. Gesamtwertung)	Alfa GTV6 2.5	83	Jean-Loup Jourdain - Benoit Marcade
1985	06.09.-08.09.	ERC	16. Lotto Bianchi Rally Gruppe N	1. (13. Gesamtwertung)	Alfa GTV6 2.5	79	Jean-Claude Clemens - Pierre Grégoire
1985	20.09.-22.09.	BER	26. Omloop van Vlaanderen Gruppe A	3. (8. Gesamtwertung)	Alfa GTV6 2.5	9	Gaby Goudezeune - Marc Delmelle
1985	21.09.-24.09.	ERC	44. Tour de France Automobile Gruppe A	1. (6. Gesamtwertung)	Alfa GTV6 2.5	7	Bertrand Balas - Eric Lainé
1985	21.09.-22.09.	FFSA	26. Rally Pétrole-Provence	4. (4. Gesamtwertung)	Alfa GTV6 2.5	11	Bernard Orengo - Daniel Brezzo
1985	05.10.-06.10.	FFSA	10. Rally National de Picardie Gruppe A	2. (7. Gesamtwertung)	Alfa GTV6 2.5	6	Christian Rigollet - Michel Bathelot
1985	17.10.-20.10.	ERC	20. Rally d'Antibes Gruppe A	1. (5. Gesamtwertung)	Alfa GTV6 2.5	7	Yves Loubet - Jean-Bernard Vieu
1985	01.11.-03.11.	FFSA	2. Critérium d'Alsace Gruppe A	2. (4. Gesamtwertung)	Alfa GTV6 2.5	9	Jacques Panciaticci - Andrée Tabet
1985	16.11.-17.11.	FFSA	37. Rally Lyon-Charbonnières Gruppe A	2. (5. Gesamtwertung)	Alfa GTV6 2.5	2	Christian Rigollet - Michel Bathelot
1985	29.11.-01.12.	ERC	31. Rally du Var Gruppe A	1. (7. Gesamtwertung)	Alfa GTV6 2.5	15	Bertrand Balas - Eric Lainé
1985	13.12.-14.12.	CIR	14. Rally del Sestriere	4. (4. Gesamtwertung)	Alfa GTV6 2.5	18	Maurizio Rossi - Alessandro Toselli

Oben: Yves Loubet startet auch 1986 für das Gema-Team und hat die Wahl zwischen dem GTV6 und dem neuen Alfa 75 Turbo.

Rechts: Für die 30. Tour de Corse entscheidet er sich für den GTV6 und erreicht damit prompt den 1. Platz in der Gruppe A und den 3. in der Gesamtwertung.

1986 Alfa Romeo hatte ein neues Zugpferd im Stall. Der 75 kam zum 75-jährigen Bestehen der Marke. Mit dem Alfa 75 Turbo hatte die Marke wieder einen Pfeil im Köcher, der auch die Konzernführung lockte, wieder in den Rennsport zu investieren. Vorerst konzentrierte man sich jedoch auf den Tourenwagensport, und die GTV6 wurden dort und im Rallyesport langsam vom neuen Modell abgelöst.

Trotzdem wurde das Sechszylinder-Coupé noch regelmäßig von Privatteams eingesetzt. Das Gemma Racing Team, für das Yves Loubet im Einsatz war, hatte gar manchmal einen GTV6 und einen Alfa 75 Turbo gleichzeitig dabei. Sie trugen die gleiche Startnummer, und das Team entschied spontan, mit welchem sie die Rallye antreten wollen. So auch bei der 30. Tour de Corse (1. bis 3. Mai), als sich Loubet für den GTV6 entschied, das WRC-Rennen in der Gruppe A gewann und im Gesamtklassement den dritten Platz herausfuhr, was gegen die stärkere Gruppe-B-Konkurrenz auf Renault 5 Turbo und Peugeot 205 Turbo einer Sensation gleichkam.

Der zweite und letzte Sieg der Saison ist Jacques Panciaticci zu verdanken, der sich in der Gruppe N beim 29. Critérium Alpin durchsetzte. Im selben Rennen wurden Laurent Albertini und Ange Pasquali auf GTV6 in der Gruppe A Zweite und mussten sich nur Yves Loubet geschlagen geben, der sich im neuen Alfa 75 Turbo den Sieg sicherte. 1986 gelangen 17 Top-Five-Platzierungen für GTV6, davon drei zweite und sieben dritte Plätze. Am Ende des Jahres war die Zeit der Alfetta-Coupés im Rallyesport nach elf erfolgreichen Saisons allerdings abgelaufen. Nun war der Alfa 75 Turbo am Zug.

Einige der alten Rallye-Coupés sind jedoch noch heute rege im Einsatz bei diversen historischen Rallyes oder bei besonderen Rennveranstaltungen. Einige werden gar noch von den Piloten gefahren, die damals schon am Steuer saßen. Viele Originalwagen werden heute hoch gehandelt. Glücklicherweise erlebt das Publikum immer noch aufregende Autos in Ausstellungen und bei öffentlichen Veranstaltungen.

Ganz oben: Bertrand Balas und Eric Lainé geben in Korsika nach Differenzialschaden auf.

Unten: Yves Loubet (mit Flasche) und sein Navigator Jean Marc Andrié sind auf GTV6 sehr schnell.

Oben: Christian Rigollet und Michel Bathelot nehmen 1985 mit einem GTV6 in der Gruppe A an der französischen Meisterschaft teil und fahren drei Siege und zwei 2. Plätze heraus. 1986 ist das Duo mit demselben GTV6 etwas weniger erfolgreich. Das beste Resultat ist ein 2. Platz in der Gruppe A in der 7. Rallye des Garrigues (unten rechts).

Rechts Mitte und unten: Yves Loubet und Ange Pasquali starten im Februar 1986 zur 29. Boucles de Spa in einem von Luigi Racing präparierten GTV6 und fahren auf den 3. Platz in der Gruppe A. In der Gesamtwertung reicht es noch für den 10. Rang.

Unten links: Nochmals Loubet mit der Nr. 14 bei der Tour de Corse 1986

Oben links: Die Rothmans-Sponsorenaufkleber stehen dem GTV6 gut und sind eine schöne Abwechslung zu den vielen GTV6 in rot.

Oben rechts: Bei der für Loubet erfolgreichen Tour de Corse kommen Henri Toivonen und Sergio Cresto auf Lancia Delta S4 in Führung liegend bei einem Unfall ums Leben.

Unten links: Ab 1986 wird der GTV6 vom Alfa 75 Turbo abgelöst. Die Rennsportkarriere der Alfetta-Coupés ist jedoch noch lange nicht vorbei.

Erfolge im Rallysport 1986 – Top 10 Platzierungen

Jahr	Datum	Serie	Rallye	Rang	Fahrzeug	Startnr.	Fahrer - Navigator
1986	18.01.-24.01.	WRC	54. Rally Monte Carlo Gruppe N	5. (52. Gesamtwertung)	Alfa GTV6 2.5	115	Jean-Loup Jourdain - Antoine
1986	07.02.-09.02.	ERC	29. Boucles de Spa Gruppe A	3. (10. Gesamtwertung)	Alfa GTV6 2.5	5	Yves Loubet - Ange Pasquali
1986	07.02.-09.02.	ERC	29. Boucles de Spa Gruppe N	5. (24. Gesamtwertung)	Alfa GTV6 2.5	50	Christian Marquet - Michel Marquet
1986	05.03.-08.03.	WRC	20. Rally de Portugal - Vinho do Porto Gruppe A	3. (26. Gesamtwertung)	Alfa GTV6 2.5	90	José Almeida - Arécio Cardoso
1986	03.04.-06.04.	ERC	7. Rally des Garrigues Gruppe A	2. (4. Gesamtwertung)	Alfa GTV6 2.5	15	Christian Rigollet - Michel Bathelot
1986	03.04.-06.04.	ERC	7. Rally des Garrigues Gruppe A	3. (5. Gesamtwertung)	Alfa GTV6 2.5	24	Jean-François Mourgues - Cathérine Mandel
1986	01.05.-03.05.	WRC	30. Tour de Corse - Rallye de France Gruppe A	1. (3. Gesamtwertung)	Alfa GTV6 2.5	14	Yves Loubet - Jean-Marc Andrié
1986	17.05.-18.05.	FFSA	13. Critérium Rouergat Gruppe A	2. (6. Gesamtwertung)	Alfa GTV6 2.5	19	Bertrand Balas - Eric Lainé
1986	05.06.-08.06.	ERC	29. Critérium Alpin - Behra Gruppe A	2. (9. Gesamtwertung)	Alfa GTV6 2.5	8	Laurent Albertini - Ange Pasquali
1986	05.06.-08.06.	ERC	29. Critérium Alpin - Behra Gruppe N	1. (11. Gesamtwertung)	Alfa GTV6 2.5	13	Jacques Panciaticci - Didier Kollefrath
1986	04.09.-07.09.	FFSA	38. Rally du Mont-Blanc Gruppe A	4. (9. Gesamtwertung)	Alfa GTV6 2.5	5	Christian Rigollet - Michel Bathelot
1986	04.09.-07.09.	FFSA	38. Rally du Mont-Blanc Gruppe A	5. (13. Gesamtwertung)	Alfa GTV6 2.5	24	Jean-François Mourgues - Cathérine Mandel
1986	04.09.-07.09.	FFSA	38. Rally du Mont-Blanc Gruppe N	3. (17. Gesamtwertung)	Alfa GTV6 2.5	18	Jacques Panciaticci - Didier Kollefrath
1986	25.09.-28.09.	ERC	45. Tour de France Automobile Gruppe A	3. (4. Gesamtwertung)	Alfa GTV6 2.5	5	Bertrand Balas - Eric Lainé
1986	08.11.-09.11.	FFSA	29. Critérium des Cévennes Gruppe A	3. (5. Gesamtwertung)	Alfa GTV6 2.5	11	Bertrand Balas - Eric Lainé
1986	08.11.-09.11.	FFSA	29. Critérium des Cévennes Gruppe A	4. (11. Gesamtwertung)	Alfa GTV6 2.5	22	Jean-François Mourgues - Cathérine Mandel
1986	28.11.-30.11.	ERC	32. Rally du Var Gruppe A	3. (5. Gesamtwertung)	Alfa GTV6 2.5	8	Bertrand Balas - Eric Lainé

Der ehemalige Bologna-Corse-Rennwagen von Bruno Bentivogli gehört heute einem niederländischen Sammler. Den GTV6 setzt er regelmäßig in Rennen ein.

Fotos von Bildermeister.

radioflash
1983
25°RALLYE SANREMO
21
PIRELLI
SILOS
AGRIFLEX
forlì
Castrol
AVIS
CASTORI
CASINO SANREMO
totip
AgipPetroli
M GT 1983
PIRELLI
BOLOGNA
CORSE
Castrol

Oben: Ein tolle Mischung geht 1985 in der europäischen Tourenwagen-Meisterschaft ETCC an den Start.

Unten links: Jean-Claude Andruet am Steuer der Alfetta GTV von Autodelta im 24-Stunden-Rennen von Spa-Francorchamps. Zusammen mit Spartaco Dini gewinnt er das Rennen von 1976 in der Gruppe 2. In der Gesamtwertung werden die beiden Zweite.

Unten rechts: Die drei Autodelta-Alfettas gehen in Spa mit den Nummern 32 bis 34 an den Start.

Tourenwagen

Die Rallye-Geschichte des Alfetta-Coupés darf als herausragend gelten. Was dieses Modell aber im Tourenwagensport erreichte, war noch beeindruckender. Vor allem mit dem GTV6 war Alfa Romeo ab 1982 in der Klasse bis 2500 cm^3 das Maß der Dinge in der Gruppe A Division 2. Außer unzähligen Siegen und Podestplätzen holten die Fahrer vier Jahre in Folge die Konstrukteurs-Wertung – ein grandioser Erfolg für die Marke.

1976 Während Autodelta das Alfetta-Coupé Corsa sehr erfolgreich in die Rallye-Meisterschaft 1975 gebracht hatte, setzte man bei den Tourenwagen anfangs noch auf den GTV 2000 der Modellreihe 105 (Giulia Coupé). Damit gelangen noch bis 1980 bedeutende Erfolge. Für die Saison 1976 wurde dann ein Gruppe-2-Rennwagen für die prestigeträchtige europäische Tourenwagenmeisterschaft ETCC präpariert. Die Zweiliter-GTV wurden zwar nur in wenigen Rennen eingesetzt, etwa im 24-Stunden-Rennen von Spa-Francorchamps. Die drei Autodelta-Alfettas belegten jedoch gleich die ersten drei Plätze in der Gruppe 2. Das Fahrerduo Jean-Claude Andruet und Spartaco Dini erreichte im Gesamtklassement gar den 2. Platz. Nur ein viel stärkerer BMW 3.0 CSL war schneller. Unter den ersten sieben der Gesamtwertung platzierten sich fünf Alfas, drei Alfetta GTV (2., 4. und 6.) und zwei Giulia GTV (3. und 7.).

Links: Spartaco Dini in Aktion: Er und Andruet fahren die Alfetta 1976 in Spa zum Sieg.

Rechts: Für das Autovama-Firenze-Team gehen in einigen Rennen der Saison 1976 Amerigo „Joe“ Bigliazzi und Vittorio Ciardi an den Start, etwa beim 4-Stunden-Rennen von Monza am 28. März.

Im November 1976 trat Autodelta mit der Alfetta GTV auch noch zum 1000-km-Rennen im südafrikanischen Kyalami an. Arturo Merzario und Spartaco Dini machten auch dort eine gute Figur, wurden ebenfalls Zweite in der Zweiliterklasse und belegten nach 228 Runden in der Gesamtwertung den 4. Rang hinter einem BMW 3.5 CSL, einem Ford Escort RS und einem Chevrolet Camaro V8.

Noch besser machte es 1976 das Team Autovama aus Florenz. Amerigo Bigliazzi, auch Joe genannt, eroberte nicht nur den Titel des italienischen Tourenwagenchampions, sondern auch den des europäischen Meisters in der Gruppe 2. Weitere Piloten waren Vittorio Ciardi, Spartaco Dini, Theodore Zeccoli und Claude Crespin. Außerdem krönten die Teams die Saison mit dem Markentitel für Alfa Romeo in der ETCC, vor BMW, Ford und VW.

Erfolge im Tourenwagensport 1976 – Top 10 Platzierungen

Jahr	Datum	Serie	Rennen	Rang	Fahrzeug	Startnr.	Fahrer	Team
1976	28.03.	ETCC	4 Ore di Monza Gruppe 2	1. (3. Gesamtwertung)	Alfetta GTV 2.0	15	Amerigo Bigliazzi - Vittorio Ciardi	Autovama Firenze
1976	18.04.	ETCC	4 h Salzburgring Gruppe 2	2. (5. Gesamtwertung)	Alfetta GTV 2.0	17	Amerigo Bigliazzi - Vittorio Ciardi	Autovama Firenze
1976	02.05.	ETCC	Circuito di Mugello Gruppe 2	1. (4. Gesamtwertung)	Alfetta GTV 2.0	15	Spartaco Dini - Carlo Belli	Autovama Firenze
1976	02.05.	ETCC	Circuito di Mugello Gruppe 2	2. (5. Gesamtwertung)	Alfetta GTV 2.0	19	Amerigo Bigliazzi - Vittorio Ciardi	Autovama Firenze
1976	16.05.	ETCC	4 h Grand Prix von Brno Gruppe 2	3. (5. Gesamtwertung)	Alfetta GTV 2.0	25	Amerigo Bigliazzi - Vittorio Ciardi	Autovama Firenze
1976	11.07.	ETCC	4 h vom Nürburgring Gruppe 2	11. (18. Gesamtwertung)	Alfetta GTV 2.0	22	Amerigo Bigliazzi - Spartaco Dini	Autovama Firenze
1976	24.07.	ETCC	24 h von Spa-Francorchamps Gruppe 2	1. (2. Gesamtwertung)	Alfetta GTV 2.0	32	Jean-Claude Andruet - Spartaco Dini	Autodelta
1976	24.07.	ETCC	24 h von Spa-Francorchamps Gruppe 2	3. (4. Gesamtwertung)	Alfetta GTV 2.0	34	Claude Ballot Léna - Guy Fréquelin	Autodelta
1976	24.07.	ETCC	24 h von Spa-Francorchamps Gruppe 2	4. (6. Gesamtwertung)	Alfetta GTV 2.0	31	A. Bigliazzi - T. Zeccoli - C. Crespin	Autodelta
1976	29.08.	CIT	Coppa de Marchi Varano Gruppe 2-2000	1. (7. Gesamtwertung)	Alfetta GTV 2.0	25	Amerigo Bigliazzi	Autovama Firenze
1976	29.08.	CIT	Coppa de Marchi Varano Gruppe 2-2000	2. (8. Gesamtwertung)	Alfetta GTV 2.0	#	Carlo Belli	S.C.A.R. Autostrada
1976	05.09.	ETCC	500 km di Vallelunga Gruppe 2	1. (1. Gesamtwertung)	Alfetta GTV 2.0	23	Spartaco Dini - Amerigo Bigliazzi	Autovama Firenze
1976	05.09.	ETCC	500 km di Vallelunga Gruppe 2	2. (2. Gesamtwertung)	Alfetta GTV 2.0	26	Carlo Belli - Vittorio Ciardi	S.C.A.R. Autostrada
1976	19.09.	ETCC	Tourist Trophy Silverstone Gruppe 2	1. (3. Gesamtwertung)	Alfetta GTV 2.0	58	Spartaco Dini - Amerigo Bigliazzi	Autovama Firenze
1976	03.10.	ETCC	4 h di Jarama Gruppe 2	1. (3. Gesamtwertung)	Alfetta GTV 2.0	11	Spartaco Dini - Amerigo Bigliazzi	Autovama Firenze
1976	10.10.	CIT	21. Coppa Leopoldo Carri Monza Gruppe 2-2000	1. (3. Gesamtwertung)	Alfetta GTV 2.0	#	Amerigo Bigliazzi	Autovama Firenze
1976	10.10.	CIT	21. Coppa Leopoldo Carri Monza Gruppe 2-2000	2. (4. Gesamtwertung)	Alfetta GTV 2.0	#	Gianfranco Palazzoli	Unbekannt
1976	17.10.-20.10.	CIT	Giro d'Italia Gruppe 2	1. (8. Gesamtwertung)	Alfetta GTV 2.0	289	Spartaco Dini - Mario Radicella	Autovama Firenze
1976	06.11.	STTC	1000 km von Kyalami Gruppe 4	2. (4. Gesamtwertung)	Alfetta GTV 2.0	9	Arturo Merzario - Spartaco Dini	Autodelta
1976	01.01.-31.12.	CIT	Campionato Italiano di Turismo Gruppe 2000	1. Jahreswertung	Alfetta GTV 2.0	div.	Amerigo Bigliazzi	Autovama Firenze
1976	01.01.-31.12.	CIT	Campionato Italiano di Turismo	2. Gesamtwertung	Alfetta GTV 2.0	div.	Amerigo Bigliazzi	Autovama Firenze
1976	01.01.-31.12.	ETCC	Tourenwagen Europameisterschaft Gruppe 2	1. Jahreswertung	Alfetta GTV 2.0	div.	Amerigo Bigliazzi	Autovama Firenze
1976	01.01.-31.12.	ETCC	Tourenwagen Europameisterschaft Gruppe 2	2. Jahreswertung	Alfetta GTV 2.0	div.	Spartaco Dini	Autovama Firenze
1976	01.01.-31.12.	ETCC	Tourenwagen Europameisterschaft Gruppe 2	1. Markenwertung Gruppe 2 *	Alfetta GTV 2.0	div.	* Vor BMW, Ford, VW, Triumph und Opel	Alfa Romeo
1976	01.01.-31.12.	ETCC	Tourenwagen Europameisterschaft Gesamt	2. Marken-Gesamtwertung	Alfetta GTV 2.0	div.	Diverse	Alfa Romeo

Abkürzungen: ETCC = European Touring Car Championship STCC = South-African Touring Car Championship FTCC = France Touring Car Championship BSCC = British Saloon Car Championship ATCC = Australian Touring Car Championship BTC = Belgian Touring Car Championship WECC = World Endurance Championsship k.M. = keine Meisterschaft # = unbekannt

Alle Tabellen ohne Anspruch auf Vollständigkeit

Links: Dem Autovama-Team gelingt es 1977 als einziger Alfa-Mannschaft, in der ETCC Siege einzufahren.

Rechts: Jon Dooley vom Alfa-Händler-Team Napolina liegt im ETCC-Rennen in Thruxton vor einem GTV 2000.

1977 Das Folgejahr war weitaus weniger glorreich, was den Tourenwagensport betrifft. Autodelta engagierte sich im Auftrag von Alfa Romeo in der Sportwagen-WM und holte mit den Alfa 33 SC12 Titel in Serie. Für die Tourenwagen waren weder Budget noch Personal mehr eingeplant. Das Privatteam Autovama Firenze war immerhin in der ersten Saisonhälfte mit drei Siegen in der ETCC erfolgreich. Arturo Merzario, Amerigo Bigliazzi, Spartaco Dini und Carlo Facetti sicherten sich Siege in Monza, auf dem Salzburgring und in Pergusa. In der zweiten Jahreshälfte fielen die Alfas nur noch in Zandvoort und in Silverstone auf, jedoch mit weniger bekannten Fahrern und Teams. Ein Name sollte aber in Zukunft noch des Öfteren auf den Siegerlisten stehen. Der Engländer Jon Dooley fuhr ab 1982 sehr erfolgreich auf GTV6 in der britischen Tourenwagen-Meisterschaft BSCC.

1978 Auch in den nächsten beiden Jahren war werksmäßig bei den Tourenwagen nichts von Afa Romeo zu erwarten. Das Unternehmen setzte nun voll auf die Formel 1, allerdings weniger überzeugend als in der Sportwagen-WM. Jon Dooley startete 1978 mit einer Alfetta GTV 2.0 für das Napolina Alfa Romeo Dealer Team nach wie vor nur auf britischem Boden und erreichte bei den 500 km von Brands Hatch den 2. Platz, zusammen mit Rex Greenslade.

Auch das Autovama Team war noch in der ETCC dabei, bestritt aus finanziellen Gründen aber nur die Rennen in Italien. Giorgio Francia und Amerigo Bigliazzi fuhren bei den 4 Stunden von Monza auf den 2. Platz (4. Platz in der Gesamtwertung) und in Mugello gar auf den 1. Platz (ebenfalls 4. Platz in der Gesamtwertung). Die letzte Top-Ten-Platzierung von 1978 erreichten Hub Nijsten und Christine Beckers vom Team Alfa Geleen am 7. Mai in der belgischen Meisterschaft. In der Gruppe bis zwei Liter fuhren sie bei den 600 km von Spa auf den 2. Platz und mussten sich nur einem Ford Escort II RS 2000 geschlagen geben.

Erfolge im Tourenwagensport 1977 und 1978 – Top 10 Platzierungen

Jahr	Datum	Serie	Rennen	Rang	Fahrzeug	Startnr.	Fahrer	Team
1977	27.03.	ETCC	4 Ore di Monza Gruppe 2	1. (2. Gesamtwertung)	Alfetta GTV 2.0	33	Arturo Merzario - Amerigo Bigliazzi	Autovama Firenze
1977	24.04.	ETCC	Austria Trophäe Salzburgring Gruppe 2	1. (3. Gesamtwertung)	Alfetta GTV 2.0	32	Amerigo Bigliazzi - Carlo Facetti	Autovama Firenze
1977	22.05.	ETCC	500 km di Pergusa Gruppe 2	1. (6. Gesamtwertung)	Alfetta GTV 2.0	31	Amerigo Bigliazzi - Spartaco Dini	Autovama Firenze
1977	07.08.	ETCC	4 h von Zandvoort Gruppe 3	6. (18. Gesamtwertung)	Alfetta GTV 2.0	43	Michel Lauria - Quirin Bovy	Stapé Racing
1977	18.09.	ETCC	Tourist Trophy Silverstone Gruppe 3	7. (23. Gesamtwertung)	Alfetta GTV 2.0	58	Jon Dooley - Peter Hilliard - Malcolm Kay	Napolina Alfa Romeo Dealer Team
1978	12.03.	ETCC	500 km von Brands Hatch Gruppe 2	2. (13. Gesamtwertung)	Alfetta GTV 2.0	36	Jon Dooley - Rex Greenslade	Napolina Alfa Romeo Dealer Team
1978	26.03.	ETCC	4 Ore di Monza Gruppe 2	2. (4. Gesamtwertung)	Alfetta GTV 2.0	44	Giorgio Francia - Amerigo Bigliazzi	Autovama Firenze
1978	09.04.	ETCC	Circuito di Mugello Gruppe 2	1. (4. Gesamtwertung)	Alfetta GTV 2.0	12	Giorgio Francia - Amerigo Bigliazzi	Autovama Firenze
1978	07.05.	BTC	600 km von Spa-Francorchamps Gr. 2000	2. (17. Gesamtwertung)	Alfetta GTV 2.0	#	Hub Nijsten - Christine Beckers	Alfa Geleen

Der 400 PS starke Turbo-GTV von Alfa-Händlers Heinz Isert trägt mächtige Verbreiterungen und Spoiler, typisch für die Gruppe-5-Rennwagen in der Deutschen Rennsportmeisterschaft. Diesen Wagen gab es auch als Modellauto, allerdings stets mit den falschen Aufklebern.

1979 In der Saison 1979 war die Ausbeute sogar noch kleiner. Autovama, wiederum nur in Italien am Start, sorgte für zwei dritte Plätze in Mugello und bei den 500 km von Vallelunga, jeweils mit Spartaco Dini und Amerigo Bigliazzi am Steuer. In der belgischen Meisterschaft machte Alphonse Boschi mit einem achten Platz in Spa auf sich aufmerksam, was vor allem deshalb beachtenswert war, weil er dort in der hubraumstärkeren Klasse bis 2500 cm^3 antreten musste.

Erwähnenswert ist das GTV-Turbo-Projekt des Alfa-Händlers Heinz Isert aus Bayern. Mit den Motorspezialisten der Firma Schrick präparierte er eine Alfetta GTV für die Deutsche Rennsportmeisterschaft. Um regelkonform in der Zweiliterklasse der Gruppe 5 antreten zu können musste das Turbotriebwerk jedoch auf 1,4 Liter Hubraum reduziert werden. Dazu verwendeten die Fachleute einen Giulietta-Motorblock, den sie mit einem Turbolader aufrüsteten und um eine L-Jetronic ergänzten. Das Aggregat hatte mit 400 PS schließlich auch ordentlich Power, immerhin galt es gegen Lancia Beta Monte Carlo Turbo, BMW 320 Turbo und Ford Escort RS Turbo anzutreten. Bei Testfahrten erreichte der Rennwagen eine Höchstgeschwindigkeit von beeindruckenden 290 km/h.

Im ersten Rennen „Bergischer Löwe" in Zolder saß Heinz Isert noch selber am Steuer, doch das Kraftpaket unter der Haube war zu stark für Halbachsen und Getriebe, die es im Härtetest schlicht auseinanderriss. Im zweiten Rennen in Hockenheim saß dann Herbert Lingmann am Volant, doch auch er hatte kein Wettkampfglück. Im Qualifying erreichte er zwar den 14. Startplatz unter 30, die Zielflagge sah aber auch er nicht. Danach nahm das Isert-Team nur noch am Westfalen-Pokal in Zolder und am Hessen-Cup in Hockenheim teil, doch auch da kam Lingmann mit dem Turbo-GTV nicht ins Ziel. Später baute man den Bug total um, windschnittiger und ohne Scheinwerfer, danach wurde das Auto mehrfach umlackiert, erst in grün, dann in rot. Der Optik tat man damit keinen Gefallen, und erfolgreicher wurde das Auto so leider auch nicht.

Erfolge im Tourenwagensport 1979 – Top 10 Platzierungen

Jahr	Datum	Serie	Rennen	Rang	Fahrzeug	Startnr.	Fahrer	Team
1979	01.04.	ETCC	500 km di Vallelunga Gruppe 3	3. (7. Gesamtwertung)	Alfetta GTV 2.0	22	Spartaco Dini - Amerigo Bigliazzi	Autovama Firenze
1979	15.04.	ETCC	Circuito di Mugello Gruppe 2	3. (10. Gesamtwertung)	Alfetta GTV 2.0	21	Spartaco Dini - Amerigo Bigliazzi	Autovama Firenze
1979	02.09.	BTC	1. Trophée de Spa-Francorchamps Gruppe 2500	8. (27. Gesamtwertung)	Alfetta GTV 2.0	35	Alphonse Boschi	Unbekannt

Arnold Chatz und Serge Damseaux schaffen mit dieser verbreiterten Zweiliter-Alfetta im 9-Stunden-Rennen von Kyalami den 1. Platz in der Gruppe E. In der Gesamtwertung über alle Klassen reicht es 1981 für Rang 9.

1980 und 1981 In der Saison 1980 gab es keine nennenswerten Ergebnisse. Teilweise, weil viele Teams nicht mehr auf das Zweilitermodell setzten und die Sechszylinder-Version angekündigt war. Die Homologation des 1980 präsentierten Alfa GTV6 bei der FIA war erst am 1. Januar 1981 abgeschlossen. Dann wurden Fahrzeuge für den Renneinsatz vorbereitet. Für die Teams war das aber zu kurzfristig, um für die Saison noch ein konkurrenzfähiges Auto auf die Beine zu stellen. So nahmen Dany Snobeck und Jean-Pierre Jaussaud aus Frankreich als einzige die Meisterschaft der FTCC, des französischen Tourenwagen-Championats, nochmals mit zwei Alfetta GTV 2.0 in Angriff. Die Ergebnisse konnten sich durchaus sehen lassen. Gegen Fahrzeuge wie BMW 320i, Peugeot 505, Renault Fuego, Rover 3500 und Ford Capri gelangen ein Sieg und drei weitere Podestplätze sowie sieben Top-Ten-Platzierungen. Ein weiteres Highlight der sonst kargen Saison war der 1. Platz von Arnold Chatz und Serge Damseaux im 9-Stunden-Rennen von Kyalami in der Gruppe E. Eher eine Randnotiz sind zwei ETCC-Teilnahmen am 19. Juli bei den 500 km von Pergusa.

Erfolge im Tourenwagensport 1980 und 1981 – Top 10 Platzierungen

Jahr	Datum	Serie	Rennen	Rang	Fahrzeug	Startnr.	Fahrer	Team
1980			Keine nennenswerten Ergebnisse im Tourenwagensport					
1981	29.03.	FTCC	Montlhéry	6. (6. Gesamtwertung)	Alfetta GTV 2.0	3	Jean-Pierre Jaussaud	Unbekannt
1981	05.04.	FTCC	Croix en Ternois	5. (5. Gesamtwertung)	Alfetta GTV 2.0	3	Jean-Pierre Jaussaud	Unbekannt
1981	20.04.	FTCC	Nogaro	4. (4. Gesamtwertung)	Alfetta GTV 2.0	1	Dany Snobeck	Snobeck Racing Service
1981	17.05.	FTCC	Dijon	6. (6. Gesamtwertung)	Alfetta GTV 2.0	3	Jean-Pierre Jaussaud	Unbekannt
1981	24.05.	FTCC	La Châtre	3. (3. Gesamtwertung)	Alfetta GTV 2.0	1	Dany Snobeck	Snobeck Racing Service
1981	08.06.	FTCC	Pau	8. (8. Gesamtwertung)	Alfetta GTV 2.0	1	Dany Snobeck	Snobeck Racing Service
1981	05.07.	FTCC	Dijon	1. (2. Gesamtwertung)	Alfetta GTV 2.0	1	Dany Snobeck	Snobeck Racing Service
1981	14.07.	FTCC	Charade	3. (3. Gesamtwertung)	Alfetta GTV 2.0	1	Dany Snobeck	Snobeck Racing Service
1981	14.07.	FTCC	Charade	4. (4. Gesamtwertung)	Alfetta GTV 2.0	3	Jean-Pierre Jaussaud	Unbekannt
1981	14.07.	FTCC	Charade	10. (10. Gesamtwertung)	Alfetta GTV 2.0	20	Pierre Destic	Snobeck Racing Service
1981	19.07.	ETCC	500 km di Pergusa Gruppe 3	7. (12. Gesamtwertung)	Alfetta GTV 2.0	#	Ferdinando Casaglia - Giuseppe Saporito - Accardi	Unbekannt
1981	19.07.	ETCC	500 km di Pergusa Gruppe 3	8. (16. Gesamtwertung)	Alfetta GTV 2.0	#	Salvatore Ruggero - Sollami	Unbekannt
1981	13.09.	FTCC	Nogaro	4. (4. Gesamtwertung)	Alfetta GTV 2.0	3	Jean-Pierre Jaussaud	Unbekannt
1981	04.10.	FTCC	Rouen-Les-Essarts	3. (3. Gesamtwertung)	Alfetta GTV 2.0	1	Dany Snobeck	Snobeck Racing Service
1981	06.11.	k.M.	9 h von Kyalami Gruppe E	1. (9. Gesamtwertung)	Alfetta GTV 2.0	27	Arnold Chatz - Serge Damseaux	Alfa Romeo South Africa

Oben: Boxenstopp mit Nachtanken und Fahrerwechsel im 6-Stunden-Rennen auf dem Nürburgring 1982 – Lella Lombardi, Antonio Palma und Bonifacio Di Gaetani vom Team Jolly Club belegen am Ende den 4. Platz in der Gruppe A Division 2.

Unten: Marco Micangeli und Gianfranco Brancatelli fahren in einem der Luigi-Racing-GTV6 im 500-km-Rennen von Mugello auf Rang 2.

1982 Durch die sämtliche Rennsportkategorien betreffende Umstrukturierung der FIA erfreuten sich Tourenwagenrennen einer rapide wachsenden Fangemeinde. Mit Ende der Rennsaison 1981 galten neue Klassifizierungen für die Fahrzeuge, die die vormals in den Gruppen 1 bis 6 homologierten Sportgeräte ablösten. Die Startfelder diverser Rennserien wurden komplett ausgetauscht und fanden sich teilweise unter anderem Championats-Titel im '82er Terminkalender wieder. Die Wettbewerbsfahrzeuge passten von nun an in die neuen Gruppen A, B und C. Für die Gruppe A erwiesen sich die Bedingungen für Alfa Romeo geradezu als ideal. 1982 war somit der Zeitpunkt, ab dem sich Alfa Romeo außer in der Formel 1 auch wieder im internationalen Tourenwagensport betätigte. Als Sportgerät für die neugeschaffene Gruppe A diente der GTV6. Um den Einstufungsanforderungen der FIA gerecht zu werden, mussten mindestens 5000 Fahrzeuge eines Modells in zwölf aufeinanderfolgenden Monaten gebaut werden, was beim GTV6 Ende 1980 der Fall war.

In der wiederauferstandenen Tourenwagen-Europa-Meisterschaft ETCC waren die Gruppe-A-Produktionswagen ein Knüller und bei den Zuschauern wegen der Seriennähe äußerst beliebt. Nach den superbreiten und mit Spoilern verfremdeten Gruppe-5-Autos sahen Alfa, BMW, Jaguar und Rover wieder so aus wie das eigene Auto.

Oben links: In diesen Massencrash in einem ETCC-Rennen ist auch ein GTV6 (links) verwickelt.

Oben rechts: Die Jaguar XJ-S mit V12 und 375 PS sind in der Gesamtwertung kaum zu schlagen.

Unten: So sieht der Arbeitsplatz der Jolly-Club-Piloten aus.

Rechtzeitig zum Saisonbeginn waren die schmucken Sechszylinder-Coupés mit einer Leistung von 216 PS parat. In der Gruppe A Division 2 für Fahrzeuge bis 2,5 Liter sammelten sie gegen Audi Coupé, BMW 323i, Opel Kadett GT/E und Ford Escort RS fleißig Siege, acht von elf möglichen, und gegenüber der hubraumstärkeren Konkurrenz aus der Division 3 wie den Jaguar XJ-S, Rover Vitesse und BMW 528i regelmäßig Punkte. Mit Unterstützung des Werks und von Autodelta beteiligten sich das Team Luigi Racing des Belgiers Luigi Cimarosti und jenes des bekannten italienischen Rennstalls Jolly Club mit mehreren Fahrzeugen an der Meisterschaft.

Da die Rennen über lange Distanzen gingen, gehörten jeweils zwei Piloten zur Crew, die sich nach einer gewissen Zeit ablösten. Die Fahrerpaarungen waren über die ganze Saison allerdings nicht immer dieselben. Dabei waren bekannte Namen wie Giorgio Francia, Lella Lombardi, Gianfranco Brancatelli, Jean Xhenceval oder Georges Cremer. Mit fünf Siegen hatte Luigi Racing gegenüber den drei ersten Rängen von Jolly Club am Ende der Saison die Nase vorne, auch mit 16 der 22 erreichten Podestplätze war Luigi Racing 1982 das Team des Jahres. Das beste Ergebnis der Saison fuhr das Luigi-Duo Jean Xhenceval und Marco Micangeli am 13. Juni im GP von Brno mit dem dritten Platz im Gesamtklassement ein, nur geschlagen von einem Jaguar XJ-S mit 5,4-Liter-V12 und 375 PS und einem BMW 528i mit 238 PS. Der Titelgewinn in der auch für Marken ausgeschriebenen Meisterschaft belohnte die Fleißarbeit aller Beteiligten am Saisonende.

Erfolge im Tourenwagensport ETCC 1982 – Top 10 Platzierungen

Jahr	Datum	Serie	Rennen	Rang	Fahrzeug	Startnr.	Fahrer	Team
1982	21.03.	ETCC	500 km di Monza Gruppe A Div. 2	2. (5. Gesamtwertung)	Alfa GTV6 2.5	27	Lella Lombardi - Anna Cambiaghi	Jolly Club
1982	21.03.	ETCC	500 km di Monza Gruppe A Div. 2	3. (6. Gesamtwertung)	Alfa GTV6 2.5	26	Maurizio Micangeli - Gianfranco Brancatelli	Luigi Racing
1982	21.03.	ETCC	500 km di Monza Gruppe A Div. 2	5. (8. Gesamtwertung)	Alfa GTV6 2.5	40	Maurizio Cavalli - Rinaldo Drovandi	Unbekannt
1982	04.04.	ETCC	500 km di Vallelunga Gruppe A Div. 2	1. (4. Gesamtwertung)	Alfa GTV6 2.5	25	Jean Xhenceval - Maurizio Micangeli	Luigi Racing
1982	04.04.	ETCC	500 km di Vallelunga Gruppe A Div. 2	3. (6. Gesamtwertung)	Alfa GTV6 2.5	26	Gianfranco Brancatelli - Maurizio Micangeli	Luigi Racing
1982	04.04.	ETCC	500 km di Vallelunga Gruppe A Div. 2	5. (9. Gesamtwertung)	Alfa GTV6 2.5	27	Lella Lombardi - Anna Cambiaghi	Jolly Club
1982	02.05.	ETCC	500 km von Donington Gruppe A Div. 2	1. (4. Gesamtwertung)	Alfa GTV6 2.5	17	Lella Lombardi - Anna Cambiaghi	Jolly Club
1982	02.05.	ETCC	500 km von Donington Gruppe A Div. 2	3. (8. Gesamtwertung)	Alfa GTV6 2.5	15	Jean Xhenceval - Maurizio Micangeli	Luigi Racing
1982	16.05.	ETCC	500 km di Pergusa Gruppe A Div. 2	1. (7. Gesamtwertung)	Alfa GTV6 2.5	#	Lella Lombardi - Anna Cambiaghi	Jolly Club
1982	16.05.	ETCC	500 km di Pergusa Gruppe A Div. 2	2. (8. Gesamtwertung)	Alfa GTV6 2.5	#	Mario de Luca - Giancarlo Barba	Luigi Racing
1982	16.05.	ETCC	500 km di Pergusa Gruppe A Div. 2	6. (13. Gesamtwertung)	Alfa GTV6 2.5	#	Jean Xhenceval - Maurizio Micangeli	Luigi Racing
1982	16.05.	ETCC	500 km di Pergusa Gruppe A Div. 2	8. (17. Gesamtwertung)	Alfa GTV6 2.5	16	Reinhold Packeisen - Salvatore Ruggero	Unbekannt
1982	23.05.	ETCC	500 km di Mugello Gruppe A Div. 2	1. (6. Gesamtwertung)	Alfa GTV6 2.5	25	Jean Xhenceval - Maurizio Micangeli	Luigi Racing
1982	23.05.	ETCC	500 km di Mugello Gruppe A Div. 2	2. (7. Gesamtwertung)	Alfa GTV6 2.5	26	Marco Micangeli - Gianfranco Brancatelli	Luigi Racing
1982	13.06.	ETCC	GP von Brno Gruppe A Div. 2	1. (3. Gesamtwertung)	Alfa GTV6 2.5	39	Jean Xhenceval - Marco Micangeli	Luigi Racing
1982	13.06.	ETCC	GP von Brno Gruppe A Div. 2	3. (7. Gesamtwertung)	Alfa GTV6 2.5	40	Maurizio Micangeli - Gianfranco Brancatelli	Luigi Racing
1982	27.06.	ETCC	Austria Trophäe Salzburgring Gr. A Div. 2	1. (6. Gesamtwertung)	Alfa GTV6 2.5	#	Maurizio Micangeli - Gianfranco Brancatelli	Luigi Racing
1982	27.06.	ETCC	Austria Trophäe Salzburgring Gr. A Div. 2	2. (7. Gesamtwertung)	Alfa GTV6 2.5	#	Jean Xhenceval - Marco Micangeli - Pierre Dieudonné	Luigi Racing
1982	27.06.	ETCC	Austria Trophäe Salzburgring Gr. A Div. 2	5. (12. Gesamtwertung)	Alfa GTV6 2.5	#	Lella Lombardi - Antonio Palma	Jolly Club
1982	11.07.	ETCC	Nürburgring Gruppe A Div. 2	2. (8. Gesamtwertung)	Alfa GTV6 2.5	30	Bernard De Dryver - Marco Micangeli	Luigi Racing
1982	11.07.	ETCC	Nürburgring Gruppe A Div. 2	4. (16. Gesamtwertung)	Alfa GTV6 2.5	105	Lella Lombardi - Antonio Palma - Bonifacio Di Gaetani	Jolly Club
1982	31.07.	ETCC	24 h von Spa-Francorchamps Gr. A Div. 2	2. (11. Gesamtwertung)	Alfa GTV6 2.5	43	Georges Cremer - Giorgio Francia - Marco Micangeli	Luigi Racing
1982	31.07.	ETCC	24 h von Spa-Francorchamps Gr. A Div. 2	3. (12. Gesamtwertung)	Alfa GTV6 2.5	45	Marcello Gallo - Antonio Palma - Lella Lombardi	Luigi Racing
1982	31.07.	ETCC	24 h von Spa-Francorchamps Gr. A Div. 2	3. (12. Gesamtwertung)	Alfa GTV6 2.5	46	Vittorio Ciardi - Renato Croce - Rinaldo Drovandi	Van Hove Mobil Smet Jet
1982	12.09.	ETCC	Tourist Trophy Silverstone Gruppe A Div. 2	1. (10. Gesamtwertung)	Alfa GTV6 2.5	38	Lella Lombardi - Antonio Palma	Jolly Club
1982	26.09.	ETCC	Zolder Gruppe A Div. 2	1. (5. Gesamtwertung)	Alfa GTV6 2.5	33	Giorgio Francia - Marco Micangeli	Luigi Racing
1982	26.09.	ETCC	Zolder Gruppe A Div. 2	2. (7. Gesamtwertung)	Alfa GTV6 2.5	32	Maurizio Micangeli - Gianfranco Brancatelli	Luigi Racing
1982	26.09.	ETCC	Zolder Gruppe A Div. 2	3. (11. Gesamtwertung)	Alfa GTV6 2.5	25	Lella Lombardi - Antonio Palma	Jolly Club
1982	26.09.	ETCC	Zolder Gruppe A Div. 2	4. (12. Gesamtwertung)	Alfa GTV6 2.5	34	Raymond Van Hove - Dirk Vermeersch	Van Hove Mobil Smet Jet
1982	01.01.-31.12.	ETCC	Tourenwagen Europameisterschaft Gr. A Div. 2	1. Marken-Jahreswertung *	Alfa GTV6 2.5	div.	* Vor BMW, VW, Audi und Jaguar	div.

FTCC: Neben der Europa-Meisterschaft wuchs in Frankreich eine andere interessante Serie heran. Die französische Tourenwagen-Meisterschaft Championnat de France de Voitures Production war für Produktionswagen offen. Anders als in der EM, die in drei Klassen (bis 1,6 Liter, bis 2,5 Liter sowie darüber) gewertet wurde, gab es in Frankreich nur zwei Gruppen, eine bis und eine über 2,5 Liter Hubraum. Mit seinen 2492 cm^3 passte der GTV6 perfekt in die erste. Dany Snobeck, der 1981 mit seinem SRS Team noch mit einer Alfetta GTV 2.0 antrat, war nun mit drei GTV6 am Start. Neben ihm pilotierte Pierre Destic den zweiten Wagen im auffälligen Marlboro-Look, während Jean-Jacques Vernier in einem weniger auffälligen Fahrzeug unterwegs war.

Dany Snobeck dominierte die Gruppe 2500 mit sechs Siegen und je einem 2. und 3. Platz in den 15 Saisonrennen und wurde schließlich souverän Meister in dieser Klasse. Er schaffte sogar das Kunststück, in vier Rennen als Schnellster des ganzen Feldes abgewunken zu werden.

Das Team Snobeck Racing Service von Dany Snobeck fährt die beiden Marlboro-GTV6 und den dezenteren Wagen von Jean-Jacques Vernier auf.

Im Gesamtklassement musste er sich nur einem Rover 3500 S und einem BMW 528i beugen. Die übrigen Alfa-Fahrer wussten in der Saison '82 noch nicht zu überzeugen. Am besten schnitt Pierre Destic mit einem dritten Platz in Nogaro ab, und am Ende gab es immerhin 24 Top-Ten-Plätze für die Alfas.

Dany Snobeck gewinnt die Gruppe 2500 in der französischen Produktionswagenmeisterschaft und wird in der Gesamtwertung guter Dritter.

Erfolge im Tourenwagensport FTCC 1982 – Top 10 Platzierungen

Jahr	Datum	Serie	Rennen	Rang	Fahrzeug	Startnr.	Fahrer	Team
1982	14.03.	FTCC	Le Castellet Gruppe 2500	3. (6. Gesamtwertung)	Alfa GTV6 2.5	6	Dany Snobeck	SRS Marlboro
1982	14.03.	FTCC	Le Castellet Gruppe 2500	6. (10. Gesamtwertung)	Alfa GTV6 2.5	20	Pierre Destic	SRS Marlboro
1982	14.03.	FTCC	Le Castellet Gruppe 2500	7. (11. Gesamtwertung)	Alfetta GTV 2.0	25	Bernard Salam	Unbekannt
1982	21.03.	FTCC	Montlhéry Gruppe 2500	7. (8. Gesamtwertung)	Alfa GTV6 2.5	20	Pierre Destic	SRS Marlboro
1982	21.03.	FTCC	Montlhéry Gruppe 2500	10. (13. Gesamtwertung)	Alfa GTV6 2.5	42	Jean-Jacques Vernier	Snobeck Racing Service
1982	12.04.	FTCC	Nogaro Gruppe 2500	1. (1. Gesamtwertung)	Alfa GTV6 2.5	6	Dany Snobeck	SRS Marlboro
1982	25.04.	FTCC	Albi Gruppe 2500	1. (2. Gesamtwertung)	Alfa GTV6 2.5	6	Dany Snobeck	SRS Marlboro
1982	25.04.	FTCC	Albi Gruppe 2500	6. (9. Gesamtwertung)	Alfa GTV6 2.5	20	Pierre Destic	SRS Marlboro
1982	25.04.	FTCC	Albi Gruppe 2500	9. (13. Gesamtwertung)	Alfetta GTV 2.0	25	Bernard Salam	Unbekannt
1982	02.05.	FTCC	Magny-Cours Gruppe 2500	1. (1. Gesamtwertung)	Alfa GTV6 2.5	6	Dany Snobeck	SRS Marlboro
1982	02.05.	FTCC	Magny-Cours Gruppe 2500	8. (11. Gesamtwertung)	Alfa GTV6 2.5	42	Jean-Jacques Vernier	Snobeck Racing Service
1982	31.05.	FTCC	Pau Gruppe 2500	1. (1. Gesamtwertung)	Alfa GTV6 2.5	6	Dany Snobeck	SRS Marlboro
1982	27.06.	FTCC	Charade Gruppe 2500	6. (11. Gesamtwertung)	Alfa GTV6 2.5	#	Pierre-Francois Rousselot	Unbekannt
1982	27.06.	FTCC	Charade Gruppe 2500	8. (13. Gesamtwertung)	Alfa GTV6 2.5	20	Pierre Destic	SRS Marlboro
1982	24.07.	FTCC	Le Castellet Gruppe 2500	1. (3. Gesamtwertung)	Alfa GTV6 2.5	6	Dany Snobeck	SRS Marlboro
1982	24.07.	FTCC	Le Castellet Gruppe 2500	7. (11. Gesamtwertung)	Alfa GTV6 2.5	25	Bernard Salam	Unbekannt
1982	05.09.	FTCC	Nogaro Gruppe 2500	3. (7. Gesamtwertung)	Alfa GTV6 2.5	20	Pierre Destic	SRS Marlboro
1982	26.09.	FTCC	Albi Gruppe 2500	4. (8. Gesamtwertung)	Alfa GTV6 2.5	20	Pierre Destic	SRS Marlboro
1982	10.10.	FTCC	Croix en Ternois Gruppe 2500	1. (1. Gesamtwertung)	Alfa GTV6 2.5	6	Dany Snobeck	SRS Marlboro
1982	10.10.	FTCC	Croix en Ternois Gruppe 2500	5. (5. Gesamtwertung)	Alfa GTV6 2.5	20	Pierre Destic	SRS Marlboro
1982	10.10.	FTCC	Croix en Ternois Gruppe 2500	6. (11. Gesamtwertung)	Alfa GTV6 2.5	#	Pierre-Francois Rousselot	Unbekannt
1982	17.10.	FTCC	Montlhéry Gruppe 2500	2. (2. Gesamtwertung)	Alfa GTV6 2.5	6	Dany Snobeck	SRS Marlboro
1982	17.10.	FTCC	Montlhéry Gruppe 2500	5. (11. Gesamtwertung)	Alfa GTV6 2.5	20	Pierre Destic	SRS Marlboro
1982	17.10.	FTCC	Montlhéry Gruppe 2500	6. (12. Gesamtwertung)	Alfa GTV6 2.5	42	Jean-Jacques Vernier	Snobeck Racing Service
1982	01.01.-31.12.	FTCC	Franz. TW-Meisterschaft Gruppe 2500	1. Jahreswertung	Alfa GTV6 2.5	6	Dany Snobeck	SRS Marlboro
1982	01.01.-31.12.	FTCC	Franz. TW-Meisterschaft	3. Gesamtwertung	Alfa GTV6 2.5	6	Dany Snobeck	SRS Marlboro

Der GTV6 kam, vorerst nur in wenigen Teams, auch in der australischen (ATCC) und in der britischen Tourenwagenmeisterschaft (BSCC) zum Einsatz. In England machte Jon Dooley, für das Händler-Team „Napolina" am Start, mit guten Ergebnissen in der Gruppe B (1,6 bis 2,5 Liter) auf sich aufmerksam. Er errang drei Siege und sechs Podestplätze in elf Rennen. Hauptgegner waren wieder die Ford Escort RS 2000. Gestartet wurde im Feld mit den Gruppen A und C, zu denen die starken Capri 3.0 S und die Rover 3500 S gehörten. Am Schluss belegte Dooley den zweiten Rang in der Gruppe B der British Saloon Car Championship.

Wie schon im Vorjahr fand im November wieder das 9-Stunden-Rennen von Kyalami statt. Der Wettlauf auf der südafrikanischen Formel-1-Strecke zählte zu keiner Meisterschaft, das Teilnehmerfeld war mit 47 Startern jedoch wie stets gut gefüllt. Auch drei GTV6 gehörten dazu, die in der Gruppe 4 starteten. Am besten schnitt mit dem ersten Platz das Team V.S.A. Racing mit Maurizio Bianco und Serge Damseaux ab. Direkt dahinter lag das Team von Glenwood Motors mit Abel D'Oliveira und Tommy Dunn.

Das Importeurs-Team Alfa Romeo South Africa mit Louis Parsons und Dick Pickering belegte den dritten Platz. Die Plätze zehn bis zwölf in der Gesamtwertung waren ebenfalls bemerkenswert, da man sich nur den viel stärkeren Porsche und BMW mit Piloten wie Jacky Ickx, Jochen Mass und Derek Bell beugen musste.

Links: Gruppe-4-Sieger im 9-Stunden-Rennen in Kyalami in Südafrika sind Maurizio Bianco und Serge Damseaux auf einem GTV6 des Teams V.S.A. Racing.

Rechts: Mit diesem Wagen von Glenwood Motors erreichen Abel D'Oliveira und Tommy Dunn den zweiten Platz in Kyalami. Das Bild wurde 2015 bei einem Rennen für historische Wagen aufgenommen.

Erfolge im Tourenwagensport 1982 (ohne ETCC und FTCC) **– Top 10 Platzierungen**

Jahr	Datum	Serie	Rennen	Rang	Fahrzeug	Startnr.	Fahrer	Team
1982	18.02.	ATCC	Sandown Park Melbourne Gruppe C 3000	4. (10. Gesamtwertung)	Alfa GTV6 2.5	46	Joe Beninca	Beninca Motors
1982	09.04.	BSCC	Oulton Park Gold Cup Gruppe B	2. (8. Gesamtwertung)	Alfa GTV6 2.5	25	Jon Dooley	Napolina Alfa Romeo Dealer Team
1982	12.04.	BSCC	Thruxton	1. (15. Gesamtwertung)	Alfa GTV6 2.5	25	Jon Dooley	Napolina Alfa Romeo Dealer Team
1982	31.05.	BSCC	British Formula Raceday Thruxton Gruppe B	3. (22. Gesamtwertung)	Alfa GTV6 2.5	25	Jon Dooley	Napolina Alfa Romeo Dealer Team
1982	04.07.	BSCC	Donington Gruppe B	2. (15. Gesamtwertung)	Alfa GTV6 2.5	25	Jon Dooley	Napolina Alfa Romeo Dealer Team
1982	18.07.	BSCC	Brands Hatch Grand Prix Support Race Gr. B	1. (10. Gesamtwertung)	Alfa GTV6 2.5	25	Jon Dooley	Napolina Alfa Romeo Dealer Team
1982	03.10.	BSCC	Silverstone Gruppe B	1. (8. Gesamtwertung)	Alfa GTV6 2.5	25	Jon Dooley	Napolina Alfa Romeo Dealer Team
1982	06.11.	k.M.	9 h von Kyalami Südafrika Gruppe 4	1. (10. Gesamtwertung)	Alfa GTV6 2.5	40	Maurizio Bianco - Serge Damseaux	V.S.A. Racing
1982	06.11.	k.M.	9 h von Kyalami Südafrika Gruppe 4	2. (11. Gesamtwertung)	Alfa GTV6 2.5	41	Abel D'Oliveira - Tommy Dunn	Glenwood Motors/Pretoria Brick
1982	06.11.	k.M.	9 h von Kyalami Südafrika Gruppe 4	3. (12. Gesamtwertung)	Alfa GTV6 2.5	39	Louis Parsons - Dick Pickering	Alfa Romeo Southafrica
1982	01.01.-31.12.	BSCC	British Saloon Car Championship Gruppe B	2. Jahreswertung	Alfa GTV6 2.5	25	Jon Dooley	Napolina Alfa Romeo Dealer Team

Giorgio Francia absolviert 1983 eine sehr erfolgreiche Saison am Steuer eines Luigi-Racing-Alfas.

1983 Keine Frage, das Debütjahr mit dem Alfa GTV6 bei den Tourenwagen war erfolgreich gewesen. Doch das Folgejahr toppte das Resultat noch um Welten. In der ETCC mussten sich die Alfisti in den nun zwölf Rennen nur zwei Mal der Konkurrenz geschlagen geben. Ergebnis: erneut der Titel in der Markenwertung und die ersten drei Plätze in der Division 2 der Gruppe A. Das Starterfeld wurde um eine Vielzahl von Teams und Fahrzeugen aufgestockt. Es schien fast so, also ob jeder mit Rang und Namen bei der ETCC dabei sein wollte. So starteten teilweise bis zu 80 Autos im Qualifying und an die 50 im Rennen. Bei Alfa Romeo kamen das Team Imberti und die Scuderia Autolodi Corse sowie eines vom deutschen Alfa-Importeur dazu. Somit waren pro Rennen manchmal bis zu zehn GTV6 am Start.

Die stärkste Konkurrenz kam nach wie vor von BMW (323i), Opel (Kadett GT/E) und Audi (80 GT), neuerdings mischte aber auch Mazda mit dem RX-7 kräftig mit.

Oben: Rinaldo Drovandi und Gianfranco Brancatelli von der Scuderia Autolodi Corse werden im 6-Stunden-Rennen auf dem Nürburgring Gruppensieger.

Unten diverse Rennszenen.

In der Gesamtwertung waren allerdings auch die GTV6 chancenlos gegen die Hubraummonster XJ-S von Jaguar und die BMW 635 CSi. Das beste Resultat erreichte das Team von Luigi Racing mit Giorgio Francia und Marco Micangeli mit dem fünften Platz am 15. Mai bei den 500 km von Pergusa, direkt dahinter platzierten sich Rinaldo Drovandi und Gianfranco Brancatelli von der Scuderia Autolodi Corse. Die Division 2 in der Gruppe A war jedoch mit zehn Siegen und 18 weiteren Podestplätzen fest in der Hand der Alfas. Meister wurde Rinaldo Drovandi von Autolodi, die beiden Luigi-Racing-Fahrer Giorgio Francia und Marco Micangeli folgten auf den nächsten zwei Plätzen.

Oben: Jede Sekunde zählt beim Boxenstopp – die Besatzung Lella Lombardi und Ginacarlo Naddeo vom Team Jolly Club hält für den Fahrerwechsel im 6-Stunden-Rennen auf dem Nürburgring.

Unten links: Ein Rennwagen der Scuderia Autolodi Corse – Rinaldo Drovandi gewinnt damit die Meisterschaft 1983 in der Gruppe A Division 2.

Unten rechts: Unter der Haube sieht es bei den Rennwagen praktisch aus wie bei den Serienautos. Die Leistung der Triebwerke, hier eins vom Jolly Club, beträgt 1983 etwa 240 PS.

Erfolge im Tourenwagensport ETCC 1983 – Top 10 Platzierungen

Jahr	Datum	Serie	Rennen	Rang	Fahrzeug	Startnr.	Fahrer	Team
1983	20.03.	ETCC	500 km di Monza Gruppe A Div. 2	1. (12. Gesamtwertung)	Alfa GTV6 2.5	35	Lella Lombardi - Giancarlo Naddeo	Imberti
1983	20.03.	ETCC	500 km di Monza Gruppe A Div. 2	4. (20. Gesamtwertung)	Alfa GTV6 2.5	37	Dagmar Suster - Roberto Marazzi	Unbekannt
1983	20.03.	ETCC	500 km di Monza Gruppe A Div. 2	6. (25. Gesamtwertung)	Alfa GTV6 2.5	39	A. Turconi - R. Della Rocca - Abele Tanghetti	Unbekannt
1983	20.03.	ETCC	500 km di Monza Gruppe A Div. 2	7. (26. Gesamtwertung)	Alfa GTV6 2.5	32	G. Ceccon - Alfio Frasson - Nico Demi	Unbekannt
1983	10.04.	ETCC	500 km di Vallelunga Gruppe A Div. 2	1. (11. Gesamtwertung)	Alfa GTV6 2.5	25	Roberto Marazzi - Dagmar Suster - Giancarlo Naddeo	Jolly Club
1983	10.04.	ETCC	500 km di Vallelunga Gruppe A Div. 2	3. (18. Gesamtwertung)	Alfa GTV6 2.5	#	Toni Fischhaber - Mario Ketterer	Alfa Romeo Deutschland
1983	10.04.	ETCC	500 km di Vallelunga Gruppe A Div. 2	5. (23. Gesamtwertung)	Alfa GTV6 2.5	#	Antonio Palma - Pibo	Unbekannt
1983	10.04.	ETCC	500 km di Vallelunga Gruppe A Div. 2	6. (24. Gesamtwertung)	Alfa GTV6 2.5	#	Gianfranco Brancatelli - Rinaldo Drovandi	Scuderia Autolodi Corse
1983	10.04.	ETCC	500 km di Vallelunga Gruppe A Div. 2	8. (27. Gesamtwertung)	Alfa GTV6 2.5	#	Emilio Zapico - Maurizio Gallo	Luigi Racing
1983	10.04.	ETCC	500 km di Vallelunga Gruppe A Div. 2	9. (28. Gesamtwertung)	Alfa GTV6 2.5	#	Giorgio Francia - Marco Micangeli	Luigi Racing
1983	01.05.	ETCC	500 km von Donington Gruppe A Div. 2	1. (14. Gesamtwertung)	Alfa GTV6 2.5	37	Giorgio Francia - Maurizio Micangeli	Luigi Racing
1983	01.05.	ETCC	500 km von Donington Gruppe A Div. 2	2. (15. Gesamtwertung)	Alfa GTV6 2.5	35	Roberto Marazzi - Dagmar Suster - Giancarlo Naddeo	Jolly Club
1983	01.05.	ETCC	500 km von Donington Gruppe A Div. 2	3. (16. Gesamtwertung)	Alfa GTV6 2.5	38	Maurizio Micangeli - Emilio Zapico	Luigi Racing
1983	01.05.	ETCC	500 km von Donington Gruppe A Div. 2	4. (17. Gesamtwertung)	Alfa GTV6 2.5	34	Lella Lombardi - Giancarlo Naddeo	Jolly Club
1983	15.05.	ETCC	500 km di Pergusa Gruppe A Div. 2	1. (5. Gesamtwertung)	Alfa GTV6 2.5	#	Giorgio Francia - Marco Micangeli	Luigi Racing
1983	15.05.	ETCC	500 km di Pergusa Gruppe A Div. 2	2. (6. Gesamtwertung)	Alfa GTV6 2.5	#	Rinaldo Drovandi - Gianfranco Brancatelli	Scuderia Autolodi Corse
1983	15.05.	ETCC	500 km di Pergusa Gruppe A Div. 2	3. (9. Gesamtwertung)	Alfa GTV6 2.5	#	Toni Fischhaber - Manfred Trinkt	Alfa Romeo Deutschland
1983	15.05.	ETCC	500 km di Pergusa Gruppe A Div. 2	5. (11. Gesamtwertung)	Alfa GTV6 2.5	#	Mario Ketterer - Herbert Lingmann	Alfa Romeo Deutschland
1983	15.05.	ETCC	500 km di Pergusa Gruppe A Div. 2	6. (12. Gesamtwertung)	Alfa GTV6 2.5	#	Lella Lombardi - Giancarlo Naddeo - Duilio Ghislotti	Jolly Club
1983	22.05.	ETCC	500 km di Mugello Gruppe A Div. 2	1. (9. Gesamtwertung)	Alfa GTV6 2.5	#	Giorgio Francia - Marco Micangeli	Luigi Racing
1983	22.05.	ETCC	500 km di Mugello Gruppe A Div. 2	2. (11. Gesamtwertung)	Alfa GTV6 2.5	#	Lella Lombardi - Giancarlo Naddeo	Imberti
1983	22.05.	ETCC	500 km di Mugello Gruppe A Div. 2	5. (15. Gesamtwertung)	Alfa GTV6 2.5	#	Mario Ketterer - Herbert Lingmann	Alfa Romeo Deutschland
1983	22.05.	ETCC	500 km di Mugello Gruppe A Div. 2	6. (21. Gesamtwertung)	Alfa GTV6 2.5	#	Roberto Marazzi - Duilio Truffo	Unbekannt
1983	12.06.	ETCC	GP von Brno Gruppe A Div. 2	1. (11. Gesamtwertung)	Alfa GTV6 2.5	30	Giorgio Francia - Marco Micangeli	Luigi Racing
1983	12.06.	ETCC	GP von Brno Gruppe A Div. 2	4. (20. Gesamtwertung)	Alfa GTV6 2.5	46	Antonio Palma - Bonifacio Di Gaetani	Jolly Club
1983	26.06.	ETCC	500 km Österreichring Gruppe A Div. 2	2. (9. Gesamtwertung)	Alfa GTV6 2.5	#	Lella Lombardi - Giancarlo Naddeo	Jolly Club
1983	26.06.	ETCC	500 km Österreichring Gruppe A Div. 2	3. (13. Gesamtwertung)	Alfa GTV6 2.5	#	Roberto Marazzi - Duilio Truffo	Unbekannt
1983	26.06.	ETCC	500 km Österreichring Gruppe A Div. 2	4. (14. Gesamtwertung)	Alfa GTV6 2.5	#	Rinaldo Drovandi - Gianfranco Brancatelli	Scuderia Autolodi Corse
1983	26.06.	ETCC	500 km Österreichring Gruppe A Div. 2	5. (17. Gesamtwertung)	Alfa GTV6 2.5	35	Maurizio Micangeli - Marcello Gallo	Luigi Racing
1983	10.07.	ETCC	6 h Nürburgring Gruppe A Div. 2	2. (13. Gesamtwertung)	Alfa GTV6 2.5	36	Maurizio Micangeli - Marcello Gallo - Marco Curti	Luigi Racing
1983	10.07.	ETCC	6 h Nürburgring Gruppe A Div. 2	3. (14. Gesamtwertung)	Alfa GTV6 2.5	35	Giorgio Francia - Marco Micangeli - Georges Cremer	Luigi Racing
1983	10.07.	ETCC	6 h Nürburgring Gruppe A Div. 2	4. (15. Gesamtwertung)	Alfa GTV6 2.5	39	Frank Jelinski - Manfred Trinkt	Alfa Romeo Deutschland
1983	10.07.	ETCC	6 h Nürburgring Gruppe A Div. 2	7. (19. Gesamtwertung)	Alfa GTV6 2.5	34	Antonio Palma - Bonifacio Di Gaetani	Jolly Club
1983	17.07.	ETCC	3 h Salzburgring Gruppe A Div. 2	1. (8. Gesamtwertung)	Alfa GTV6 2.5	#	Rinaldo Drovandi - Gianfranco Brancatelli	Scuderia Autolodi Corse
1983	17.07.	ETCC	3 h Salzburgring Gruppe A Div. 2	2. (9. Gesamtwertung)	Alfa GTV6 2.5	#	Maurizio Micangeli - Georges Cremer	Luigi Racing
1983	17.07.	ETCC	3 h Salzburgring Gruppe A Div. 2	3. (10. Gesamtwertung)	Alfa GTV6 2.5	#	Toni Fischhaber - Mario Ketterer	Alfa Romeo Deutschland
1983	17.07.	ETCC	3 h Salzburgring Gruppe A Div. 2	4. (13. Gesamtwertung)	Alfa GTV6 2.5	#	Roberto Marazzi - Duilio Truffo	Unbekannt
1983	30.07.	ETCC	24 h von Spa-Francorchamps Gr. A Div. 2	1. (6. Gesamtwertung)	Alfa GTV6 2.5	41	R. Drovandi - G. Brancatelli - E. Zapico	Scuderia Autolodi Corse
1983	30.07.	ETCC	24 h von Spa-Francorchamps Gr. A Div. 2	2. (8. Gesamtwertung)	Alfa GTV6 2.5	45	Antonio Palma - Amerigo Bigliazzi - Dagmar Suster	Jolly Club
1983	30.07.	ETCC	24 h von Spa-Francorchamps Gr. A Div. 2	3. (11. Gesamtwertung)	Alfa GTV6 2.5	42	Maurizio Micangeli - Marcello Gallo - Marco Curti	Luigi Racing
1983	11.09.	ETCC	Tourist Trophy Silverstone Gruppe A Div. 2	1. (14. Gesamtwertung)	Alfa GTV6 2.5	41	Rinaldo Drovandi - Emilio Zapico	Scuderia Autolodi Corse
1983	11.09.	ETCC	Tourist Trophy Silverstone Gruppe A Div. 2	2. (17. Gesamtwertung)	Alfa GTV6 2.5	46	Maurizio Micangeli - Marco Curti	Luigi Racing
1983	11.09.	ETCC	Tourist Trophy Silverstone Gruppe A Div. 2	3. (18. Gesamtwertung)	Alfa GTV6 2.5	42	Giancarlo Naddeo - Lella Lombardi	Jolly Club
1983	11.09.	ETCC	Tourist Trophy Silverstone Gruppe A Div. 2	5. (22. Gesamtwertung)	Alfa GTV6 2.5	48	Mario Ketterer - Toni Fischhaber	Alfa Romeo Deutschland
1983	11.09.	ETCC	Tourist Trophy Silverstone Gruppe A Div. 2	6. (23. Gesamtwertung)	Alfa GTV6 2.5	44	G. Brancatelli - A. Palma - D. Suster	Jolly Club
1983	25.09.	ETCC	Zolder Gruppe A Div. 2	1. (9. Gesamtwertung)	Alfa GTV6 2.5	31	Rinaldo Drovandi - Emilio Zapico	Scuderia Autolodi Corse
1983	25.09.	ETCC	Zolder Gruppe A Div. 2	2. (10. Gesamtwertung)	Alfa GTV6 2.5	32	Lella Lombardi - Giancarlo Naddeo	Jolly Club
1983	25.09.	ETCC	Zolder Gruppe A Div. 2	3. (11. Gesamtwertung)	Alfa GTV6 2.5	36	Maurizio Micangeli - Marco Curti	Luigi Racing
1983	25.09.	ETCC	Zolder Gruppe A Div. 2	5. (26. Gesamtwertung)	Alfa GTV6 2.5	35	Giorgio Francia - Marco Micangeli	Luigi Racing
1983	01.01.-31.12.	ETCC	Tourenwagen Europameisterschaft Gr. A Div. 2	1. Jahreswertung	Alfa GTV6 2.5	div.	Rinaldo Drovandi	Scuderia Autolodi Corse
1983	01.01.-31.12.	ETCC	Tourenwagen Europameisterschaft Gr. A Div. 2	2. Jahreswertung	Alfa GTV6 2.5	div.	Giorgio Francia	Luigi Racing
1983	01.01.-31.12.	ETCC	Tourenwagen Europameisterschaft Gr. A Div. 2	3. Jahreswertung	Alfa GTV6 2.5	div.	Marco Micangeli	Luigi Racing
1983	01.01.-31.12.	ETCC	Tourenwagen Europameisterschaft	12. Gesamtwertung	Alfa GTV6 2.5	div.	Rinaldo Drovandi	Scuderia Autolodi Corse
1983	01.01.-31.12.	ETCC	Tourenwagen Europameisterschaft	13. Gesamtwertung	Alfa GTV6 2.5	div.	Giorgio Francia	Luigi Racing
1983	01.01.-31.12.	ETCC	Tourenwagen Europameisterschaft	14. Gesamtwertung	Alfa GTV6 2.5	div.	Marco Micangeli	Luigi Racing
1983	01.01.-31.12.	ETCC	Tourenwagen Europameisterschaft Gr. A Div. 2	1. Marken-Jahreswertung *	Alfa GTV6 2.5	div.	* Vor VW, BMW, Jaguar, Audi, Opel und Toyota	div.

Oben links: Man nehme: Dies sind die Rennsport-Zutaten für einen GTV6 des Snobeck-Teams.

Oben rechts: Überraschung unter der Haube: Anstelle der Bosch-Einspritzung sorgen bei den Snobeck-GTV sechs Vergaser aus dem Alfa 6 für die richtige Gemischzusammensetzung.

Unten: Nur ein Punkt trennt den Zweiten Dany Snobeck (links) und den Gesamtsieger Alain Cudini (rechtes Bild) voneinander.

FTCC: In der französischen Produktionsmeisterschaft glich das Bild dem des europäischen Championats. Limits für Reifenbreite und Gewicht verbesserten neuerdings die Chancengleichheit. Außerdem wurde nur noch ein Gesamtsieger ermittelt. Das erwies sich als sehr zuschauerfreundlich, zumal das neue Reglement auch eine Bestrafung der Sieger mit Zusatzgewichten vorsah. Das Reglement wurde 1984 auch in Deutschland übernommen. Durch die faireren Bedingungen konnte sich in Frankreich auch ein Renault 5 Alpine mit den weitaus stärkeren GTV6 und BMW anlegen. Das neue Konzept der „klassenlosen Gesellschaft“ löste einen bis in die 90er lebendigen Tourenwagen-Boom aus. Der Grundstein zur späteren DTM, der deutschen Tourenwagen-Meisterschaft, war gelegt.

Die beiden Alfas vom Team Snobeck Racing Service dominierten die ganze Saison. Fürs Championat wurden die GTV6 aufgerüstet und die Triebwerke bei gleichem Hubraum auf 242 PS getunt. Teambesitzer Dany Snobeck und sein Angestellter Alain Cudini wechselten sich auf dem Siegertreppchen ab. Von den fünfzehn Rennen gewannen Snobeck drei und Cudini fünf, was dem Fahrer die Meisterschaft vor seinem Chef sicherte. Snobeck stand zwar zweimal mehr auf dem Podest (10 Mal), aber das reichte knapp nicht aus, um Cudini zu schlagen, der mit 269 Punkten genau einen Zähler mehr kassiert hatte. Dritter wurde mit großem Abstand und 213 Punkten Jean-Pierre Malcher auf BMW 635 CSi.

Die Alfas waren der hubraumstärkeren Konkurrenz nun überlegen. BMW 528i und 635 CSi, Rover Vitesse und auch Jaguar hatten das Nachsehen. Für weitere zwölf Top-Ten-Platzierungen auf GTV6 sorgten Pierre De Thoisy vom Team SJA, Pierre Destic, ebenfalls vom Snobeck-Team, und Bernard Salam, Team Freddy Dalles.

Alain Cudini gewinnt 1983 die französische Produktionswagen-Meisterschaft mit großem Abstand vor der Konkurrenz – und nur ganz knapp vor seinem Teamchef Dany Snobeck.

Erfolge im Tourenwagensport FTCC 1983 – Top 10 Platzierungen

Jahr	Datum	Serie	Rennen	Rang	Fahrzeug	Startnr.	Fahrer	Team
1983	27.03.	FTCC	Montlhéry	4. (4. Gesamtwertung)	Alfa GTV6 2.5	5	Alain Cudini	Snobeck Racing Service
1983	27.03.	FTCC	Montlhéry	8. (8. Gesamtwertung)	Alfa GTV6 2.5	14	Pierre De Thoisy	SJA
1983	04.04.	FTCC	Nogaro	1. (1. Gesamtwertung)	Alfa GTV6 2.5	5	Alain Cudini	Snobeck Racing Service
1983	04.04.	FTCC	Nogaro	2. (2. Gesamtwertung)	Alfa GTV6 2.5	3	Dany Snobeck	Snobeck Racing Service
1983	04.04.	FTCC	Nogaro	10. (10. Gesamtwertung)	Alfa GTV6 2.5	20	Pierre Destic	Snobeck Racing Service
1983	16.04.	FTCC	Le Castellet	3. (3. Gesamtwertung)	Alfa GTV6 2.5	3	Dany Snobeck	Snobeck Racing Service
1983	01.05.	FTCC	Magny-Cours	1. (1. Gesamtwertung)	Alfa GTV6 2.5	3	Dany Snobeck	Snobeck Racing Service
1983	01.05.	FTCC	Magny-Cours	5. (5. Gesamtwertung)	Alfa GTV6 2.5	5	Alain Cudini	Snobeck Racing Service
1983	08.05.	FTCC	Dijon	1. (1. Gesamtwertung)	Alfa GTV6 2.5	5	Alain Cudini	Snobeck Racing Service
1983	08.05.	FTCC	Dijon	5. (5. Gesamtwertung)	Alfa GTV6 2.5	3	Dany Snobeck	Snobeck Racing Service
1983	08.05.	FTCC	Dijon	8. (8. Gesamtwertung)	Alfa GTV6 2.5	20	Pierre Destic	Snobeck Racing Service
1983	23.05.	FTCC	Pau	1. (1. Gesamtwertung)	Alfa GTV6 2.5	5	Alain Cudini	Snobeck Racing Service
1983	23.05.	FTCC	Pau	2. (2. Gesamtwertung)	Alfa GTV6 2.5	3	Dany Snobeck	Snobeck Racing Service
1983	23.05.	FTCC	Pau	9. (9. Gesamtwertung)	Alfa GTV6 2.5	14	Pierre De Thoisy	SJA
1983	23.05.	FTCC	Pau	10. (10. Gesamtwertung)	Alfa GTV6 2.5	25	Bernard Salam	Freddy Dalles
1983	05.06.	FTCC	La Châtre	3. (3. Gesamtwertung)	Alfa GTV6 2.5	3	Dany Snobeck	Snobeck Racing Service
1983	05.06.	FTCC	La Châtre	4. (4. Gesamtwertung)	Alfa GTV6 2.5	5	Alain Cudini	Snobeck Racing Service
1983	05.06.	FTCC	La Châtre	7. (7. Gesamtwertung)	Alfa GTV6 2.5	20	Pierre Destic	Snobeck Racing Service
1983	12.06.	FTCC	Rouen-Les-Essarts	2. (2. Gesamtwertung)	Alfa GTV6 2.5	5	Alain Cudini	Snobeck Racing Service
1983	12.06.	FTCC	Rouen-Les-Essarts	7. (7. Gesamtwertung)	Alfa GTV6 2.5	14	Pierre De Thoisy	SJA
1983	12.06.	FTCC	Rouen-Les-Essarts	10. (10. Gesamtwertung)	Alfa GTV6 2.5	3	Dany Snobeck	Snobeck Racing Service
1983	26.06.	FTCC	Clermont-Ferrand	1. (1. Gesamtwertung)	Alfa GTV6 2.5	3	Dany Snobeck	Snobeck Racing Service
1983	26.06.	FTCC	Clermont-Ferrand	2. (2. Gesamtwertung)	Alfa GTV6 2.5	5	Alain Cudini	Snobeck Racing Service
1983	26.06.	FTCC	Clermont-Ferrand	9. (9. Gesamtwertung)	Alfa GTV6 2.5	20	Pierre Destic	Snobeck Racing Service
1983	03.07.	FTCC	Croix en Ternois	2. (2. Gesamtwertung)	Alfa GTV6 2.5	3	Dany Snobeck	Snobeck Racing Service
1983	03.07.	FTCC	Croix en Ternois	5. (5. Gesamtwertung)	Alfa GTV6 2.5	5	Alain Cudini	Snobeck Racing Service
1983	06.08.	FTCC	Hockenheim	3. (3. Gesamtwertung)	Alfa GTV6 2.5	3	Dany Snobeck	Snobeck Racing Service
1983	04.09.	FTCC	Nogaro	1. (1. Gesamtwertung)	Alfa GTV6 2.5	5	Alain Cudini	Snobeck Racing Service
1983	04.09.	FTCC	Nogaro	7. (7. Gesamtwertung)	Alfa GTV6 2.5	20	Pierre Destic	Snobeck Racing Service
1983	18,09	FTCC	Albi	1. (1. Gesamtwertung)	Alfa GTV6 2.5	5	Alain Cudini	Snobeck Racing Service
1983	18,09	FTCC	Albi	7. (7. Gesamtwertung)	Alfa GTV6 2.5	20	Pierre Destic	Snobeck Racing Service
1983	18,09	FTCC	Albi	9. (9. Gesamtwertung)	Alfa GTV6 2.5	25	Bernard Salam	Freddy Dalles
1983	25.09.	FTCC	Circuit de Lédenon	3. (3. Gesamtwertung)	Alfa GTV6 2.5	3	Dany Snobeck	Snobeck Racing Service
1983	25.09.	FTCC	Circuit de Lédenon	4. (4. Gesamtwertung)	Alfa GTV6 2.5	5	Alain Cudini	Snobeck Racing Service
1983	25.09.	FTCC	Circuit de Lédenon	10. (10. Gesamtwertung)	Alfa GTV6 2.5	20	Pierre Destic	Snobeck Racing Service
1983	09.10.	FTCC	Montlhéry	1. (1. Gesamtwertung)	Alfa GTV6 2.5	3	Dany Snobeck	Snobeck Racing Service
1983	09.10.	FTCC	Montlhéry	2. (2. Gesamtwertung)	Alfa GTV6 2.5	5	Alain Cudini	Snobeck Racing Service
1983	01.01.-31.12.	FTCC	Französische Produktionswagenmeisterschaft	1. Gesamtwertung	Alfa GTV6 2.5	5	Alain Cudini	Snobeck Racing Service
1983	01.01.-31.12.	FTCC	Französische Produktionswagenmeisterschaft	2. Gesamtwertung	Alfa GTV6 2.5	3	Dany Snobeck	Snobeck Racing Service

In England nahm Alfa auch in der BSCC (British Saloon Car Championship) langsam Fahrt auf. 1983 gingen gleich drei Piloten auf GTV6 an den Start. Neben Pete Hall und Andy Rouse vom Team Industrial Control Services Ltd., war das wieder Jon Dooley, der erneut für Napolina antrat. Alle drei starteten in der Gruppe B und erreichten gemeinsam fünfzehn Podestplätze, darunter neun Siege in elf Rennen. Zur stärkeren Gruppe A gehörten auch in der BSCC die Rover Vitesse V8 3.5 und einige Opel Monza mit Dreiliter-Sechszylinder. Andy Rouse und Jon Dooley gelangen zwei Gesamtsiege und zwei zweite Plätze über alle Klassen, meistens hatten die Alfas aber gegenüber den Gruppe-A-Piloten das Nachsehen. Trotzdem hatte Andy Rouse am Ende der Saison die Nase nicht nur in der Gruppe B vorn, er gewann auch die Gesamtwertung mit 16 Punkten Vorsprung. Die Tatsache war aber auch dem Umstand zu verdanken, dass mehrere Rover wegen technischen Unregelmäßigkeiten disqualifiziert wurden. Jon Dooley wurde Dritter in der Gruppe B und immerhin Sechster im Gesamtklassement. Die Aussichten für 1984 waren also vielversprechend.

Oben: Andy Rouse vom Team Industrial Control Services Ltd. ist 1983 in der englischen BSCC sehr erfolgreich unterwegs. Er gewinnt am Ende der Saison die Meisterschaft in der Gruppe B.

Unten: Das Siegerauto des 9-Stunden-Rennens in Kyalami: Maurizio Bianco und Dick Pickering sind mit dem V.S.A.-Racing-Coupé schnell.

Erfolge im Tourenwagensport 1983 (ohne ETCC und FTCC) **– Top 10 Platzierungen**

Jahr	Datum	Serie	Rennen	Rang	Fahrzeug	Startnr.	Fahrer	Team
1983	06.02.	ATCC	Calder Park Melbourne Gruppe C 3000	6. (13. Gesamtwertung)	Alfa GTV6 2.5	59	Peter Beninca	Beninca Motors
1983	20.02.	ATCC	Sandown Park Melbourne Gruppe C 3000	4. (16. Gesamtwertung)	Alfa GTV6 2.5	59	Peter Beninca	Beninca Motors
1983	01.04.	BSCC	Oulton Park Gruppe B	1. (1. Gesamtwertung)	Alfa GTV6 2.5	31	Jon Dooley	Napolina Alfa Romeo Dealer Team
1983	01.04.	BSCC	Oulton Park Gruppe B	3. (4. Gesamtwertung)	Alfa GTV6 2.5	34	Pete Hall	Industrial Control Services Ltd.
1983	04.04.	BSCC	Thruxton Gruppe B	1. (2. Gesamtwertung)	Alfa GTV6 2.5	31	Jon Dooley	Napolina Alfa Romeo Dealer Team
1983	04.04.	BSCC	Thruxton Gruppe B	3. (5. Gesamtwertung)	Alfa GTV6 2.5	34	Pete Hall	Industrial Control Services Ltd.
1983	10.04.	BSCC	Brands Hatch Gruppe B	1. (1. Gesamtwertung)	Alfa GTV6 2.5	34	Andy Rouse	Industrial Control Services Ltd.
1983	10.04.	BSCC	Brands Hatch Gruppe B	3. (4. Gesamtwertung)	Alfa GTV6 2.5	31	Jon Dooley	Napolina Alfa Romeo Dealer Team
1983	17.04.	BTC	New Race Festival Zolder Gruppe N4	1. (3. Gesamtwertung)	Alfa GTV6 2.5	51	Michel De Deyne	Michel De Deyne Racing
1983	30.05.	BSCC	Thruxton Gruppe B	1. (2. Gesamtwertung)	Alfa GTV6 2.5	34	Andy Rouse	Industrial Control Services Ltd.
1983	12.06.	BSCC	Silverstone Gruppe B	1. (3. Gesamtwertung)	Alfa GTV6 2.5	34	Andy Rouse	Industrial Control Services Ltd.
1983	26.06.	BSCC	Donington Gruppe B	1. (3. Gesamtwertung)	Alfa GTV6 2.5	34	Andy Rouse	Industrial Control Services Ltd.
1983	26.06.	BTC	Coupes Benelux Colmar Gruppe N4	2. (2. Gesamtwertung)	Alfa GTV6 2.5	51	Michel De Deyne	Michel De Deyne Racing
1983	16.07.	BSCC	Silverstone Gruppe B	1. (6. Gesamtwertung)	Alfa GTV6 2.5	31	Jon Dooley	Napolina Alfa Romeo Dealer Team
1983	14.08.	BSCC	Donington Gruppe B	2. (6. Gesamtwertung)	Alfa GTV6 2.5	34	Andy Rouse	Industrial Control Services Ltd.
1983	21.08.	BTC	17. ADAC Westfalen-Pokal Zolder Gruppe N4	1. (1. Gesamtwertung)	Alfa GTV6 2.5	50	Michel De Deyne	Michel De Deyne Racing
1983	29.08.	BSCC	Brands Hatch Gruppe B	1. (5. Gesamtwertung)	Alfa GTV6 2.5	34	Andy Rouse	Industrial Control Services Ltd.
1983	29.08.	BSCC	Brands Hatch	3. (15. Gesamtwertung)	Alfa GTV6 2.5	31	Jon Dooley	Napolina Alfa Romeo Dealer Team
1983	02.10.	BSCC	Silverstone Gruppe B	1. (4. Gesamtwertung)	Alfa GTV6 2.5	34	Andy Rouse	Industrial Control Services Ltd.
1983	02.10.	BSCC	Silverstone Gruppe B	2. (6. Gesamtwertung)	Alfa GTV6 2.5	31	Jon Dooley	Napolina Alfa Romeo Dealer Team
1983	10.12.	WECC	1000 km von Kyalami Gruppe A	1. (16. Gesamtwertung)	Alfa GTV6 3.0	83	Maurizio Bianco - Dick Pickering	V.S.A. Racing
1983	01.01.-31.12.	BSCC	British Saloon Car Championship Gruppe B	1. Jahreswertung	Alfa GTV6 2.5	34	Andy Rouse	Industrial Control Services Ltd.
1983	01.01.-31.12.	BSCC	British Saloon Car Championship Gruppe B	3. Jahreswertung	Alfa GTV6 2.5	31	Jon Dooley	Napolina Alfa Romeo Dealer Team
1983	01.01.-31.12.	BSCC	British Saloon Car Championship	1. Gesamtwertung	Alfa GTV6 2.5	34	Andy Rouse	Industrial Control Services Ltd.
1983	01.01.-31.12.	BSCC	British Saloon Car Championship	6. Gesamtwertung	Alfa GTV6 2.5	31	Jon Dooley	Napolina Alfa Romeo Dealer Team

Oben links: Abel D'Oliveira im Glenwood GTV6 3.0

Oben rechts und Mitte: Arnold Chatz vor Abel D'Oliveira in der südafrikanischen Meisterschaft – die Supersportwagen Lancia LC2 und Porsche 956 sind im 9-Stunden-Rennen von Kyalami eine Nummer zu groß für die Alfas.

Unten: Die tolle Aufnahme aus Kyalami zeigt gleich drei Alfa GTV6 3.0.

In Australien hielt Peter Beninca mit seinem eigenen Team die Alfa-Fahne hoch und belegte in der Klasse bis 3000 cm^3 einmal den sechsten und einmal den vierten Platz. Keine schlechte Leistung gegen die vielen Ford Capri mit drei Litern. Neuerdings kam der GTV6 auch in der belgischen Meisterschaft zum Einsatz. Michel De Deyne mit seinem privaten Michel De Deyne Racing Team errang in der Gruppe N4 zwei Siege und einen Platz 2.

Bei dem zur World Endurance Championship gehörenden Rennen über 1000 km in Kyalami traten zum ersten Mal GTV6 mit Dreiliter-Motor ins internationale Rampenlicht. Autodelta unterstützte das Team des Importeurs. Maurizio Bianco, Sohn des südafrikanischen Alfa-Geschäftsführers Vito Bianco, und Dick Pickering siegten in diesem prestigeträchtigen Rennen in der Gruppe A und belegten den 16. Platz in der Gesamtwertung. Vor ihnen platzierten sich fast nur Supersportwagen aus der Weltmeisterschaft. Dazu gehörten Porsche 956, 936C und 930 sowie Lancia LC2, BMW M1 und Nissan Skyline. Wie viele andere Rennwagen hielten drei GTV6 den Dauerstrapazen nicht stand. Die Dreiliter-GTV6 mit Vergaser traten ansonsten in der südafrikanischen Meisterschaft an, wo sie vor allem gegen BMW 635 CSi und Ford Sierra Cosworth Turbo kämpften und auch 1984 noch Furore machten.

Oben: Die Nr. 71 in Monza mit Roberto De Gaetano, Giorgio Schön und Duilio Truffo – wie sechs weitere GTV6 Teams kommen sie nicht ins Ziel.

Unten: Der Luigi Racing Alfa mit Georges Cremer und Dany Swyssen

1984 Die Alfa-Siegeslisten wurden in allen Meisterschaften immer länger, und so gehört diese Saison zu den erfolgreichsten in der Tourenwagengeschichte des GTV6. Mittlerweile wurde der Wagen auch in der deutschen Produktionswagen-Meisterschaft DPM eingesetzt, wo weitere Erfolge gelangen.

In der ETCC kam mit dem Biesse Racing Team eine weitere Alfa-Mannschaft aus Italien dazu. Die V6 hatten nun um die 240 PS, und die Dominanz blieb ungebrochen. Die Konkurrenz in der Division 2 der Gruppe A biss sich immer noch die Zähne aus an der Wunderwaffe aus Arese. Zwölf Siege in zwölf Rennen, erneut Meister in der Markenwertung und die Plätze eins bis drei standen am Ende des Rennjahres in der Schlussbilanz. Nach jedem Rennen der Saison standen auf dem Podest der Gruppe A Division 2 drei GTV-Fahrer. Mitunter waren gar die ersten sechs im Klassement auf GTV6 unterwegs.

Die Klassen-Gegner auf BMW, VW oder Ford waren chancenlos, nur die Division-1-Autos, zu denen nach wie vor die V12-motorisierten Jaguar XJ-S, die BMW 635 CSi und die Rover Vitesse 3.5 gehörten, waren für die GTV6 nicht zu schlagen. Mit dem Volvo 240 mit Turbopower kam zudem in der Division 3 ein starker Konkurrent dazu. Das Feld wurde noch größer als 1983 und umfasste im Qualifying manchmal mehr als 100 Fahrzeuge. Beim Start waren es dann aber oft nur noch 40 bis 50 Autos. So wuchs aber auch die Teilnehmerzahl der stärkeren Division 1. Als bestes Resultat in der Gesamtwertung gab es lediglich zwei 10. Plätze für GTV6. Fahrer waren Rinaldo Drovandi und Emilio Zapico vom Team Autolodi Corse im 500-km-Rennen von Pergusa sowie Francois-Xavier Boucher und Marco Curti von Luigi Racing bei den 500 km von Mugello.

Dank der vielen Alfas in den Punkterängen gewann Alfa Romeo die Markenwertung allerdings souverän vor Jaguar, VW, Toyota, BMW, Volvo, Audi, Ford und Rover, und bei den Fahrern machten Drovandi, Lella Lombardi und Giorgio Francia die ersten drei Ränge unter sich aus. Drovandi vom Team Luigi schaffte es dank seiner Konstanz sogar als Dritter aufs Treppchen des Gesamtklassements – eine starke Leistung.

Oben: Der lädierte Jolly-Club-Wagen bleibt in Monza stehen.

Rechts: Das Gruppenbild zeigt die Alfa-Teams in der Saison 1984.

Unten: Das Siegerauto vom Nürburgring mit Georges Cremer und Rinaldo Drovandi – am Ende gewinnt Drovandi nach 1983 erneut die Meisterschaft, nun jedoch für das Team von Luigi Cimarosti.

Oben: Der Schein trügt: Der Wagen von Dagmar Suster gehört zum Biesse Racing Team, auch wenn er die Farben des Jolly Club Team trägt.

Mitte: Lella Lombardi und Giorgio Francia teilen sich am Ende der Saison mit je 137 Punkten den zweiten Rang in der Gruppe A Division 2. Im Gesamtklassement werden sie mit zwei weiteren Piloten Achte in der Fahrerwertung.

Unten links: Das Autolodi-Team kann nach dem Meistertitel von 1983 nicht mehr an die guten Leistungen anknüpfen. 1985 geht es nicht mehr an den Start.

Unten rechts: Sonne und Regen wechseln einander beim 500-km-Rennen von Monza ab.

Erfolge im Tourenwagensport ETCC 1984 – Top 10 Platzierungen

Jahr	Datum	Serie	Rennen	Rang	Fahrzeug	Startnr.	Fahrer	Team
1984	01.04.	ETCC	500 km di Monza Gruppe A Div. 2	1. (17. Gesamtwertung)	Alfa GTV6 2.5	75	Rinaldo Drovandi - Emilio Zapico	Scuderia Autolodi Corse
1984	01.04.	ETCC	500 km di Monza Gruppe A Div. 2	2. (18. Gesamtwertung)	Alfa GTV6 2.5	74	Francois-Xavier Boucher - Marco Curti	Luigi Racing
1984	01.04.	ETCC	500 km di Monza Gruppe A Div. 2	3. (19. Gesamtwertung)	Alfa GTV6 2.5	73	Georges Cremer - Dany Swyssen	Luigi Racing
1984	01.04.	ETCC	500 km di Monza Gruppe A Div. 2	4. (20. Gesamtwertung)	Alfa GTV6 2.5	77	Daniele Toffoli - Marcello Cipriani	Unbekannt
1984	01.04.	ETCC	500 km di Monza Gruppe A Div. 2	6. (23. Gesamtwertung)	Alfa GTV6 2.5	72	Ademaro Massa - Mezzini - Luigi Colzani	Unbekannt
1984	08.04.	ETCC	500 km di Vallelunga Gruppe A Div. 2	1. (15. Gesamtwertung)	Alfa GTV6 2.5	77	Marcello Cipriani - Daniele Toffoli	Jolly Club
1984	08.04.	ETCC	500 km di Vallelunga Gruppe A Div. 2	2. (17. Gesamtwertung)	Alfa GTV6 2.5	#	Francois-Xavier Boucher - Marco Curti	Luigi Racing
1984	08.04.	ETCC	500 km di Vallelunga Gruppe A Div. 2	3. (19. Gesamtwertung)	Alfa GTV6 2.5	#	Dagmar Suster - Giuseppe Caramatti - Marcello Gallo	Jolly Club
1984	29.04.	ETCC	500 km von Donington Gruppe A Div. 2	1. (13. Gesamtwertung)	Alfa GTV6 2.5	55	Georges Cremer - Dany Swyssen	Luigi Racing
1984	29.04.	ETCC	500 km von Donington Gruppe A Div. 2	2. (14. Gesamtwertung)	Alfa GTV6 2.5	51	Giorgio Francia - Lella Lombardi	Jolly Club
1984	29.04.	ETCC	500 km von Donington Gruppe A Div. 2	3. (16. Gesamtwertung)	Alfa GTV6 2.5	52	Dagmar Suster - Abele Tanghetti	Biesse Racing Team
1984	29.04.	ETCC	500 km von Donington Gruppe A Div. 2	4. (19. Gesamtwertung)	Alfa GTV6 2.5	53	Daniele Toffoli - Marcello Cipriani - Massimo Siena	Jolly Club
1984	13.05.	ETCC	500 km di Pergusa Gruppe A Div. 2	1. (10. Gesamtwertung)	Alfa GTV6 2.5	#	Rinaldo Drovandi - Emilio Zapico	Scuderia Autolodi Corse
1984	13.05.	ETCC	500 km di Pergusa Gruppe A Div. 2	2. (11. Gesamtwertung)	Alfa GTV6 2.5	#	Giorgio Francia - Lella Lombardi	Jolly Club
1984	13.05.	ETCC	500 km di Pergusa Gruppe A Div. 2	3. (12. Gesamtwertung)	Alfa GTV6 2.5	#	Daniele Toffoli - Marcello Cipriani	Jolly Club
1984	13.05.	ETCC	500 km di Pergusa Gruppe A Div. 2	4. (15. Gesamtwertung)	Alfa GTV6 2.5	#	Massimo de Antoni - Antonio Palma	Jolly Club
1984	13.05.	ETCC	500 km di Pergusa Gruppe A Div. 2	5. (16. Gesamtwertung)	Alfa GTV6 2.5	#	Dagmar Suster - Marcello Gallo - Giuseppe Anastasi	Biesse Racing Team
1984	10.06.	ETCC	GP von Brno Gruppe A Div. 2	1. (16. Gesamtwertung)	Alfa GTV6 2.5	47	Giorgio Francia - Lella Lombardi	Jolly Club
1984	10.06.	ETCC	GP von Brno Gruppe A Div. 2	2. (17. Gesamtwertung)	Alfa GTV6 2.5	41	Francois-Xavier Boucher - Marco Curti	Luigi Racing
1984	10.06.	ETCC	GP von Brno Gruppe A Div. 2	3. (18. Gesamtwertung)	Alfa GTV6 2.5	49	Rinaldo Drovandi - Dagmar Suster - Marcello Gallo	Biesse Racing Team
1984	17.06.	ETCC	500 km Zeltweg Gruppe A Div. 2	1. (14. Gesamtwertung)	Alfa GTV6 2.5	#	Rinaldo Drovandi - Emilio Zapico	Scuderia Autolodi Corse
1984	17.06.	ETCC	500 km Zeltweg Gruppe A Div. 2	2. (15. Gesamtwertung)	Alfa GTV6 2.5	#	Giorgio Francia - Lella Lombardi	Jolly Club
1984	17.06.	ETCC	500 km Zeltweg Gruppe A Div. 2	3. (16. Gesamtwertung)	Alfa GTV6 2.5	#	Francois-Xavier Boucher - Marco Curti	Luigi Racing
1984	17.06.	ETCC	500 km Zeltweg Gruppe A Div. 2	4. (19. Gesamtwertung)	Alfa GTV6 2.5	#	Georges Cremer - Dany Swyssen	Luigi Racing
1984	17.06.	ETCC	500 km Zeltweg Gruppe A Div. 2	5. (21. Gesamtwertung)	Alfa GTV6 2.5	#	Dagmar Suster - Marcello Gallo - Romeo Camathias	Biesse Racing Team
1984	01.07.	ETCC	500 km Salzburgring Gruppe A Div. 2	1. (11. Gesamtwertung)	Alfa GTV6 2.5	#	Giorgio Francia - Lella Lombardi	Jolly Club
1984	01.07.	ETCC	500 km Salzburgring Gruppe A Div. 2	2. (12. Gesamtwertung)	Alfa GTV6 2.5	#	Francois-Xavier Boucher - Marco Curti	Luigi Racing
1984	01.07.	ETCC	500 km Salzburgring Gruppe A Div. 2	3. (13. Gesamtwertung)	Alfa GTV6 2.5	#	Daniele Toffoli - Massimo Siena - Marcello Cipriani	Jolly Club
1984	01.07.	ETCC	500 km Salzburgring Gruppe A Div. 2	4. (14. Gesamtwertung)	Alfa GTV6 2.5	#	Rinaldo Drovandi - Georges Cremer	Luigi Racing
1984	08.07.	ETCC	Nürburgring Gruppe A Div. 2	1. (13. Gesamtwertung)	Alfa GTV6 2.5	40	Georges Cremer - Rinaldo Drovandi	Luigi Racing
1984	08.07.	ETCC	Nürburgring Gruppe A Div. 2	2. (14. Gesamtwertung)	Alfa GTV6 2.5	41	Francois-Xavier Boucher - Marco Curti	Luigi Racing
1984	08.07.	ETCC	Nürburgring Gruppe A Div. 2	3. (16. Gesamtwertung)	Alfa GTV6 2.5	51	Marcello Cipriani - Daniele Toffoli - Massimo Siena	Biesse Racing Team
1984	08.07.	ETCC	Nürburgring Gruppe A Div. 2	4. (19. Gesamtwertung)	Alfa GTV6 2.5	49	Emilio Zapico - Marco Micangeli	Scuderia Autolodi Corse
1984	08.07.	ETCC	Nürburgring Gruppe A Div. 2	5. (20. Gesamtwertung)	Alfa GTV6 2.5	50	Dagmar Suster - Jari Pekkala	Biesse Racing Team
1984	28.07.	ETCC	24 h von Spa-Francorchamps Gr. A Div. 2	1. (16. Gesamtwertung)	Alfa GTV6 2.5	41	Giorgio Francia - Lella Lombardi - Abele Tanghetti	Biesse Racing Team
1984	28.07.	ETCC	24 h von Spa-Francorchamps Gr. A Div. 2	2. (17. Gesamtwertung)	Alfa GTV6 2.5	51	Bernard Salam - Patrick Perrier - Pierre De Thoisy	Luigi Racing
1984	28.07.	ETCC	24 h von Spa-Francorchamps Gr. A Div. 2	3. (21. Gesamtwertung)	Alfa GTV6 2.5	43	Dagmar Suster - Pascal Witmeur - Jean-Paul Libert	Biesse Racing Team
1984	09.09.	ETCC	Tourist Trophy Silverstone Gruppe A Div. 2	1. (10. Gesamtwertung)	Alfa GTV6 2.5	55	Giorgio Francia - Lella Lombardi	Jolly Club
1984	09.09.	ETCC	Tourist Trophy Silverstone Gruppe A Div. 2	2. (13. Gesamtwertung)	Alfa GTV6 2.5	53	Rinaldo Drovandi - Georges Cremer - Guy Pirenne	Luigi Racing
1984	09.09.	ETCC	Tourist Trophy Silverstone Gruppe A Div. 2	3. (14. Gesamtwertung)	Alfa GTV6 2.5	54	Francois-Xavier Boucher - Marco Curti	Luigi Racing
1984	09.09.	ETCC	Tourist Trophy Silverstone Gruppe A Div. 2	6. (20. Gesamtwertung)	Alfa GTV6 2.5	#	Antonio Palma - Amerigo Bigliazzi	Jolly Club
1984	09.09.	ETCC	Tourist Trophy Silverstone Gruppe A Div. 2	7. (22. Gesamtwertung)	Alfa GTV6 2.5	61	Phil Dowsett - Mike Smith	Terry Drury Racing
1984	23.09.	ETCC	Zolder Gruppe A Div. 2	1. (11. Gesamtwertung)	Alfa GTV6 2.5	33	Rinaldo Drovandi - Georges Cremer	Luigi Racing
1984	23.09.	ETCC	Zolder Gruppe A Div. 2	2. (12. Gesamtwertung)	Alfa GTV6 2.5	32	Francois-Xavier Boucher - Marco Curti	Luigi Racing
1984	23.09.	ETCC	Zolder Gruppe A Div. 2	3. (15. Gesamtwertung)	Alfa GTV6 2.5	34	Lella Lombardi - Giorgio Francia	Biesse Racing Team
1984	23.09.	ETCC	Zolder Gruppe A Div. 2	4. (16. Gesamtwertung)	Alfa GTV6 2.5	36	Massimo Siena - Daniele Toffoli	Biesse Racing Team
1984	23.09.	ETCC	Zolder Gruppe A Div. 2	5. (17. Gesamtwertung)	Alfa GTV6 2.5	31	Christian Melville - Pedro Meireles - Guy Pirenne	Luigi Racing
1984	23.09.	ETCC	Zolder Gruppe A Div. 2	6. (19. Gesamtwertung)	Alfa GTV6 2.5	35	Dagmar Suster - Romeo Camathias - Moreno Soli	Biesse Racing Team
1984	21.10.	ETCC	500 km di Mugello Gruppe A Div. 2	1. (10. Gesamtwertung)	Alfa GTV6 2.5	33	Rinaldo Drovandi - Georges Cremer	Luigi Racing
1984	21.10.	ETCC	500 km di Mugello Gruppe A Div. 2	2. (11. Gesamtwertung)	Alfa GTV6 2.5	32	Francois-Xavier Boucher - Marco Curti	Luigi Racing
1984	21.10.	ETCC	500 km di Mugello Gruppe A Div. 2	3. (14. Gesamtwertung)	Alfa GTV6 2.5	#	Marcello Cipriani - Daniele Toffoli	Biesse Racing Team
1984	21.10.	ETCC	500 km di Mugello Gruppe A Div. 2	5. (19. Gesamtwertung)	Alfa GTV6 2.5	#	Ademaro Massa - Giuseppe Arlotti - Mezzini	Jolly Club
1984	21.10.	ETCC	500 km di Mugello Gruppe A Div. 2	7. (24. Gesamtwertung)	Alfa GTV6 2.5	#	Christian Melville - Pedro Meireles	Luigi Racing
1984	01.01.-31.12.	ETCC	Tourenwagen Europameisterschaft Gr. A Div. 2	1. Jahreswertung	Alfa GTV6 2.5	div.	Rinaldo Drovandi	Luigi Racing
1984	01.01.-31.12.	ETCC	Tourenwagen Europameisterschaft Gr. A Div. 2	2. Jahreswertung	Alfa GTV6 2.5	div.	Lella Lombardi	Jolly Club
1984	01.01.-31.12.	ETCC	Tourenwagen Europameisterschaft Gr. A Div. 2	2. Jahreswertung	Alfa GTV6 2.5	div.	Giorgio Francia	Jolly Club
1984	01.01.-31.12.	ETCC	Tourenwagen Europameisterschaft	3. Gesamtwertung	Alfa GTV6 2.5	div.	Rinaldo Drovandi	Luigi Racing
1984	01.01.-31.12.	ETCC	Tourenwagen Europameisterschaft	8. Gesamtwertung	Alfa GTV6 2.5	div.	Lella Lombardi	Jolly Club
1984	01.01.-31.12.	ETCC	Tourenwagen Europameisterschaft	8. Gesamtwertung	Alfa GTV6 2.5	div.	Giorgio Francia	Jolly Club
1983	01.01.-31.12.	ETCC	Tourenwagen Europameisterschaft Gr. A Div. 2	1. Marken-Jahreswertung *	Alfa GTV6 2.5	div.	* Vor Jaguar, VW, Toyota, BMW, Volvo und Audi	div.

Auch in Frankreich bot sich praktisch dasselbe Bild wie 1983. Das SRS-Team überzeugte mit dem Trio Snobeck, Cudini und Destic mit regelmäßigen Zieleinfahrten unter den ersten zehn. Dany Snobeck gewann zwar nur drei der zwölf Rennen, aber dank seiner vielen weiteren Top-Platzierungen errang er die Krone in der Produktionswagen-Meisterschaft mit 18 Punkten Vorsprung auf Jean-Pierre Malcher, der '83 schon Gesamtzweiter, nun aber auf Peugeot 505 2.2 Turbo am Start war. Alain Cudini, der Meister von 1983, hatte weniger Wettkampfglück. Mit lediglich vier Top-Ten-Platzierungen schaffte er es nicht unter die ersten acht, genauso wenig wie die übrigen GTV6-Piloten.

Auch auf den britischen Inseln waren Teams wie Zuschauer zahlreicher geworden. Neben Jon Dooley waren jetzt Rob Kirby, Paul Smith und Phil Dowsett auf Alfa am Start. Die elf Rennen wurden auf so berühmten Kursen wie Silverstone, Brands Hatch und Donington ausgetragen und nach beinahe jedem stand ein GTV6-Fahrer auf dem Treppchen der Gruppe B. Vier Mal sogar ganz oben: Jon Dooley und Phil Dowsett reüssierten je zweimal. Gemeinsam schafften die vier Alfa-Piloten 20 Podestplätze. Für das beste Saisonergebnis im Gesamtklassement sorgte Phil Dowsett mit dem sechsten Platz in Brands Hatch am 22. Juli. Wie überall fuhr die Konkurrenz der Gruppe A auch in der BSCC mit Rover

Oben: Trotz hubraumstärkerer Konkurrenz von BMW und Rover vermag sich Dany Snobeck in der „klassenlosen Gesellschaft" durchzusetzen und den Meistertitel in Frankreich zu gewinnen.

Unten: Die drei Snobeck-Rennwagen werden vorbereitet.

Erfolge im Tourenwagensport FTCC 1984 – Top 10 Platzierungen

Jahr	Datum	Serie	Rennen	Rang	Fahrzeug	Startnr.	Fahrer	Team
1984	25.03.	FTCC	Montlhéry	2. (2. Gesamtwertung)	Alfa GTV6 2.5	2	Dany Snobeck	Snobeck Racing Service
1984	25.03.	FTCC	Montlhéry	10. (10. Gesamtwertung)	Alfa GTV6 2.5	17	Anny-Charlotte Verney	Unbekannt
1984	23.04.	FTCC	Nogaro	3. (3. Gesamtwertung)	Alfa GTV6 2.5	2	Dany Snobeck	Snobeck Racing Service
1984	23.04.	FTCC	Nogaro	6. (6. Gesamtwertung)	Alfa GTV6 2.5	12	Pierre Destic	Snobeck Racing Service
1984	23.04.	FTCC	Nogaro	10. (10. Gesamtwertung)	Alfa GTV6 2.5	17	Anny-Charlotte Verney	Unbekannt
1984	01.05.	FTCC	Magny-Cours	6. (6. Gesamtwertung)	Alfa GTV6 2.5	2	Dany Snobeck	Snobeck Racing Service
1984	01.05.	FTCC	Magny-Cours	10. (10. Gesamtwertung)	Alfa GTV6 2.5	#	Gérard Cerruti	Unbekannt
1984	13.05.	FTCC	La Chatre	1. (1. Gesamtwertung)	Alfa GTV6 2.5	2	Dany Snobeck	Snobeck Racing Service
1984	13.05.	FTCC	La Chatre	8. (8. Gesamtwertung)	Alfa GTV6 2.5	25	Bernard Salam	Freddy Dalles
1984	20.05.	FTCC	Dijon	7. (7. Gesamtwertung)	Alfa GTV6 2.5	1	Alain Cudini	Snobeck Racing Service
1984	24.06.	FTCC	Rouen-Les-Essarts	8. (8. Gesamtwertung)	Alfa GTV6 2.5	12	Pierre Destic	Snobeck Racing Service
1984	01.07.	FTCC	Clermont-Ferrand	1. (1. Gesamtwertung)	Alfa GTV6 2.5	2	Dany Snobeck	Snobeck Racing Service
1984	01.07.	FTCC	Clermont-Ferrand	4. (4. Gesamtwertung)	Alfa GTV6 2.5	1	Alain Cudini	Snobeck Racing Service
1984	01.07.	FTCC	Clermont-Ferrand	10. (10. Gesamtwertung)	Alfa GTV6 2.5	#	Gérard Cerruti	Unbekannt
1984	20.07.	FTCC	Croix en Ternois	6. (6. Gesamtwertung)	Alfa GTV6 2.5	12	Pierre Destic	Snobeck Racing Service
1984	20.07.	FTCC	Croix en Ternois	10. (10. Gesamtwertung)	Alfa GTV6 2.5	25	Bernard Salam	Freddy Dalles
1984	16.09.	FTCC	Nogaro	4. (4. Gesamtwertung)	Alfa GTV6 2.5	2	Dany Snobeck	Snobeck Racing Service
1984	23.09.	FTCC	Circuit de Lédenon	1. (1. Gesamtwertung)	Alfa GTV6 2.5	2	Dany Snobeck	Snobeck Racing Service
1984	23.09.	FTCC	Circuit de Lédenon	2. (2. Gesamtwertung)	Alfa GTV6 2.5	1	Alain Cudini	Snobeck Racing Service
1984	23.09.	FTCC	Circuit de Lédenon	6. (6. Gesamtwertung)	Alfa GTV6 2.5	25	Bernard Salam	Freddy Dalles
1984	14.10.	FTCC	Montlhéry	4. (4. Gesamtwertung)	Alfa GTV6 2.5	2	Dany Snobeck	Snobeck Racing Service
1984	14.10.	FTCC	Montlhéry	7. (7. Gesamtwertung)	Alfa GTV6 2.5	1	Alain Cudini	Snobeck Racing Service
1984	14.10.	FTCC	Montlhéry	9. (9. Gesamtwertung)	Alfa GTV6 2.5	25	Bernard Salam	Freddy Dalles
1984	01.01.-31.12.	FTCC	Franz. Produktionswagenmeisterschaft	1. Gesamtwertung	Alfa GTV6 2.5	2	Dany Snobeck	Snobeck Racing Service

Jon Dooley vom Team Napolina weiß zu überzeugen und gewinnt die Meisterschaft der Gruppe B. In der Gesamtwertung wird er sehr guter Dritter.

Vitesse und BMW 635 CSi oder Ford Capri 3.0. Die direkten Gegner der Gruppe B waren mit Nissan Bluebird Turbo, Vauxhall Astra GTE und mit MG Metro Turbos unterwegs. Am Ende gewann Jon Dooley die Meisterschaft vor Phil Dowsett, Rob Kirby wurde Vierter. In der Gesamtwertung reichte es Dooley und Dowsett immerhin zum dritten und vierten Platz. Somit darf diese Saison auch als Erfolg für die Privatteams und für Alfa Romeo gewertet werden.

Erfolge im Tourenwagensport BSCC 1984 – Top 10 Platzierungen

Jahr	Datum	Serie	Rennen	Rang	Fahrzeug	Startnr.	Fahrer	Team
1984	25.03.	BSCC	Donington Gruppe B	2. (11. Gesamtwertung)	Alfa GTV6 2.5	32	Rob Kirby	The Canned Salmon Bureau
1984	25.03.	BSCC	Donington Gruppe B	3. (12. Gesamtwertung)	Alfa GTV6 2.5	30	Jon Dooley	Napolina Alfa Romeo Dealer Team
1984	25.03.	BSCC	Donington Gruppe B	5. (17. Gesamtwertung)	Alfa GTV6 2.5	41	Paul Smith	Terry Drury Racing
1984	01.04.	BSCC	Silverstone Gruppe B	3. (9. Gesamtwertung)	Alfa GTV6 2.5	32	Rob Kirby	The Canned Salmon Bureau
1984	01.04.	BSCC	Silverstone Gruppe B	4. (12. Gesamtwertung)	Alfa GTV6 2.5	41	Paul Smith	Terry Drury Racing
1984	20.04.	BSCC	Oulton Park Gruppe B	4. (14. Gesamtwertung)	Alfa GTV6 2.5	40	Phil Dowsett	Terry Drury Racing
1984	20.04.	BSCC	Oulton Park Gruppe B	5. (16. Gesamtwertung)	Alfa GTV6 2.5	32	Rob Kirby	The Canned Salmon Bureau
1984	20.04.	BSCC	Oulton Park Gruppe B	6. (17. Gesamtwertung)	Alfa GTV6 2.5	41	Paul Smith	Terry Drury Racing
1984	23.04.	BSCC	Thruxton Gruppe B	3. (10. Gesamtwertung)	Alfa GTV6 2.5	40	Phil Dowsett	Terry Drury Racing
1984	23.04.	BSCC	Thruxton Gruppe B	4. (11. Gesamtwertung)	Alfa GTV6 2.5	32	Rob Kirby	The Canned Salmon Bureau
1984	23.04.	BSCC	Thruxton Gruppe B	6. (14. Gesamtwertung)	Alfa GTV6 2.5	41	Paul Smith	Terry Drury Racing
1984	23.04.	BSCC	Thruxton Gruppe B	8. (19. Gesamtwertung)	Alfa GTV6 2.5	30	Jon Dooley	Napolina Alfa Romeo Dealer Team
1984	28.05.	BSCC	Thruxton Gruppe B	1. (8. Gesamtwertung)	Alfa GTV6 2.5	30	Jon Dooley	Napolina Alfa Romeo Dealer Team
1984	28.05.	BSCC	Thruxton Gruppe B	2. (9. Gesamtwertung)	Alfa GTV6 2.5	40	Phil Dowsett	Terry Drury Racing
1984	28.05.	BSCC	Thruxton Gruppe B	5. (14. Gesamtwertung)	Alfa GTV6 2.5	41	Paul Smith	Terry Drury Racing
1984	10.06.	BSCC	Silverstone Gruppe B	2. (12. Gesamtwertung)	Alfa GTV6 2.5	30	Jon Dooley	Napolina Alfa Romeo Dealer Team
1984	10.06.	BSCC	Silverstone Gruppe B	3. (13. Gesamtwertung)	Alfa GTV6 2.5	41	Paul Smith	Terry Drury Racing
1984	10.06.	BSCC	Silverstone Gruppe B	5. (15. Gesamtwertung)	Alfa GTV6 2.5	32	Rob Kirby	The Canned Salmon Bureau
1984	01.07.	BSCC	Snetterton Gruppe B	1. (7. Gesamtwertung)	Alfa GTV6 2.5	30	Jon Dooley	Napolina Alfa Romeo Dealer Team
1984	01.07.	BSCC	Snetterton Gruppe B	2. (8. Gesamtwertung)	Alfa GTV6 2.5	40	Phil Dowsett	Terry Drury Racing
1984	01.07.	BSCC	Snetterton Gruppe B	3. (9. Gesamtwertung)	Alfa GTV6 2.5	41	Paul Smith	Terry Drury Racing
1984	01.07.	BSCC	Snetterton Gruppe B	4. (10. Gesamtwertung)	Alfa GTV6 2.5	32	Rob Kirby	The Canned Salmon Bureau
1984	22.07.	BSCC	Brands Hatch Gruppe B	1. (6. Gesamtwertung)	Alfa GTV6 2.5	40	Phil Dowsett	Terry Drury Racing
1984	22.07.	BSCC	Brands Hatch Gruppe B	2. (8. Gesamtwertung)	Alfa GTV6 2.5	30	Jon Dooley	Napolina Alfa Romeo Dealer Team
1984	27.08.	BSCC	Brands Hatch Gruppe B	2. (8. Gesamtwertung)	Alfa GTV6 2.5	30	Jon Dooley	Napolina Alfa Romeo Dealer Team
1984	27.08.	BSCC	Brands Hatch Gruppe B	3. (9. Gesamtwertung)	Alfa GTV6 2.5	40	Phil Dowsett	Terry Drury Racing
1984	27.08.	BSCC	Brands Hatch Gruppe B	4. (10. Gesamtwertung)	Alfa GTV6 2.5	41	Paul Smith	Terry Drury Racing
1984	27.08.	BSCC	Brands Hatch Gruppe B	5. (12. Gesamtwertung)	Alfa GTV6 2.5	32	Rob Kirby	The Canned Salmon Bureau
1984	16.09.	BSCC	Donington Gruppe B	2. (9. Gesamtwertung)	Alfa GTV6 2.5	30	Jon Dooley	Napolina Alfa Romeo Dealer Team
1984	16.09.	BSCC	Donington Gruppe B	3. (10. Gesamtwertung)	Alfa GTV6 2.5	40	Phil Dowsett	Terry Drury Racing
1984	16.09.	BSCC	Donington Gruppe B	4. (11. Gesamtwertung)	Alfa GTV6 2.5	32	Rob Kirby	The Canned Salmon Bureau
1984	16.09.	BSCC	Donington Gruppe B	5. (12. Gesamtwertung)	Alfa GTV6 2.5	41	Paul Smith	Terry Drury Racing
1984	07.10.	BSCC	Silverstone Gruppe B	1. (8. Gesamtwertung)	Alfa GTV6 2.5	40	Phil Dowsett	Terry Drury Racing
1984	07.10.	BSCC	Silverstone Gruppe B	2. (9. Gesamtwertung)	Alfa GTV6 2.5	32	Rob Kirby	The Canned Salmon Bureau
1984	07.10.	BSCC	Silverstone Gruppe B	3. (10. Gesamtwertung)	Alfa GTV6 2.5	41	Paul Smith	Terry Drury Racing
1984	07.10.	BSCC	Silverstone Gruppe B	4. (11. Gesamtwertung)	Alfa GTV6 2.5	30	Jon Dooley	Napolina Alfa Romeo Dealer Team
1984	01.01.-31.12.	BSCC	British Saloon Car Championship Gruppe B	1. Jahreswertung	Alfa GTV6 2.5	30	Jon Dooley	Napolina Alfa Romeo Dealer Team
1984	01.01.-31.12.	BSCC	British Saloon Car Championship Gruppe B	2. Jahreswertung	Alfa GTV6 2.5	40	Phil Dowsett	Terry Drury Racing
1984	01.01.-31.12.	BSCC	British Saloon Car Championship Gruppe B	4. Jahreswertung	Alfa GTV6 2.5	32	Rob Kirby	The Canned Salmon Bureau
1984	01.01.-31.12.	BSCC	British Saloon Car Championship	3. Gesamtwertung	Alfa GTV6 2.5	30	Jon Dooley	Napolina Alfa Romeo Dealer Team
1984	01.01.-31.12.	BSCC	British Saloon Car Championship	4. Gesamtwertung	Alfa GTV6 2.5	40	Phil Dowsett	Terry Drury Racing
1984	01.01.-31.12.	BSCC	British Saloon Car Championship	9. Gesamtwertung	Alfa GTV6 2.5	32	Rob Kirby	The Canned Salmon Bureau

Oben: Die beiden Rennwagen vom Terry Drury Racing Team in der englischen BSCC werden von Phil Dowsett (40) und Paul Smith (41) gefahren.

Unten: Peter Oberndorfer fährt 1984 für das Team Marko RSM den einzigen Alfa Romeo in der deutschen Produktionswagen-Meisterschaft. Er wird guter Siebter in der Gesamtwertung und gewinnt die inoffizielle Klasse bis 2500 cm³ Hubraum.

Nach dem Ende der Deutschen Rennsport-Meisterschaft 1981 wurde in Deutschland eine neue Top-Serie für Tourenwagen gefordert. Nach der eindrucksvollen Demonstration der französischen Produktions-Meisterschaft im August 1983 auf dem Hockenheimring entschied man sich, denselben Weg zu gehen. Folglich wurden auch hier die Gruppe-A-Autos in Gewicht und Reifenbreite limitiert und bei Siegen mit Zusatzgewichten bestraft. Ein zu dominantes Auto konnte mit einem Mehrgewicht von bis zu 120 kg bestraft und die Reifenbreite weiter eingeschränkt werden. Ein nicht wettbewerbsfähiges Auto konnte im Gegenzug sein reglementarisch festgelegtes Mindestgewicht weiter reduzieren und breitere Reifen verwenden. Gleichzeitig durften sämtliche Autos nicht mehr als 100 dB Lärm erzeugen, was der Popularität der Serie jedoch ein wenig an ihrer Beliebtheit nahm.

Für das Team Marko RSM nahm Peter Oberndorfer mit einem GTV6 an der neuen Meisterschaft teil. Ganz so erfolgreich wie in der EM verlief die DPM-Karriere des GTV6 allerdings nicht. In der klassenlosen Rennserie nahmen hubraumstarke Fahrzeuge wie Ford Mustang 5.0 V8, Chevrolet Camaro 5.8 V8, BMW 635 CSi, Opel Monza 3.0 oder Ford Capri 3.0 V6 teil. Trotzdem erreichte Oberndorfer beim Saisonauftakt in Zolder einen beachtlichen zehnten Platz, in der Klasse bis 2500 cm³ war das immerhin der vierte Rang. Es folgte ein dritter Platz in Hockenheim, der in der Klasse den Sieg bedeutet hätte. Nach dem dritten Lauf auf der Berliner Avus fand sich das Alfa-Privatteam bereits auf dem zweiten Rang der Meisterschaftstabelle wieder.

In der Gesamtwertung reihten sich mehrere Top-Ten-Platzierungen in Serie ein. Das Highlight war jedoch der Sieg bei dem im Rahmen des GP von Deutschland ausgetragenen DPM-Lauf im August in Hockenheim. Die beiden Gaststarter Giorgio Francia und Lella Lombardi aus der ETCC wurden nur Fünfter und Sechster. Das RSM-Privatteam war nun der stark aufrüstenden Werkskonkurrenz immer häufiger unterlegen. Dennoch stand am Ende der Saison der 7. Platz der Meisterschaft über alle Klassen. In der inoffiziellen Gruppe 2500 hatte Oberndorfer die Meisterschaft klar für sich entscheiden können.

Oben: Das Werbefoto von Alfa Romeo Deutschland zeigt den Wagen von Peter Oberndorfer.

Rechts: Bilder aus dem Renngeschehen in der DPM – wie in vielen anderen Rennserien sind BMW 635 CSi und Rover 3500 wieder die stärksten Konkurrenten.

Erfolge im Tourenwagensport 1984 (ohne ETCC, FTCC und BSCC) **– Top 10 Platzierungen**

Jahr	Datum	Serie	Rennen	Rang	Fahrzeug	Startnr.	Fahrer	Team
1984	11.03.	BTC	Bergischer Löwe Zolder Gruppe 4	1. (4. Gesamtwertung)	Alfa GTV6 2.5	14	Michel Maillien	Ecurie Baudouin Visétoise
1984	11.03.	DPM	Bergischer Löwe Zolder Gruppe 2500	4. (10. Gesamtwertung)	Alfa GTV6 2.5	15	Peter Oberndorfer	Marko RSM
1984	11.03.	DPM	Bergischer Löwe Zolder Gruppe 2500	5. (11. Gesamtwertung)	Alfa GTV6 2.5	5	Frank Jelinski	Fischhaber-Racing
1984	08.04.	DPM	Hockenheim Gruppe 2500	1. (3. Gesamtwertung)	Alfa GTV6 2.5	15	Peter Oberndorfer	Marko RSM
1984	15.04.	BTC	New Race Festival Zolder Gruppe 4	1. (5. Gesamtwertung)	Alfa GTV6 2.5	#	Michel Maillien	Ecurie Baudouin Visétoise
1984	29.04.	BTC	Formula 1 Grand Prix Support Race Zolder Gr. 4	1. (5. Gesamtwertung)	Alfa GTV6 2.5	4	Michel Maillien	Ecurie Baudouin Visétoise
1984	13.05.	DPM	Avus Gruppe 2500	1. (6. Gesamtwertung)	Alfa GTV6 2.5	15	Peter Oberndorfer	Marko RSM
1984	11.06.	DPM	Flugplatzrennen Wunstorf Gruppe 2500	1. (9. Gesamtwertung)	Alfa GTV6 2.5	15	Peter Oberndorfer	Marko RSM
1984	17.06.	DPM	300 km Nürburgring Gruppe 2500	1. (6. Gesamtwertung)	Alfa GTV6 2.5	15	Peter Oberndorfer	Marko RSM
1984	01.07.	BTC	Coupes Benelux Zolder Gruppe 4	1. (5. Gesamtwertung)	Alfa GTV6 2.5	#	Michel Maillien	Ecurie Baudouin Visétoise
1984	01.07.	BTC	Coupes Benelux Zolder Gruppe 4	2. (7. Gesamtwertung)	Alfa GTV6 2.5	#	Roland De Jamblinne	Ecurie Toison d'Or
1984	07.07.	BTC	24 h von Zolder Support Race Gruppe 4	1. (4. Gesamtwertung)	Alfa GTV6 2.5	#	Michel Maillien	Ecurie Baudouin Visétoise
1984	08.07.	DPM	Grosser Preis vom Nürburgring Gruppe 2500	5. (15. Gesamtwertung)	Alfa GTV6 2.5	15	Peter Oberndorfer	Marko RSM
1984	22.07.	DPM	Flugplatzrennen Diepholz Gruppe 2500	1. (3. Gesamtwertung)	Alfa GTV6 2.5	15	Peter Oberndorfer	Marko RSM
1984	27.07.	BTC	24 h von Spa-Francorchamps Support Race Gr. 4	1. (3. Gesamtwertung)	Alfa GTV6 2.5	#	Michel Maillien	Ecurie Baudouin Visétoise
1984	27.07.	BTC	24 h von Spa-Francorchamps Support Race Gr. 4	2. (5. Gesamtwertung)	Alfa GTV6 2.5	#	Roland De Jamblinne	Ecurie Toison d'Or
1984	27.07.	BTC	24 h von Spa-Francorchamps Support Race Gr. 4	3. (11. Gesamtwertung)	Alfa GTV6 2.5	#	J. Deckers	Unbekannt
1984	04.08.	DPM	Hockenheim Gruppe 2500	1. (1. Gesamtwertung)	Alfa GTV6 2.5	15	Peter Oberndorfer	Marko RSM
1984	04.08.	DPM	Hockenheim Gruppe 2500	4. (5. Gesamtwertung)	Alfa GTV6 2.5	#	Giorgio Francia	Jolly Club
1984	04.08.	DPM	Hockenheim Gruppe 2500	5. (6. Gesamtwertung)	Alfa GTV6 2.5	#	Lella Lombardi	Jolly Club
1984	01.09.	BTC	1000 km von Spa-Francorchamps Support Race Gr. 4	1. (4. Gesamtwertung)	Alfa GTV6 2.5	#	Michel Maillien	Ecurie Baudouin Visétoise
1984	01.09.	BTC	1000 km von Spa-Francorchamps Support Race Gr. 4	2. (5. Gesamtwertung)	Alfa GTV6 2.5	#	Roland De Jamblinne	Ecurie Toison d'Or
1984	23.09.	BTC	ETCC Zolder Support Race Gruppe 4	1. (4. Gesamtwertung)	Alfa GTV6 2.5	11	Roland De Jamblinne	Ecurie Toison d'Or
1984	23.09.	DPM	Super Sprint Nürburgring Gruppe 2500	4. (10. Gesamtwertung)	Alfa GTV6 2.5	15	Peter Oberndorfer	Marko RSM
1984	03.11.	WECC	1000 km von Kyalami Gruppe MB	2. (5. Gesamtwertung)	Alfa GTV6 3.0	41	Arnold Chatz - Nicola Bianco	Alfa Romeo South Africa
1984	03.11.	WECC	1000 km von Kyalami Gruppe TT	1. (6. Gesamtwertung)	Alfa GTV6 3.0	21	Mike Formato - Paul Moni	Alfa Romeo South Africa
1984	03.11.	WECC	1000 km von Kyalami Gruppe MB	3. (8. Gesamtwertung)	Alfa GTV6 3.0	37	Giovanni Piazza Musso - William van Zyl	Glenwood Motors
1984	01.01.-31.12.	DPM	Deutsche Produktionswagen Meisterschaft Gr. 2500	1. Jahreswertung	Alfa GTV6 2.5	15	Peter Oberndorfer	Marko RSM
1984	01.01.-31.12.	DPM	Deutsche Produktionswagen Meisterschaft	7. Gesamtwertung	Alfa GTV6 2.5	15	Peter Oberndorfer	Marko RSM
1984	01.01.-31.12.	BTC	Belgische Tourenwagen Meisterschaft Gruppe 4	1. Jahreswertung	Alfa GTV6 2.5	#	Michel Maillien	Ecurie Baudouin Visétoise
1984	01.01.-31.12.	BTC	Belgische Tourenwagen Meisterschaft Gruppe 4	2. Jahreswertung	Alfa GTV6 2.5	#	Roland De Jamblinne	Ecurie Toison d'Or
1984	01.01.-31.12.	BTC	Belgische Tourenwagen Meisterschaft Gruppe 4	3. Jahreswertung	Alfa GTV6 2.5	#	J. Deckers	Unbekannt
1984	01.01.-31.12.	BTC	Belgische Tourenwagen Meisterschaft	2. Gesamtwertung	Alfa GTV6 2.5	#	Michel Maillien	Ecurie Baudouin Visétoise

Oben links: Mike Formato und Paul Moni treten 1984 bei den 1000 km von Kyalami auf GTV6 3.0 von Alfa Romeo Southafrica an und siegen in der Gruppe TT.

Oben rechts: Arnold Chatz und Nicola Bianco sind ebenfalls für Alfa Romeo Southafrica am Start, jedoch in der Gruppe MB, werden Zweite und in der Gesamtwertung beeindruckende Fünfte.

Unten: Schön ist anders, aber mit dem verbreiterten Dreiliter GTV sind Chatz und Bianco erfolgreicher als Abel D'Oliveira und Rofino Pontea dahinter im normalen Coupé von Glenwood Motors, die in der Gesamtwertung auf den 19. Platz fahren.

Auch in Belgien war der GTV6 nach wie vor beliebt. Michel Maillien machte gegen starke Konkurrenz eine gute Figur, gewann sechs Rennen und den Titel in der Gruppe 4 und wurde schlussendlich zweiter in der Gesamtwertung hinter Michel De Deyne auf BMW 635 CSi.

Das 1000-km-Rennen von Kyalami stand auch 1984 im Rennkalender der WEC mit den Hightech-Supersportwagen. Die einheimischen Alfa-Rennställe traten wieder an, und die Dreiliter-GTV6 machten eine noch bessere Figur als im Vorjahr. Arnold Chatz und Nicola Bianco vom Werksteam South Africa belegten den fantastischen fünften Platz in der Gesamtwertung, nur geschlagen von zwei Werks-Lancia LC2, einem Nissan Skyline und einem Mazda RX-7, aber vor diversen Porsche 956 und 930. In der Gruppe MB wurden sie als Zweite gewertet, das Alfa-Duo Giovanni Piazza-Musso und William van Zyl vom Team Glenwood Motors als Dritte (8. Gesamtrang). Die Gruppe TT wurde hingegen wieder von einem GTV6 3.0 gewonnen. Mike Formato und Paul Moni, ebenfalls vom Werksteam Südafrika, schafften gleichzeitig den sechsten Platz im Gesamtklassement.

Oben links: Bei Luigi Racing wird hektisch geschraubt.

Oben Mitte: Kein seltener Anblick: Alfa vor BMW und Opel. Am Ende gewinnt Alfa Romeo auch wieder die Markenwertung.

Oben rechts: Ein leicht verbeulter GTV6 vom Team Jolly Club zieht ums Eck.

Unten: Auch teamintern schenken sich die Alfa-Piloten nichts.

1985 In der ETCC wurde mit zehn von vierzehn möglichen Siegen erneut der EM-Titel der Konstrukteure errungen, und in jedem Rennen stand mindestens ein Alfa Romeo auf dem Siegertreppchen. Rinaldo Drovandi, der nach dem Rückzug der Scuderia Autolodi Ende 1984 nun für das Jolly Club Team fuhr, gewann, meistens zusammen mit Lella Lombardi, sieben Rennen und am Schluss die Meisterschaft vor Lombardi und Georges Cremer, der mit Luigi Racing Dritter wurde. In der Gesamtwertung wurde Drovandi sehr guter Fünfter, und die Ex-Formel-1-Pilotin Lombardi platzierte sich an sechster Stelle. Die von Autodelta unterstützen GTV6-Teams waren auch in dieser Saison in der Gruppe A Division 2 kaum zu schlagen. Nicht weniger als vierundzwanzig Piloten fuhren in der ETCC 56 Top-Ten-Plätze, davon 31 unter den ersten drei ein.

Erfolge im Tourenwagensport ETCC 1985 – Top 10 Platzierungen								
Jahr	Datum	Serie	Rennen	Rang	Fahrzeug	Startnr.	Fahrer	Team
1985	31.03.	ETCC	500 km di Monza Gruppe A Div. 2	1. (6. Gesamtwertung)	Alfa GTV6 2.5	41	Lella Lombardi - Rinaldo Drovandi	Jolly Club
1985	31.03.	ETCC	500 km di Monza Gruppe A Div. 2	3. (9. Gesamtwertung)	Alfa GTV6 2.5	#	Giorgio Francia - Georges Cremer - Bernard De Dryver	Luigi Racing
1985	31.03.	ETCC	500 km di Monza Gruppe A Div. 2	4. (10. Gesamtwertung)	Alfa GTV6 2.5	45	Marcello Cipriani - Massimo Siena - Claudio Magnani	Jolly Club
1985	21.04.	ETCC	500 km di Vallelunga Gruppe A Div. 2	1. (9. Gesamtwertung)	Alfa GTV6 2.5	#	Georges Cremer - Francois-Xavier Boucher	Luigi Racing
1985	21.04.	ETCC	500 km di Vallelunga Gruppe A Div. 2	2. (10. Gesamtwertung)	Alfa GTV6 2.5	42	Pedro Meireles - Christian Melville	Luigi Racing
1985	21.04.	ETCC	500 km di Vallelunga Gruppe A Div. 2	3. (11. Gesamtwertung)	Alfa GTV6 2.5	41	Lella Lombardi - Rinaldo Drovandi	Jolly Club
1985	21.04.	ETCC	500 km di Vallelunga Gruppe A Div. 2	4. (12. Gesamtwertung)	Alfa GTV6 2.5	45	Marcello Cipriani - Massimo Siena	Jolly Club
1985	21.04.	ETCC	500 km di Vallelunga Gruppe A Div. 2	5. (15. Gesamtwertung)	Alfa GTV6 2.5	#	Giorgio Cipolli - Dagmar Suster	Jolly Club
1985	05.05.	ETCC	500 km von Donington Gruppe A Div. 2	1. (9. Gesamtwertung)	Alfa GTV6 2.5	41	Lella Lombardi - Rinaldo Drovandi	Jolly Club
1985	05.05.	ETCC	500 km von Donington Gruppe A Div. 2	2. (10. Gesamtwertung)	Alfa GTV6 2.5	47	Giorgio Francia - Pedro Meireles - Christian Melville	Luigi Racing
1985	05.05.	ETCC	500 km von Donington Gruppe A Div. 2	3. (11. Gesamtwertung)	Alfa GTV6 2.5	44	Marcello Cipriani - Romeo Camathias	Jolly Club
1985	05.05.	ETCC	500 km von Donington Gruppe A Div. 2	4. (12. Gesamtwertung)	Alfa GTV6 2.5	46	Dagmar Suster - Massimo Siena	Jolly Club
1985	05.05.	ETCC	500 km von Donington Gruppe A Div. 2	5. (15. Gesamtwertung)	Alfa GTV6 2.5	40	Phil Dowsett - Terry Drury	Terry Drury Racing
1985	12.05.	ETCC	Anderstorp Gruppe A Div. 2	1. (7. Gesamtwertung)	Alfa GTV6 2.5	#	Lella Lombardi - Rinaldo Drovandi	Jolly Club
1985	12.05.	ETCC	Anderstorp Gruppe A Div. 2	2. (8. Gesamtwertung)	Alfa GTV6 2.5	#	Marcello Cipriani - Jari Pekkala	Jolly Club
1985	12.05.	ETCC	Anderstorp Gruppe A Div. 2	3. (10. Gesamtwertung)	Alfa GTV6 2.5	#	Jari Pekkala - Romeo Camathias	Jolly Club
1985	12.05.	ETCC	Anderstorp Gruppe A Div. 2	4. (11. Gesamtwertung)	Alfa GTV6 2.5	42	Pedro Meireles - Christian Melville	Luigi Racing
1985	09.06.	ETCC	GP von Brno Gruppe A Div. 2	1. (10. Gesamtwertung)	Alfa GTV6 2.5	41	Lella Lombardi - Rinaldo Drovandi	Jolly Club
1985	09.06.	ETCC	GP von Brno Gruppe A Div. 2	2. (11. Gesamtwertung)	Alfa GTV6 2.5	50	Giorgio Francia - Bernard De Dryver	Luigi Racing
1985	09.06.	ETCC	GP von Brno Gruppe A Div. 2	3. (12. Gesamtwertung)	Alfa GTV6 2.5	52	Georges Cremer - Francois-Xavier Boucher	Luigi Racing
1985	09.06.	ETCC	GP von Brno Gruppe A Div. 2	4. (14. Gesamtwertung)	Alfa GTV6 2.5	43	Romeo Camathias - Marco Curti	Jolly Club
1985	09.06.	ETCC	GP von Brno Gruppe A Div. 2	5. (15. Gesamtwertung)	Alfa GTV6 2.5	42	Marcello Cipriani - Massimo Siena	Jolly Club
1985	09.06.	ETCC	GP von Brno Gruppe A Div. 2	7. (21. Gesamtwertung)	Alfa GTV6 2.5	44	Dagmar Suster - Giorgio Cipolli	Jolly Club
1985	16.06.	ETCC	500 km Österreichring Gruppe A Div. 2	2. (6. Gesamtwertung)	Alfa GTV6 2.5	#	Lella Lombardi - Rinaldo Drovandi	Jolly Club
1985	16.06.	ETCC	500 km Österreichring Gruppe A Div. 2	4. (8. Gesamtwertung)	Alfa GTV6 2.5	#	Romeo Camathias - Marco Curti	Jolly Club
1985	16.06.	ETCC	500 km Österreichring Gruppe A Div. 2	5. (9. Gesamtwertung)	Alfa GTV6 2.5	#	Marcello Cipriani - Anna Cambiaghi -Massimo Siena	Jolly Club
1985	16.06.	ETCC	500 km Österreichring Gruppe A Div. 2	7. (11. Gesamtwertung)	Alfa GTV6 2.5	#	Dagmar Suster - Fabio Magnani	Jolly Club
1985	30,06	ETCC	500 km Salzburgring Gruppe A Div. 2	1. (10. Gesamtwertung)	Alfa GTV6 2.5	41	Lella Lombardi - Rinaldo Drovandi	Jolly Club
1985	30,06	ETCC	500 km Salzburgring Gruppe A Div. 2	2. (12. Gesamtwertung)	Alfa GTV6 2.5	43	Georges Cremer - Bernard De Dryver	Luigi Racing
1985	30,06	ETCC	500 km Salzburgring Gruppe A Div. 2	3. (13. Gesamtwertung)	Alfa GTV6 2.5	#	Romeo Camathias - Marco Curti	Jolly Club
1985	30,06	ETCC	500 km Salzburgring Gruppe A Div. 2	4. (14. Gesamtwertung)	Alfa GTV6 2.5	#	Marcello Cipriani - Giorgio Cipolli	Jolly Club
1985	30,06	ETCC	500 km Salzburgring Gruppe A Div. 2	7. (26. Gesamtwertung)	Alfa GTV6 2.5	#	Fabio Magnani - Dagmar Suster	Jolly Club
1985	07.07.	ETCC	Nürburgring Gruppe A Div. 2	3. (12. Gesamtwertung)	Alfa GTV6 2.5	41	Lella Lombardi - Rinaldo Drovandi	Jolly Club
1985	07.07.	ETCC	Nürburgring Gruppe A Div. 2	4. (14. Gesamtwertung)	Alfa GTV6 2.5	42	Pedro Meireles - Christian Melville	Luigi Racing
1985	07.07.	ETCC	Nürburgring Gruppe A Div. 2	5. (16. Gesamtwertung)	Alfa GTV6 2.5	47	Bernard De Dryver - Francois-Xavier Boucher	Luigi Racing
1985	07.07.	ETCC	Nürburgring Gruppe A Div. 2	7. (19. Gesamtwertung)	Alfa GTV6 2.5	44	Romeo Camathias - Marco Curti	Jolly Club
1985	07.07.	ETCC	Nürburgring Gruppe A Div. 2	9. (24. Gesamtwertung)	Alfa GTV6 2.5	45	Dagmar Suster - Giorgio Cipolli	Jolly Club
1985	28.07.	ETCC	24 h von Spa-Francorchamps Gruppe A Div. 2	1. (9. Gesamtwertung)	Alfa GTV6 2.5	42	Georges Cremer - Guy Pirenne - Giorgio Francia	Luigi Racing
1985	28.07.	ETCC	24 h von Spa-Francorchamps Gruppe A Div. 2	2. (10. Gesamtwertung)	Alfa GTV6 2.5	46	Marcello Cipriani - Massimo Siena - Giorgio Cipolli	Jolly Club
1985	08.09.	ETCC	Tourist Trophy Silverstone Gruppe A Div. 2	1. (10. Gesamtwertung)	Alfa GTV6 2.5	41	Lella Lombardi - Rinaldo Drovandi	Jolly Club
1985	08.09.	ETCC	Tourist Trophy Silverstone Gruppe A Div. 2	4. (13. Gesamtwertung)	Alfa GTV6 2.5	47	Christian Melville - Pedro Meireles	Luigi Racing
1985	08.09.	ETCC	Tourist Trophy Silverstone Gruppe A Div. 2	5. (14. Gesamtwertung)	Alfa GTV6 2.5	40	Charles Brittz - Peter Lanz	Terry Drury Racing
1985	08.09.	ETCC	Tourist Trophy Silverstone Gruppe A Div. 2	6. (16. Gesamtwertung)	Alfa GTV6 2.5	45	Claudio Magnani - Dagmar Suster	Jolly Club
1985	08.09.	ETCC	Tourist Trophy Silverstone Gruppe A Div. 2	8. (19. Gesamtwertung)	Alfa GTV6 2.5	44	Marco Curti - Romeo Camathias	Jolly Club
1985	15,09	ETCC	Nogaro Gruppe A Div. 2	1. (7. Gesamtwertung)	Alfa GTV6 2.5	42	Giorgio Francia - Georges Cremer	Luigi Racing
1985	15,09	ETCC	Nogaro Gruppe A Div. 2	2. (8. Gesamtwertung)	Alfa GTV6 2.5	#	Marco Curti - Rinaldo Drovandi - Romeo Camathias	Jolly Club
1985	15,09	ETCC	Nogaro Gruppe A Div. 2	3. (9. Gesamtwertung)	Alfa GTV6 2.5	#	Pedro Meireles - Christian Melville	Luigi Racing
1985	15,09	ETCC	Nogaro Gruppe A Div. 2	4. (10. Gesamtwertung)	Alfa GTV6 2.5	#	Bernard De Dryver - Francois-Xavier Boucher	Luigi Racing
1985	29.09.	ETCC	Zolder Gruppe A Div. 2	2. (8. Gesamtwertung)	Alfa GTV6 2.5	47	Giorgio Francia - Georges Cremer	Luigi Racing
1985	29.09.	ETCC	Zolder Gruppe A Div. 2	3. (9. Gesamtwertung)	Alfa GTV6 2.5	41	Rinaldo Drovandi - Marcello Cipriani - Massimo Siena	Jolly Club
1985	29.09.	ETCC	Zolder Gruppe A Div. 2	5. (18. Gesamtwertung)	Alfa GTV6 2.5	46	Dagmar Suster - Anna Cambiaghi	Jolly Club
1985	13.10.	ETCC	500 km von Estoril Gruppe A Div. 2	1. (9. Gesamtwertung)	Alfa GTV6 2.5	#	Rinaldo Drovandi - Marcello Cipriani - Giorgio Cipolli	Jolly Club
1985	13.10.	ETCC	500 km von Estoril Gruppe A Div. 2	2. (10. Gesamtwertung)	Alfa GTV6 2.5	#	Rufino Fontes - Nogueira	Unbekannt
1985	13.10.	ETCC	500 km von Estoril Gruppe A Div. 2	3. (13. Gesamtwertung)	Alfa GTV6 2.5	#	Marco Curti - Giorgio Cipolli	Jolly Club
1985	13.10.	ETCC	500 km von Estoril Gruppe A Div. 2	5. (16. Gesamtwertung)	Alfa GTV6 2.5	#	Dagmar Suster - Massimo Siena	Jolly Club
1985	20.10.	ETCC	4 h de Jarama	2. (11. Gesamtwertung)	Alfa GTV6 2.5	#	Giorgio Francia - Georges Cremer	Luigi Racing
1985	01.01.-31.12.	ETCC	Tourenwagen Europameisterschaft Gr. A Div. 2	1. Jahreswertung	Alfa GTV6 2.5	div.	Rinaldo Drovandi	Jolly Club
1985	01.01.-31.12.	ETCC	Tourenwagen Europameisterschaft Gr. A Div. 2	2. Jahreswertung	Alfa GTV6 2.5	div.	Lella Lombardi	Jolly Club
1985	01.01.-31.12.	ETCC	Tourenwagen Europameisterschaft Gr. A Div. 2	3. Jahreswertung	Alfa GTV6 2.5	div.	Georges Cremer	Luigi Racing
1985	01.01.-31.12.	ETCC	Tourenwagen Europameisterschaft	5. Gesamtwertung	Alfa GTV6 2.5	div.	Rinaldo Drovandi	Jolly Club
1985	01.01.-31.12.	ETCC	Tourenwagen Europameisterschaft	6. Gesamtwertung	Alfa GTV6 2.5	div.	Lella Lombardi	Jolly Club
1985	01.01.-31.12.	ETCC	Tourenwagen Europameisterschaft	11. Gesamtwertung	Alfa GTV6 2.5	div.	Georges Cremer	Luigi Racing
1985	01.01.-31.12.	ETCC	Tourenwagen Europameisterschaft	1. Marken-Jahreswertung *	Alfa GTV6 2.5	div.	* Vor Toyota, VW, Volvo, Rover, BMW, Audi und VW	Alfa Romeo

Links: Rob Kirby siegt 1985 in der Gruppe B in der britischen BSCC.

Rechts: Jon Dooley geht vor Kirby und Pete Hall auf Rover Vitesse in die Kurve.

Auch in England blieben Alfa-Teams aktiv. Drei Mannschaften mit sechs Wagen und Fahrern hatten sich für die Saison in der Gruppe B eingeschrieben. Bester Mann war Rob Kirby vom Team John West, der die Meisterschaft nach zwölf Rennen vor dem Ford Escort RS Turbo mit Richard Longman und Jon Dooley vom Team Napolina gewann. GTV6-Fahrer holten vier Siege, sieben zweite und acht dritte Plätze. In der Gesamtwertung reichte es Rob Kirby für den sechsten Rang, Jon Dooley wurde Neunter. Die weiteren Alfa-Fahrer waren Terry Drury, Phil Dowsett, Mark Hales und Barry Barnes.

Erfolge im Tourenwagensport BSCC 1985 – Top 10 Platzierungen

Jahr	Datum	Serie	Rennen	Rang	Fahrzeug	Startnr.	Fahrer	Team
1985	24.03.	BSCC	Silverstone Gruppe B	2. (6. Gesamtwertung)	Alfa GTV6 2.5	32	Rob Kirby	John West Foods
1985	24.03.	BSCC	Silverstone Gruppe B	3. (7. Gesamtwertung)	Alfa GTV6 2.5	30	Jon Dooley	Napolina Alfa Romeo Dealer Team
1985	05.04.	BSCC	Oulton Park Gruppe B	2. (4. Gesamtwertung)	Alfa GTV6 2.5	40	Phil Dowsett	Terry Drury Racing
1985	05.04.	BSCC	Oulton Park Gruppe B	3. (5. Gesamtwertung)	Alfa GTV6 2.5	30	Jon Dooley	Napolina Alfa Romeo Dealer Team
1985	05.04.	BSCC	Oulton Park Gruppe B	4. (7. Gesamtwertung)	Alfa GTV6 2.5	32	Rob Kirby	John West Foods
1985	05.04.	BSCC	Oulton Park Gruppe B	5. (10. Gesamtwertung)	Alfa GTV6 2.5	41	Terry Drury	Terry Drury Racing
1985	08.04.	BSCC	Thruxton Gruppe B	1. (8. Gesamtwertung)	Alfa GTV6 2.5	32	Rob Kirby	John West Foods
1985	05.05.	BSCC	Donington 500 Support Race Gruppe B	2. (7. Gesamtwertung)	Alfa GTV6 2.5	30	Jon Dooley	Napolina Alfa Romeo Dealer Team
1985	05.05.	BSCC	Donington 500 Support Race Gruppe B	3. (8. Gesamtwertung)	Alfa GTV6 2.5	40	Phil Dowsett	Terry Drury Racing
1985	05.05.	BSCC	Donington 500 Support Race Gruppe B	4. (9. Gesamtwertung)	Alfa GTV6 2.5	32	Rob Kirby	John West Foods
1985	05.05.	BSCC	Donington 500 Support Race Gruppe B	5. (12. Gesamtwertung)	Alfa GTV6 2.5	41	Terry Drury	Terry Drury Racing
1985	27.05.	BSCC	Thruxton Gruppe B	1. (4. Gesamtwertung)	Alfa GTV6 2.5	30	Jon Dooley	Napolina Alfa Romeo Dealer Team
1985	27.05.	BSCC	Thruxton Gruppe B	2. (5. Gesamtwertung)	Alfa GTV6 2.5	32	Rob Kirby	John West Foods
1985	09.06.	BSCC	Silverstone Gruppe B	2. (8. Gesamtwertung)	Alfa GTV6 2.5	32	Rob Kirby	John West Foods
1985	09.06.	BSCC	Silverstone Gruppe B	3. (9. Gesamtwertung)	Alfa GTV6 2.5	30	Jon Dooley	Napolina Alfa Romeo Dealer Team
1985	09.06.	BSCC	Silverstone Gruppe B	4. (10. Gesamtwertung)	Alfa GTV6 2.5	40	Phil Dowsett	Terry Drury Racing
1985	09.06.	BSCC	Silverstone Gruppe B	5. (15. Gesamtwertung)	Alfa GTV6 2.5	41	Terry Drury	Terry Drury Racing
1985	14.07.	BSCC	Donington Gruppe B	3. (9. Gesamtwertung)	Alfa GTV6 2.5	30	Jon Dooley	Napolina Alfa Romeo Dealer Team
1985	14.07.	BSCC	Donington Gruppe B	4. (10. Gesamtwertung)	Alfa GTV6 2.5	41	Mark Hales	Terry Drury Racing
1985	14.07.	BSCC	Donington Gruppe B	5. (11. Gesamtwertung)	Alfa GTV6 2.5	32	Rob Kirby	John West Foods
1985	14.07.	BSCC	Donington Gruppe B	6. (12. Gesamtwertung)	Alfa GTV6 2.5	40	Phil Dowsett	Terry Drury Racing
1985	21.07.	BSCC	Silverstone Grand Prix Support Race Gr. B	2. (6. Gesamtwertung)	Alfa GTV6 2.5	30	Jon Dooley	Napolina Alfa Romeo Dealer Team
1985	21.07.	BSCC	Silverstone Grand Prix Support Race Gr. B	3. (8. Gesamtwertung)	Alfa GTV6 2.5	41	Mark Hales	Terry Drury Racing
1985	21.07.	BSCC	Silverstone Grand Prix Support Race Gr. B	4. (9. Gesamtwertung)	Alfa GTV6 2.5	40	Phil Dowsett	Terry Drury Racing
1985	21.07.	BSCC	Silverstone Grand Prix Support Race Gr. B	5. (10. Gesamtwertung)	Alfa GTV6 2.5	32	Rob Kirby	John West Foods
1985	11.08.	BSCC	Snetterton Gruppe B	3. (7. Gesamtwertung)	Alfa GTV6 2.5	40	Phil Dowsett	Terry Drury Racing
1985	11.08.	BSCC	Snetterton Gruppe B	4. (8. Gesamtwertung)	Alfa GTV6 2.5	32	Rob Kirby	John West Foods
1985	11.08.	BSCC	Snetterton Gruppe B	5. (9. Gesamtwertung)	Alfa GTV6 2.5	41	Mark Hales	Terry Drury Racing
1985	06.10.	BSCC	Brands Hatch Gruppe B	1. (8. Gesamtwertung)	Alfa GTV6 2.5	30	Jon Dooley	Napolina Alfa Romeo Dealer Team
1985	06.10.	BSCC	Brands Hatch Gruppe B	2. (9. Gesamtwertung)	Alfa GTV6 2.5	32	Rob Kirby	John West Foods
1985	06.10.	BSCC	Brands Hatch Gruppe B	3. (12. Gesamtwertung)	Alfa GTV6 2.5	41	Barry Barnes	Terry Drury Racing
1985	13.10.	BSCC	Silverstone Gruppe B	1. (8. Gesamtwertung)	Alfa GTV6 2.5	32	Rob Kirby	John West Foods
1985	01.01.-31.12.	BSCC	British Saloon Car Championship Gruppe B	1. Jahreswertung	Alfa GTV6 2.5	32	Rob Kirby	John West Foods
1985	01.01.-31.12.	BSCC	British Saloon Car Championship Gruppe B	3. Jahreswertung	Alfa GTV6 2.5	30	Jon Dooley	Napolina Alfa Romeo Dealer Team
1985	01.01.-31.12.	BSCC	British Saloon Car Championship	6. Gesamtwertung	Alfa GTV6 2.5	32	Rob Kirby	John West Foods
1985	01.01.-31.12.	BSCC	British Saloon Car Championship	9. Gesamtwertung	Alfa GTV6 2.5	30	Jon Dooley	Napolina Alfa Romeo Dealer Team

Oben: In der DPM 1985 sind die Alfa GTV6 chancenlos gegen die Turbos von Ford und Volvo.

Unten links: Drängeln, schubsen, crashen – das war harter Alltag in der DPM.

Unten rechts: Der Schaden am Wagen von Franz Klammer wird begutachtet.

In der klassenlosen französischen Meisterschaft FTCC trat das Team von Dany Snobeck neuerdings mit Mercedes 190 E an, und der einzige verbliebene GTV6-Pilot war Privatfahrer Bernard Salam, der es jedoch gegen die moderneren und stärkeren Fahrzeuge nur einmal unter die besten zehn schaffte. Er wurde in Dijon siebter im Gesamtklassement.

Auch in der DPM wurde die Konkurrenz stärker. Mit Skistar Franz Klammer bekam Peter Oberndorfer einen prominenten Kollegen im Team RSM von Helmut Marko, dem heutigen Motorsport-Chef bei Red Bull Formel 1 Racing. Das Resultat war jedoch durchwachsen. Das beste Ergebnis in der inoffiziellen Gruppe 2500 schaffte Peter Oberndorfer mit gleich drei dritten Plätzen. In der offiziellen klassenlosen Meisterschaft konnte Peter Oberndorfer immerhin zwei fünfte Plätze für sich verbuchen. Franz Klammers beste Wertung war ein siebter Gesamtrang in Zolder. Auch Werner Busch versuchte mit einer kleinen Mannschaft sein Glück auf GTV6. In Anbetracht der bescheideneren finanziellen Mittel sind ihm seine Plätze 19 in Wunstorf und 22 in Zolder hoch anzurechnen. Der fünfte DPM-Schlussrang von Peter Oberndorfer in der Gesamtwertung war hingegen mehr als beachtenswert, musste er sich doch gegen Kraftpakete wie BMW 635 CSi (300 PS), Volvo 240 Turbo (340 PS), Ford Sierra XR4 Turbo (350 PS) und Rover Vitesse 3500 (320 PS) wehren.

Auch in Down Under wurden die attraktiven V6-Coupés immer begehrter. In der australischen ATCC stellte Network Alfa zwei GTV6 für die Saison 1985 bereit. Fahrer waren Colin Bond und der bekannte Formel-1-Pilot und Weltmeister von 1980, Alan Jones. Die beiden gelben Autos mit den auffälligen Ignis-Schriftzügen nahmen in der Gruppe B für Fahrzeuge bis drei Liter Hubraum teil und fuhren in den zehn Saisonrennen stets in die Top Fünf – Jones je dreimal als Sieger und Zweiter. Bond gewann zwar nur einmal, wurde jedoch viermal Zweiter und zweimal Dritter, was ihm schließlich in der Gruppe B den zweiten Platz einbrachte, während sich Jones mit dem dritten Platz in der Gesamtwertung begnügen musste. Über alle Klassen belegten die beiden die Plätze sechs und acht.

Erfolge im Tourenwagensport 1985 (ohne ETCC und BSCC) **– Top 10 Platzierungen**

Jahr	Datum	Serie	Rennen	Rang	Fahrzeug	Startnr.	Fahrer	Team
1985	10.02.	ATCC	Winton Motor Raceway Gruppe B	2. (4. Gesamtwertung)	Alfa GTV6 2.5	27	Alan Jones	Network Alfa
1985	24.02.	ATCC	Sandown Park Melbourne Gruppe B	1. (4. Gesamtwertung)	Alfa GTV6 2.5	27	Alan Jones	Network Alfa
1985	24.02.	ATCC	Sandown Park Melbourne Gruppe B	5. (12. Gesamtwertung)	Alfa GTV6 2.5	26	Colin Bond	Network Alfa
1985	10.03.	ATCC	Symmons Plains Raceway Gruppe B	2. (7. Gesamtwertung)	Alfa GTV6 2.5	27	Alan Jones	Network Alfa
1985	10.03.	ATCC	Symmons Plains Raceway Gruppe B	3. (8. Gesamtwertung)	Alfa GTV6 2.5	26	Colin Bond	Network Alfa
1985	24.03.	DPM	Bergischer Löwe Zolder Gruppe 2500	4. (12. Gesamtwertung)	Alfa GTV6 2.5	6	Peter Oberndorfer	Marko RSM
1985	24.03.	DPM	Bergischer Löwe Zolder Gruppe 2500	7. (22. Gesamtwertung)	Alfa GTV6 2.5	36	Werner Busch	Alfa & Co Tuning Busch
1985	31.03.	ATCC	Wanneroo Park Gruppe B	1. (6. Gesamtwertung)	Alfa GTV6 2.5	27	Alan Jones	Network Alfa
1985	31.03.	ATCC	Wanneroo Park Gruppe B	3. (8. Gesamtwertung)	Alfa GTV6 2.5	26	Colin Bond	Network Alfa
1985	21.04.	BTC	New Race Festival Zolder Gruppe 4	1. (4. Gesamtwertung)	Alfa GTV6 2.5	11	Roland De Jamblinne	Ecurie Toison d'Or
1985	21.04.	ATCC	Adelaide Raceway Gruppe B	1. (6. Gesamtwertung)	Alfa GTV6 2.5	26	Colin Bond	Network Alfa
1985	21.04.	ATCC	Adelaide Raceway Gruppe B	5. (16. Gesamtwertung)	Alfa GTV6 2.5	27	Alan Jones	Network Alfa
1985	28.04.	ATCC	Calder Park Melbourne Gruppe B	1. (4. Gesamtwertung)	Alfa GTV6 2.5	27	Alan Jones	Network Alfa
1985	28.04.	ATCC	Calder Park Melbourne Gruppe B	2. (6. Gesamtwertung)	Alfa GTV6 2.5	26	Colin Bond	Network Alfa
1985	05.05.	DPM	Flugplatzrennen Wunstorf Gruppe 2500	3. (5. Gesamtwertung)	Alfa GTV6 2.5	6	Peter Oberndorfer	Marko RSM
1985	05.05.	DPM	Flugplatzrennen Wunstorf Gruppe 2500	5. (13. Gesamtwertung)	Alfa GTV6 2.5	7	Franz Klammer	Marko RSM
1985	05.05.	DPM	Flugplatzrennen Wunstorf Gruppe 2500	10. (19. Gesamtwertung)	Alfa GTV6 2.5	36	Werner Busch	Alfa & Co Tuning Busch
1985	12.05.	DPM	Avus Gruppe 2500	4. (7. Gesamtwertung)	Alfa GTV6 2.5	6	Peter Oberndorfer	Marko RSM
1985	12.05.	DPM	Avus Gruppe 2500	6. (13. Gesamtwertung)	Alfa GTV6 2.5	7	Franz Klammer	Marko RSM
1985	19.05.	ATCC	Surfers Paradise Raceway Gruppe B	2. (7. Gesamtwertung)	Alfa GTV6 2.5	27	Alan Jones	Network Alfa
1985	19.05.	ATCC	Surfers Paradise Raceway Gruppe B	5. (16. Gesamtwertung)	Alfa GTV6 2.5	26	Colin Bond	Network Alfa
1985	02.06.	DPM	Flugplatzrennen Mainz-Finthen Gruppe 2500	3. (6. Gesamtwertung)	Alfa GTV6 2.5	6	Peter Oberndorfer	Marko RSM
1985	09.06.	DPM	Flugplatzrennen Erding Gruppe 2500	5. (11. Gesamtwertung)	Alfa GTV6 2.5	6	Peter Oberndorfer	Marko RSM
1985	09.06.	DPM	Flugplatzrennen Erding Gruppe 2500	9. (17. Gesamtwertung)	Alfa GTV6 2.5	7	Franz Klammer	Marko RSM
1985	23.06.	ATCC	Lakeside Raceway Gruppe B	2. (5. Gesamtwertung)	Alfa GTV6 2.5	26	Colin Bond	Network Alfa
1985	30.06.	FTCC	Dijon	7. (7. Gesamtwertung)	Alfa GTV6 2.5	25	Bernard Salam	Freddy Dalles
1985	07.07.	ATCC	Amaroo Park Grand Prix Circuit Gruppe B	2. (4. Gesamtwertung)	Alfa GTV6 2.5	26	Colin Bond	Network Alfa
1985	14.07.	ATCC	Oran park Raceway Gruppe B	2. (4. Gesamtwertung)	Alfa GTV6 2.5	26	Colin Bond	Network Alfa
1985	21.07.	DPM	Flugplatzrennen Diepholz Gruppe 2500	8. (13. Gesamtwertung)	Alfa GTV6 2.5	6	Peter Oberndorfer	Marko RSM
1985	21.07.	FTCC	Croix en Ternois	9. (9. Gesamtwertung)	Alfa GTV6 2.5	12	Pierre Destic	SRS
1985	27.07.	BTC	24 h von Spa-Francorchamps Support Race Gr. 4	2. (3. Gesamtwertung)	Alfa GTV6 2.5	#	Claude Bourgoignie	Ecurie Toison d'Or
1985	27.07.	BTC	24 h von Spa-Francorchamps Support Race Gr. 4	6. (13. Gesamtwertung)	Alfa GTV6 2.5	#	J. Deckers	Unbekannt
1985	27.07.	BTC	24 h von Spa-Francorchamps Support Race Gr. 4	7. (19. Gesamtwertung)	Alfa GTV6 2.5	#	Pierre Bos	Unbekannt
1985	18.08.	DPM	Westfalen-Pokal Zolder Gruppe 2500	3. (5. Gesamtwertung)	Alfa GTV6 2.5	6	Peter Oberndorfer	Marko RSM
1985	18.08.	DPM	Westfalen-Pokal Zolder Gruppe 2500	4. (7. Gesamtwertung)	Alfa GTV6 2.5	7	Franz Klammer	Marko RSM
1985	08.09.	DPM	Flughafenrennen Siegerland Gruppe 2500	8. (17. Gesamtwertung)	Alfa GTV6 2.5	6	Peter Oberndorfer	Marko RSM
1985	15.09.	FTCC	Nogaro	9. (9. Gesamtwertung)	Alfa GTV6 2.5	12	Pierre Destic	SRS
1985	22.09.	DPM	Super Sprint Nürburgring Gruppe 2500	4. (6. Gesamtwertung)	Alfa GTV6 2.5	6	Peter Oberndorfer	Marko RSM
1985	22.09.	DPM	Super Sprint Nürburgring Gruppe 2500	9. (18. Gesamtwertung)	Alfa GTV6 2.5	7	Franz Klammer	Marko RSM
1985	29.09.	BTC	ETCC Zolder Support Race Gruppe 4	3. (7. Gesamtwertung)	Alfa GTV6 2.5	9	Roland De Jamblinne	Ecurie Toison d'Or
1985	01.01.-31.12.	DPM	Deutsche Produktionswagen Meisterschaft Gr. 2500	2. Jahreswertung	Alfa GTV6 2.5	6	Peter Oberndorfer	Marko RSM
1985	01.01.-31.12.	DPM	Deutsche Produktionswagen Meisterschaft	5. Gesamtwertung	Alfa GTV6 2.5	6	Peter Oberndorfer	Marko RSM
1985	01.01.-31.12.	ATCC	Australian Touring Car Championship Gruppe B	2. Jahreswertung	Alfa GTV6 2.5	26	Colin Bond	Network Alfa
1985	01.01.-31.12.	ATCC	Australian Touring Car Championship Gruppe B	3. Jahreswertung	Alfa GTV6 2.5	27	Alan Jones	Network Alfa
1985	01.01.-31.12.	ATCC	Australian Touring Car Championship	6. Gesamtwertung	Alfa GTV6 2.5	26	Colin Bond	Network Alfa
1985	01.01.-31.12.	ATCC	Australian Touring Car Championship	8. Gesamtwertung	Alfa GTV6 2.5	27	Alan Jones	Network Alfa

Down Under: Colin Bond und Alan Jones, der australische Formel-1-Weltmeister von 1980, sind in der australischen Tourenwagen-Meisterschaft ATCC von 1985 die Fahrer der gelben GTV6 vom Team Network Alfa. Trotz stärkerer Konkurrenz schafft Colin Bond in der Gruppe B den zweiten Schlussrang, Alan Jones wird Dritter. Im Gesamtklassement bedeutet das die Ränge 6 und 8 für die beiden.

Oben: Der GTV6 von Network Alfa ähnelt mit seiner Lackierung dem von Luigi Racing in der ETCC und ist natürlich ein Rechtslenker. 1986 fährt in der ATCC nur noch Colin Bond mit dem Coupé. Die beste Platzierung ist ein dritter Rang im Sandown Park von Melbourne.

Links: Der Alfa 75 ist in Sachen Rennsport-Aktivitäten der Nachfolger des GTV-Coupés. Auch mit ihm gelingen zahlreiche Erfolge, die in die Annalen der Alfa-Rennsporthistorie eingehen.

1986 Mittlerweile war der in die Jahre gekommene GTV6 im schnelllebigen Rennsport-Zirkus der moderneren Konkurrenz unterlegen. Das erkannte auch Alfa Romeo und entwickelte mit Autodelta bereits einen neuen Gruppe-A-Tourenwagen auf Basis des 1985 vorgestellten Alfa 75. Viele Teams sattelten um und nur wenige erzielten noch Erfolge auf GTV6. Einer war Colin Bond, der in der australischen Tourenwagen-Meisterschaft nach wie vor gute Ergebnisse erzielte und sich sechs Mal unter den ersten sieben in der Gruppe B platzierte – einmal gar als Dritter im Sandown Park von Melbourne, wo er auch den vierte Gesamtrang herausfuhr.

Luigi Racing und Jolly Club setzten das Coupé nur noch gelegentlich in der ETCC und in der belgischen Meisterschaft ein. Als krönender Abschluss einer beispielhaften Rennsportkarriere mit dem Alfa GTV6 belegten zwei Jolly-Club-Alfas am 2. August 1986 im 24-Stunden-Rennen von Spa-Francorchamps die Plätze drei und vier in der Gruppe A. Am Steuer von Nummer 41 saßen Michel Maillien und Quirin Bovy, Nummer 49 wurde vom Trio Edgar Gillessen, Georges Cremer und Christian Cremer pilotiert. Fortan setzten aber auch die renommierten Alfa-Teams immer mehr auf den neuen Alfa 75 Turbo Evoluzione, mitunter ebenfalls sehr erfolgreich.

Erfolge im Tourenwagensport 1986 – Top 10 Platzierungen

Jahr	Datum	Serie	Rennen	Rang	Fahrzeug	Startnr.	Fahrer	Team
1986	23.03.	ETCC	500 km di Monza Gruppe A Div. 2	5. (13. Gesamtwertung)	Alfa GTV6 2.5	#	Luigi Colzani - Mario Simone Vullo	Unbekannt
1986	13.04.	BSCC	Silverstone Gruppe B	2. (7. Gesamtwertung)	Alfa GTV6 2.5	30	Rob Kirby	John West Foods
1986	13.04.	ATCC	Sandown Park Melbourne Gruppe B	3. (4. Gesamtwertung)	Alfa GTV6 2.5	75	Colin Bond	Network Alfa
1986	20.04.	BTC	New Race Festival Zolder Gruppe 4	6. (6. Gesamtwertung)	Alfa GTV6 2.5	9	Hervé Regout	Luigi Racing
1986	27.04.	ATCC	Adelaide Raceway Gruppe B	7. (13. Gesamtwertung)	Alfa GTV6 2.5	75	Colin Bond	Network Alfa
1986	06.05.	ATCC	Wanneroo Park Gruppe B	5. (8. Gesamtwertung)	Alfa GTV6 2.5	75	Colin Bond	Network Alfa
1986	01.06.	ATCC	Calder Park Melbourne Gruppe B	4. (10. Gesamtwertung)	Alfa GTV6 2.5	75	Colin Bond	Network Alfa
1986	15.06.	ATCC	Winton Motor Raceway Gruppe B	4. (5. Gesamtwertung)	Alfa GTV6 2.5	75	Colin Bond	Network Alfa
1986	02.08.	ETCC	24 h von Spa-Francorchamps Gruppe A Div. 2	3. (9. Gesamtwertung)	Alfa GTV6 2.5	41	Michel Maillien - Quirin Bovy	Jolly Club
1986	02.08.	ETCC	24 h von Spa-Francorchamps Gruppe A Div. 2	4. (10. Gesamtwertung)	Alfa GTV6 2.5	49	Edgar Gillessen - Georges Cremer - Christian Cremer	Jolly Club

Der ehemalige Jolly-Club-Rennwagen, Baujahr 1980, aus der europäischen Tourenwagen Meisterschaft wechselte zuletzt 2016 den Besitzer und gehört heute einem Sammler.

Neben den Fahrern der Saison 1984, Roberto De Gaetano und Giorgio Schön, fahren von 1982 bis 1985 weitere prominente Piloten wie Giorgio Francia oder Lella Lombardi mit einem solchen bis zu 240 PS starken GTV6.

JOLLY ROTONDI CLUB
71
totip
JOLLY
AutoCapital
CLUB
S.A.I.M.A.
DE GAETANO
SCHÖN
71
totip
BILSTEIN
mila
schön
AutoCapital

71
JOLLY CLUB
AutoCapital
AutoCapital
totip
mila
schön
assicurazioni
totip
DE GAETANO
SCHÖN
71
S.A.I.M.A.

6 Kaufberatung

6 Kaufberatung

Unaufhaltsam nagt der Zahn der Zeit an jeglicher Konstruktion, sei sie aus Metall, Gummi, Glas oder Kunststoff, und natürlich besonders gern an Autos, um die sich keiner kümmert. Das gilt natürlich auch für die Coupés der Alfetta-Baureihe. Die haben immer gern gerostet, weil es seinerzeit weder so etwas wie eine verzinkte Karosserie gab noch sonst einen ernstzunehmenden Schutz.

Neben dem mechanischen Verschleiß und einer heute unbefriedigenden Ersatzteil-Situation erledigen spröde alte Gummis, ausgebleichter Lack, verschlissene Interieurs und der Rost alles Nötige, um die Freude an einem Auto zu verderben. Rost, verursacht durch unbehandelte Lackschäden oder durch Wasser, das sich an verborgener Stelle sammelt, lässt das Auto langsam aber sicher vergammeln.

Unzählige GTV fanden so schließlich den Weg in die Schrottpresse oder verfallen in irgendeiner Scheune, einem Hinterhof oder in einem verlassenen Garten. Dazu kommen Unfälle, die den nicht gerade riesigen Bestand der sportlich-schnellen Coupés ebenfalls vor der Zeit rapide dezimierten.

Nichtsdestotrotz gibt es doch noch mehr GT und GTV in gutem Zustand, als vielleicht anzunehmen wäre, darunter auch solche, die das Prädikat „sehr schön" bis „exzellent" verdienen. So es sich nicht um restaurierte Fahrzeuge handelt, ist ein solcher Zustand allerdings nur dank jahrelanger, hervorragender Pflege und einem winterfreien Betrieb zu verdanken. Beispiele für solche Alfas finden sich immer wieder bei Treffen oder auf Verkaufsplattformen im Internet. Die Preise sind allerdings mittlerweile nicht von schlechten Eltern und übertreffen gelegentlich den einstigen Neupreis mehr oder weniger erheblich.

Selbst eingefleischte Alfisti, eine Spezies Mensch, der nachgesagt wird, sie trage die rosarote Brille, wenn es um ihre Marke geht, wissen, dass auch ihre Wagen Schwächen haben. Viele haben schlicht gelernt, damit zu leben und akzeptieren die schwierige Ersatzteilsituation, von denen Besitzer älterer Modelle betroffen sind. Man hilft sich unter Gleichgesinnten aus, trifft sich in Foren im Internet oder versucht sein Glück auf Schrottplätzen, um das dringend benötige Ersatzteil doch noch irgendwie aufzutreiben. Mittlerweile gibt es Fachbetriebe, die Nachbauteile für die Veteranen, die Old- und die Youngtimer von Alfa Romeo anbieten.

Autoliebhabern, die keine Kenner der Alfetta-Coupés sind, sich aber gerne eins kaufen möchten, soll diese Kaufberatung als Hilfestellung dienen. Auf was sollten Sie unbedingt achten? Diese Frage versuchen wir nach bestem Wissen und Gewissen zu beantworten. Es handelt

Trauriger Anblick: Leider sind viele Alfetta-Coupés dem Verfall preisgegeben und vergammeln irgendwo in einem Hinterhof, oder sie wurden als Ersatzteilspender ausgeschlachtet.

sich nur um einen groben Leitfaden, Sie erfahren aber, wo sich entscheidende Schwachpunkte verbergen können und werden so etwas sicherer bei der Besichtigung eines potenziellen Kaufobjektes sein. Natürlich gibt es makellose Autos – das weiß der Verkäufer eines solchen Exemplars aber auch und wird entsprechend viel Bares verlangen.

Es wurde bewusst auf die Angabe von Preisen für die Arbeitsleistung und die Ersatzteile verzichtet, da diese von Werkstatt zu Werkstatt ziemlich differieren und Ersatzteile leider fast nur noch bei Spezialisten oder Autoverwertungen zu beschaffen sind.

Karosserie

Das Hauptproblem überhaupt beim Alfetta-Coupé – wie bei allen Alfas, die vor 1988 gebaut wurden – ist wohl der Rost. Da es früher Rostvorsorge praktisch kaum gab und obendrein die Blechqualität zeitweise zu wünschen übrigließ, sind vor allem Teile im spritzwassergefährdeten Bereich erheblich dem Korrosionsrisiko ausgesetzt. Ohne vorbeugende Maßnahmen und entsprechende Pflege hatten diese Karosseriebereiche kaum eine Chance, die ersten zehn Jahre schadlos zu überstehen.

Deshalb gilt es, folgende Karosserieteile besonders gründlich zu untersuchen: Innenkotflügel vorne und hinten, Spritzbleche vorne, oberer Kotflügelbereich im Motorraum, Kotflügelränder und Radläufe, Türunterkanten, Wagenheberaufnahmen, Reserveradwanne, Heckklappe im Bereich des Schlosses und des Fenstergummis der Heckscheibe, Frontscheibeneinfassung, Blech um die Kennzeichenbeleuchtungen und Verbindungslötnähte zwischen den Kotflügeln, dem Frontblech und zum Windleitblech bei der A-Säule. Die Außenspiegel leiden durch Steinschlag unter Regen und dem Salz des Winters und weisen oft hässliche Rostnarben in der Blechschale auf. Steinschlag und ablösender Klarlack der Lackierung sind auch an der Motorhaube ein Problem. Generell handelt es sich jedoch zunächst nur um optische Mängel. Solange nur der obere Decklack beschädigt ist, kommt es noch nicht zwangsläufig zu Korrosion.

Weitere Probleme an der Karosserie: Die ungeschützten Gummidichtungen der Türen im Einstiegsbereich leiden teilweise unter Fußtritten beim Einsteigen. Der Motorhauben-Halter aus Kunststoff bricht oft ab. Die Stoßstangen können leichte Wellen aufweisen. Das ist altersbedingt und kaum zu verhindern. Bekannt ist auch das Schrumpfen der Fenstergummis der Seitenscheiben. Dies bedeutet zwar nicht, dass Wasser eindringen kann. Die Gummis dienen der gepflegten Optik, aber genau das ist dann eben auch das Störende daran: Es bildet sich ein Spalt, wo keiner sein sollte, und das sticht sofort ins Auge.

Fern- und Abblendscheinwerfer können durch unsachgemäßen Lampenwechsel an der hinteren Gummikappe undicht werden, was sich neben Kondenswasser auf den Scheinwerfergläsern auch durch angerostete Reflektoren bemerkbar macht. Außerdem sollte bei den Scheinwerfern darauf geachtet werden, dass alle Chromzierringe vorhanden sind, weil oft vergessen wird, sie bei einem Lampenwechsel ebenfalls umzubauen. Falls die Plastikschrauben im inneren Teil der Heckleuchten zu fest

Von links: Ungeschweißte Innenkotflügel im Motorraum sind eine Seltenheit, aber gelegentlich noch zu finden.

Unbehandelte Spritzbleche in den vorderen Radkästen sind schnell vom Rost zerfressen. Originalersatz ist nur schwer aufzutreiben.

Die Ziergummis an den Seitenfenstern schrumpfen und hinterlassen unschöne Lücken.

angezogen werden, kann der Bolzen in der Heckleuchte abbrechen, was eine von außen gut sichtbare Narbe im Leuchtenglas hinterlässt.

Motoren

Die Motoren von Alfa Romeo sind bekannt dafür, bei guter Pflege und regelmäßiger Wartung sehr hohe Laufleistungen zu erreichen. Eine Grundregel will unter allen Umständen beachtet sein: Man darf die Motoren wegen ihrer großen Füllmengen an Öl und Wasser im kalten Zustand nur streicheln und die volle Leistung erst abverlangen, wenn die Betriebstemperaturen erreicht sind.

Bekannte Mängel bei Vier- wie Sechszylindermotoren sind durchgebrannte Kolben. Ursache sind meist Zündkerzen mit falschem Wärmewert. Durchgebrannte Auslassventile können ebenfalls die Folge sein, auch von zu eng eingestelltem Ventilspiel. Die Vierzylinder haben eine wartungsfreie Kettensteuerung, aber beim V6 erfolgt die Nockenwellensteuerung per Zahnriemen. Dessen regelmäßiger Austausch – alle 60.000 km oder nach 5 Jahren – ist nicht ganz billig, aber lebenswichtig. Fristgerechter Wechsel kostet allemal weniger als ein kapitaler Motorschaden nach Zahnriemenriss. Im Zweifelsfall sollte man bei einem Fahrzeug ohne die entsprechenden Nachweise gleich einen Werkstattermin zum Zahnriemenwechsel vereinbaren. Gleichzeitig kann man dann auch noch das Ventilspiel überprüfen und, falls nötig, einstellen lassen.

Ein weiterer Schwachpunkt beim Sechszylinder ist der Zahnriemenspanner. Er arbeitet zwar mechanisch, bekommt aber hydraulische Unterstützung. Schwachstelle ist die Abdichtung der kleinen Kolbenstange mit einem winzigen Radialdichtring. Der wird mit der Zeit hart und dichtet nicht mehr ab. Das austretende Öl verteilt dann der Zahnriemen gleichmäßig im Motorraum. Außerdem leidet er selbst unter der Ölfeuchte, verliert über kurz oder lang die aufgeweichten Zähne – und ein kapitaler Motorschaden wird die Folge sein. Abhilfe schafft die Revision des Spanners, für den es einen Reparatursatz gibt, in dem nicht nur der erwähnte Dichtring, sondern auch alle weiteren Dichtungen und O-Ringe enthalten sind. Die O-Ringe dichten die Exzenterbohrung gegen Feuchtigkeit ab und verhindern das Festfressen des Spannrades auf der Welle, das zum Überspringen des Zahnriemens führen könnte. Die wahrscheinlich bessere Alternative ist der Einbau der ausschließlich mechanischen und wartungsfreien Spannerversion des Alfa 164 3.0 Super.

Ein generelles Problem aller Alfa Romeo-Motoren mit direkt gesteuerten Ventilen sind Nockenwellen und Tassenstößel. Sie können mit der Zeit einlaufen und das Nockenprofil wird „spitz“. Dann kann der Motor nicht mehr seine volle Leistung entfalten. Die Nockenwellen müssen dann zusammen mit den Tassenstößeln ausgetauscht werden. Sollte bei der Arbeit an der Ventileinstellung übermäßiger Verschleiß festgestellt werden, ist der Austausch der Nockenwellen mitsamt der Stößel zu empfehlen. Man bezahlt die Arbeit dann nur einmal.

Ein Problem aller Motoren mit hoher Laufleistung ist der Zylinderkopf, genauer gesagt die Ventilführungen und die Ventilschaftabdichtungen. Sind sie verschlissen, kann der Ölverbrauch ins Maßlose steigen. Allerdings ist ein Verbrauch von bis zu einem Liter auf 1000 km für die „alten“ Motoren durchaus in Ordnung und nicht unbedingt ein Alarmzeichen. Die Öldruckdose für das Manometer ist oft kaputt, was sich jedoch schnell feststellen lässt, wenn sich die Druckanzeige bei kaltem Motor nur noch im unteren Drittel der Skala bewegt. Das Ersetzen der Dose dauert nur wenige Minuten.

Bei den V6-Motoren kann es vorkommen, dass die Dichtringe der Zündkerzenlöcher undicht werden. Dann gelangt das von der Ventilsteuerung im Zylinderkopf hochgewirbelte Öl in die Zündkerzenlöcher. Neue Ventildeckeldichtungen und neue Dichtringe schaffen schnell Abhilfe. Ein weiteres Dichtungsproblem bei allen Motoren

Links: Die Schweißnähte der vorderen Kotflügel verdienen einen ganz genauen Blick: Bei Anzeichen von Rostblasen besteht Handlungsbedarf, bevor sich die braune Pest weiter ausbreiten kann.

Rechts: Öltropfen an der Ölwanne deuten auf einen defekten Radialdichtring am Schwungrad hin. Der Ersatz ist aufwändig.

bereitet der Radialdichtring zwischen Kurbelwelle und Schwungrad. Wegen seines relativ großen Durchmessers von etwa 100 mm gelangt immer eine kleine Ölmenge über die Dichtlippen und läuft dann an der Schwungradglocke entlang auf die untere Motortraverse. Zur Behebung dieses Ölverlustes müssen leider der Motor ausgebaut und die Abdichtung ersetzt werden. Sollte diese Arbeit notwendig sein, ist ein Wechsel der großen Ölwannendichtung und der beiden Dichtgummis am hintersten Kurbelwellenlager empfehlenswert. Beim Kurbelwellen-Radialdichtring sollte vor dem Einbau unbedingt die Lippenfeder um etwa 5 mm gekürzt werden, diese Maßnahme ist die wohl effizienteste, um erneuten Ölverlust an dieser Stelle verhindern.

Bei der Auspuffanlage sollten vor allem die Krümmer und die vorderen Rohre auf Risse und Dichtheit überprüft werden. Bei tiefergelegten Wagen erfahren diese Bauteile durch häufiges Aufsetzen auf Randsteinen und Gehwegen oft Schäden.

Eine Motorrevision lässt sich aufgrund der Bauweise der Alfa-Motoren relativ einfach durchführen, sofern alle Ersatzteile verfügbar sind. Man sollte jedoch vorher von verschiedenen Werkstätten Angebote einholen und die Preise vergleichen. Empfehlenswert ist die Vergabe allerdings an einen Fachbetrieb, der sich mit älteren Alfas gut auskennt.

Kraftübertragung

Drei Punkte sind unbedingt zu prüfen: Die Getriebeaufhängungen halten zwar bei normaler Fahrweise gute 100.000 km und sind relativ schnell zu ersetzen. Da die schwingungsdämpfenden Gummikörper auf die Stahlhalter vulkanisiert sind, wird ruppige Fahrweise die Lebensdauer allerdings schnell begrenzen – der Gummi löst sich vom Metall. Dann aber ist das Getriebe vorn nicht mehr gelagert, was zu Vibrationen und Geräuschen bei jedem Gangwechsel führt.

Die Polygongummigelenke, auch als Hardyscheiben bezeichnet, sind auf der Kardanwelle montiert, um Vibrationen zu dämpfen und Vertikalbewegungen auszugleichen. Durch die Beanspruchung bei hohen Drehzahlen (die Kardanwelle dreht mit Motordrehzahl) und durch Temperatur- und Witterungseinflüsse wird der Gummi rissig und bröckelt mit der Zeit auseinander. Der Bruch einer der insgesamt drei Scheiben macht sich durch starke Vibrationen und laute Geräusche bemerkbar.

Außerdem ist oft die Synchronisierung des zweiten Gangs zu bemängeln. Für ungeübte GTV-Fahrer ist das Schalten vom dritten in den zweiten Gang meistens mit einem Kratzgeräusch verbunden, sofern das Getriebe noch nie revidiert wurde. Erfahrenen Besitzern gelingt geräuschloser Gangwechsel auch mit verschlissener Synchronisierung: Sie legen den Gang einfach langsam und mit Gefühl ein oder bedienen sich der guten alten Technik mit Zwischenkuppeln und Zwischengas.

Die Synchronisation der Gänge, also die Angleichung von Motor-und Getriebeausgangsdrehzahl, übernimmt eine Porsche-Synchronisation. Der zweite Gang wird nun am häufigsten eingelegt und nutzt sich, auch bedingt durch den langen Schaltweg, am schnellsten ab. Den Drehzahlausgleich übernimmt nun nicht nur der beschichtete Synchronring, sondern auch die Verzahnung des Gangrades und der Schaltmuffe, was zum „Kratzen" und zu vermehrtem Verschleiß führt.

Um den Ring zu ersetzen, muss das Getriebe ausgebaut werden. Dabei bleibt das Getriebegehäuse am Fahrzeug befestigt, und nur der Zwischenflansch, an dem die beiden Wellen und der Schaltmechanismus montiert sind, muss heraus. Für Fachleute ist das keine große Aktion, und die Zerlegung der Wellen ist dank ihrer Anordnung für einen Mechaniker einfach. Beim Ersatz des Synchronringes sind Schaltmuffe und Gangrad ebenfalls unbedingt zu überprüfen. Sollte es seit längerem „gekratzt"

Drei Gebrauchte mit den beliebten Ronal-Felgen. Für schöne Exemplare muss man heute schon tief in die Tasche greifen. Der Wert eines Wagens im Zustand 1 ist teilweise höher als sein Neupreis.

haben, hat die Verzahnung bestimmt auch gelitten. Die komplette Schaltung kann ebenfalls eingestellt werden, um Vibrationen und Geräusche am Schalthebel zu verhindern. Beim Wiedereinbau sollte nur Öl aufgefüllt werden, das die vom Werk vorgeschriebenen Spezifikationen erfüllt, ansonsten kann es vor allem bei Kälte zu Schaltschwierigkeiten kommen.

Fahrwerk
Da fallen eigentlich nur die Gummis der Nachlaufstreben und die Kugelbolzen der vorderen Querlenker ins Gewicht. Die Gummis werden alterungsbedingt rissig, und die Kugelbolzen können anfangen zu knarren. Abhilfe schafft der Ersatz der Teile, was relativ schnell erledigt werden kann.

Ansonsten ist das Fahrwerk des Coupés praktisch wartungs- und problemfrei. Wenn es beim starken Beschleunigen eine andere Richtung einschlagen will als der Fahrer, liegt das meist an Breitreifen und tiefergelegtem Aufbau. Der Effekt ist auf schlechter Straße noch heftiger.

Bremsen
Die Bremsanlage entspricht den Anforderungen und dem Standard dieser Klasse, auch wenn sich etwas sportlichere Fahrer eine bissigere gewünscht hätten. Weil der Alfa Romeo GT/GTV, vor allem mit Sechszylinder, zum Schnellfahren reizt, ist der Bremsenverschleiß an der Vorderachse natürlich sehr hoch. Im Extremfall kann man spätestens alle 30.000 km einen Satz Bremsscheiben tauschen. Bei Durchschnittsfahrern halten die Scheiben problemlos 80.000 km und mehr.

Schwachpunkt an der Originalbremse ist das starke Fading bei großer Beanspruchung, also die Abnahme der Bremsleistung respektive des Reibwertes der Bremsen. Abhilfe kann der Austausch der Serienbremsklötze gegen Ferodo DS 2000 schaffen. Bei Arbeiten an den Bremsen tauscht man die Verschleißteile am besten nur gegen hochwertigen Ersatz aus. An der hinteren, innenliegenden Scheibenbremse kann die mechanische Betätigung der Feststellbremse kaputtgehen. Man kann diese zwar mit einem Reparatursatz wieder funktionstüchtig machen, aber der Austausch eines defekten

Oben links: Nach 40 Jahren kann ein Stoßstangenhorn schon mal so aussehen. Witterung und Zeit haben den Gummi spröde und rissig werden lassen.

Rechts oben und Mitte: Vor einem Kauf sollten die Hardyscheiben unbedingt auf Risse geprüft werden. Das gilt auch für die Gummis an den Nachlaufstreben.

Unten links: Bei den Kugelbolzen der vorderen Radaufhängung sollte man auf Knackgeräusche achten und die Teile auf Spiel prüfen.

Unten rechts: Antriebsgelenke und Manschetten wollen ebenfalls kontrolliert sein.

Bremssattels ist oft günstiger. Konstruktionsbedingt ist der Handbremshebelweg länger als üblich, 7 bis 8 Zähne können durchaus als normal bezeichnet werden.

Heizung / Lüftung / Klimaanlage

Die Lüftung ist generell eher schwach im Vergleich zu heutigen Automodellen, aber das ist konstruktionsbedingt und darf in Anbetracht des Fahrzeugalters vernachlässigt werden, sofern die beiden Lüfterstufen funktionieren. Der Lüftermotor kann Quietschgeräusche von sich geben, da hilft in der Regel das Schmieren der Motorwelle. Ansonsten ist die Anlage problemlos.

Fahrzeuge mit Klimaanlage sind auch heute noch oft mit dem mittlerweile verbotenen Kältemittel R12 gefüllt. Spezialisierte Fachwerkstätten können das System auf das weniger umweltschädliche R134a umrüsten. Das R12 wird abgesaugt, die Klimaanlage wird zerlegt und alle Gummidichtungen an den Flanschen werden gegen neue R134a-beständige ausgetauscht. Außerdem bekommt der Kompressor bei diesem Vorgang eine neue Ölfüllung. Dabei sollte man den Trockner auch gleich austauschen lassen.

Fahrzeugelektrik

Da es im Alfetta-Coupé nicht sehr viele elektrische Helfer gibt, drohen auch keine erwähnenswerten Probleme. Einzig der Sicherungskasten kann mit den Jahren etwas oxidiert sein. Sollte das der Fall sein, muss er gereinigt und mit Kontaktspray behandelt werden. Die Sicherungen

Links: Die Chromzierringe um die Scheinwerfer werden bei einem Wechsel der Scheinwerfer oft vergessen.

Rechts: Eine originale Radiofachabdeckung ist kaum mehr zu finden. Sollte sie gar noch montiert sein – umso besser.

sollten vorsorglich gleich alle ersetzt werden. Zudem ist bei einer Testfahrt darauf zu achten, dass alle Kontrolllampen und Manometer sowie Drehzahlmesser, Uhr und Tacho funktionieren.

Innenausstattung

Die Teppiche bleichen unter Sonneneinstrahlung leider gerne aus. Nach mehr als 30 Jahren haben deswegen viele Fahrzeuge mittlerweile einen Bodenbelag, der längst nicht mehr dem Originalfarbton entspricht. Bedauerlicherweise gibt es keinen Originalersatz mehr. Gleiches gilt für die Sitze. Originalstoffe sind kaum mehr zu finden, deshalb sollte auf guten gepflegten Zustand geachtet werden. Leder oder Kunstleder sollten nur wenig Patina haben, die generell tolerierbar ist. Immerhin handelt es sich beim GTV nicht mehr um einen Neuwagen. Wenn allerdings große Risse klaffen oder das Leder großflächig abgeschabt ist, hilft oft nur noch die – kostspielige – Anfertigung eines neuen Bezuges beim Sattler.

Bei Fahrzeugen, die langanhaltender starker Sonnenstrahlung ausgesetzt waren, kann es irgendwann vorkommen, dass sich der Armaturenbrettüberzug löst und unschöne Blasen wirft. Auch da kann ein guter Autosattler mit einem neuen Bezug weiterhelfen. Die Griffeinfassung des optional erhältlichen Schiebedachs kann durch zu schnelles Schließen brechen und einen kaum sichtbaren Riss aufweisen. Der Zustand des Himmels (handelt es sich um ein Raucherauto?), der Kofferraumverkleidungen und der Pedalgummis sowie des originalen Lenkrads und des Schaltknaufs aus Holz oder Leder kann oft helfen, weiteren Aufschluss über die Intensität der Nutzung und den tatsächlichen Pflegezustand zu geben.

Fazit
Alfetta GT sowie Alfa GTV und GTV6 sind für ihr Alter immer noch attraktive Sportwagen mit viel Charme. Sie haben unbedingte Langstreckentauglichkeit, auch wenn dies heute kaum mehr von ihnen verlangt wird. Heute sind die Autos zum Cruisen und Genießen und werden nur noch zu speziellen Anlässen oder für eine Sommer-Pässefahrt bewegt, jedoch kaum mehr als Alltagsauto benutzt. Ihren zeitlosen Formen sieht man das Alter nicht an.

Die Bremsen und deren Leistungsfähigkeit bewegen sich für Normalfahrer auf dem Niveau der Motorisierung. Die Motoren überzeugen leistungsmäßig nach wie vor und beschleunigen die Alfettas dank des geringen Fahrzeuggewichtes zügig auf die geforderte Geschwindigkeit. Sie laden förmlich dazu ein, das Gaspedal bis zum Anschlag zu treten, um beim GTV6 das trompetenhafte Auspuffgeschmettere hervorzurufen oder um das typische Vergaser-Schnorcheln der Vierzylinder-Triebwerke zu genießen.

Sofern nicht schon längst geschehen, ist eine Modifikation des Fahrwerks empfehlenswert, mindestens durch eine Tieferlegung des Autos mit verstellten Drehstäben an der Vorderachse und Sportfedern an der Hinterachse, um bei schnellen Kurvenfahrten das Übersteuern des Wagens ein bisschen zu unterbinden.

Generell bewegen sich die Reparatur- und Wartungskosten bei diesen Fahrzeugen auf einem normalen Niveau, da dank der einfachen Technik Reparaturen meistens leicht zu erledigen sind. Komplizierte, zeitaufwändige Fälle an der Mechanik sind an den Coupés kaum zu erwarten.

Von oben im Uhrzeigersinn: Der Zustand des Kofferraums gibt Aufschluss über den Pflegezustand. Löcher für Lautsprecher in Hutablage und Seitenpanelen waren leider normal. Heute sind unbearbeitete Teile sehr begehrt.

Die Außenspiegelschalen sind ab 1980 aus Blech. Unbehandelte Steinschläge sorgen deshalb schnell für Rost.

Rar, aber nicht völlig unwahrscheinlich: Diese Reserveradwanne ist einwandfrei und birgt ein neuwertiges Ersatzrad.

Blasen auf dem Armaturenbrett entstehen durch zu viel Hitze hinter der Frontscheibe und sind unschön anzusehen.

Ein beinahe originaler GTV6 Grand Prix. Außer dem Fahrwerk und den speziellen Rädern wurde an diesem Exemplar nichts verändert. Sogar der originale Gummiheckspoiler ist noch intakt.

Kaufempfehlung

Die Alfetta-Coupés werden bei Alfa-Liebhabern mit zunehmendem Alter immer gefragter, was sich auch auf die Preise für gut erhaltene Fahrzeugen auswirkt. Es sind zwar noch viele solcher Wagen anzutreffen, die schönsten Exemplare werden jedoch selten zum Verkauf, und dann meist nur unter der Hand angeboten. Hat man allerdings die Gelegenheit, ein Fahrzeug in gutem Zustand zu erwerben, sollte man unbedingt zugreifen. Die beschriebenen Mängel sollten auch nicht davon abhalten, einen etwas heruntergekommenen GTV zu kaufen, wenn der Preis stimmt.

Generell kann man aber sagen, dass ein Auto aus guter Pflege und mit lückenlosem Service-Scheckheft einem ungepflegten Exemplar stets vorzuziehen ist. Letztendlich entscheiden immer Wartungs- und Pflegezustand darüber, ob es sich um ein gutes oder eher schlechtes Exemplar handelt. Ein lückenloses Serviceheft kann einem viele Unannehmlichkeiten ersparen und schont langfristig das Bankkonto.

Die Preise für Klassiker steigen, und selbst durchschnittliche Alfetta-Coupés kosten mittlerweile recht stolze Summen. Brauchbare Exemplare sind ab etwa 12.000 Euro zu finden, und Spitzenautos werden sogar schon zum doppelten Neuwagenpreis angeboten, dies ist jedoch momentan noch die Ausnahme. Unter etwa 6000 Euro empfiehlt es sich, ganz genau hinzusehen. Das sind Autos, die entweder eine Reservekasse für anstehende Arbeiten oder gute Schrauberkenntnisse erfordern.

Eines haben alle Versionen gemeinsam: den guten Klang und eine wunderschöne, zeitlose Form. Zudem kann man jetzt schon sicher sagen, dass das Coupé auch wegen seiner Seltenheit im Wert noch steigen wird. Immerhin ist es auch einer der letzten echten Alfa Romeo mit Heckantrieb.

Erwähnenswert ist allerdings die Ersatzteillage. Karosserieteile sind im Moment nur noch schwer zu bekommen, bei mechanischen Teilen wird die Lage auch langsam kritisch. Doch viele Ersatzteilhändler und Autoverwertungen bieten im Internet bereits Restbestände, Nachbauteile oder tadellose Gebrauchtteile an. Mit etwas Ehrgeiz lässt sich immer irgendwo das passende Ersatzteil auftreiben.

Wenn man dann eines Tages Besitzer einer Alfetta GT oder eines GTV ist, egal ob mit vier oder sechs Zylindern, verzeiht man dem Wagen sowieso alle seine Schwächen, da die Fahrfreude und das Vergnügen beim Cruisen jeden Aufwand wieder wettmachen. Die Autos verzaubern mit ihrer einzigartigen Form, dem berauschenden Motorenklang und dem eigenständigen Charakter Eigentümer und Betrachter gleichermaßen.

Wer das Glück und das nötige Kleingeld besitzt, einen der nur ganz selten angebotenen Werkstouren- oder Rallyewagen erwerben zu können, sollte unbedingt zugreifen. Diese erfolgreichen Rennwagen steigen immer weiter im Wert und sind begehrte Hauptdarsteller in Ausstellungen und bei Klassiker-Rennen.

Stalder&Moser
Ihr alfaservice
Alfa Romeo GTV 2.0
Preis: Fr. 16500.-
Stalder&Moser
Ihr alfaservice
www.alfa-oldtimer.ch

108
GUIDA TV
10
PIRELLI
JOLLY CLUB
totip
35
51
295
ANDRUET
PREGLIASCO
LUIGI RACING
PIERRE VANDEL
TURBODELTA
31

7 Die Miniaturen

Das Sortiment an Alfetta GT, GTV und GTV6 umfasst mehr als 100 Fertigmodelle in diversen Größen. In den 70er Jahren wurden die Modelle von Bburago (1:24) und Polistil (1:25) noch als günstige Kinderspielzeuge angeboten.

Die Miniaturen

Mit dem Erfolg im Rennsport hat Alfa Romeo schon immer Modellautohersteller inspiriert. Die ursprünglich als Kinderspielzeug gedachten Modelle fanden auch unter Autoliebhabern und Sammlern immer mehr Beachtung, so dass sich mittlerweile zahlreiche Firmen auf Fertigmodelle und Bausätze in den verschiedensten Maßstäben spezialisiert haben. Das Sortiment an Alfas im Kleinformat ist mittlerweile riesig, wobei das Angebot von den Anfängen der Mailänder Marke bis zu den brandaktuellen Concept-Cars reicht.

Seit einigen Jahren wächst die Auswahl ständig. Das ist nicht weiter verwunderlich, da immer mehr Alfisti die kleinen, schmucken Pendants ihrer Lieblingsmarke leidenschaftlich sammeln. Neben Ferrari-Sammlern sind es wohl Alfisti, die am häufigsten Modellautos ihrer Lieblingsmarke kaufen. Die Qualität der Modellini hat sich in den vergangenen Jahren zwar stetig verbessert, aber leider sind auch die Preise entsprechend in die Höhe geklettert. Kosteten Autos im Maßstab 1:43 vor 20 Jahren durchschnittlich noch um die 20 Euro, muss man heute für ein Modell im mittleren Preissegment schon um die 60 Euro berappen. Preislich attraktiv sind vor allem die asiatischen Hersteller, die ihre Ware günstig über Auktionsplattformen im Internet anbieten. Den Vergleich mit teureren europäischen Produkten müssen

Alfetta-Coupés en miniature sind in verschiedenen Maßstäben erhältlich, hier GTV 2.0 in 1:18 von AutoArt, GT 1.8 in 1:24 von Leo-Models, GTV 2000 in 1:43 von Edison G, GTV 2000 von Kyosho in 1:64 und GTV6 in 1:87 von Neo.

sie kaum scheuen. Preis und Leistung stimmen, und längst lassen italienische und deutsche Fabrikanten wegen der geringen Löhne in Fernost herstellen.

Kleine Autos wurden in den vergangenen 50 Jahren in Maßstäben von 1:100 bis 1:8 gebaut. Die beliebtesten Formate sind heute 1:18, 1:24 und 1:43. Am größten, nicht zuletzt wegen des geringen Platzbedarfs, ist das Sortiment an Modellen im handlichen Maßstab 1:43. Für Alfa-Sammler gibt es beachtlich viele in diesem Format, auch Alfetta-Coupés.

Beginnen wir aber mit dem größten erhältlichen Modell. Es handelt sich um einen GTV 2.0 des Jahrgangs 1980 in 1:18 von AutoArt, der in rot und silbermetallic seit 2013 lieferbar ist und etwa 120 Euro kostet. Bedeutend älter sind die 1:25-Miniaturen von Polistil sowie die von Bburago in 1:24. Beide wurden in den 70er und 80er Jahren produziert und seinerzeit günstig im Spielwarenhandel angeboten. Heute bezahlt man für unbespielte Exemplare ein Vielfaches des Neuwertes.

2010, zum 100. Geburtstag der Marke, gab es die Alfetta GTV 2.0 in 1:24 auch noch in einer „Centenary Edition“ am Kiosk zu kaufen, zusammen mit weiteren Alfa-Modellen und einem Magazin. Solch eine Serie gab es auch in 1:43-Modellen des Labels Metro inklusive eines GTV. Obwohl diese Miniaturen am Kiosk günstig zu erwerben waren, war die Qualität jedoch nicht zu verachten. Der bekannte und auf italienische Fahrzeug-

Oben links: Der GTV6 in 1:43 von IXO ist ein Modell des Autos, mit dem Carlos Sainz die 500 km von Jarama bestritt.

Rechts: Fünf Solido-Modelle in 1:43. Solido gehörte zu den ersten Herstellern, die sich des Coupés annahmen.

Unten: Die verbreiterte Version des Turbo-Modells von Polistil gab es in 1:40 und in 1:25.

modelle spezialisierte Hersteller Progetto-K hingegen vermochte mit der Qualität nicht zu überzeugen, aber immerhin hatte er eine große Anzahl GT und GTV6 im Angebot – von der Straßenversion bis zu Rally- und Tourenwagen.

Solido, ebenfalls ein bekannter Name, baute Alfetta-Coupés nur im vergangenen Jahrhundert in verschiedenen Farben, eine Variante als 2.0, eine weitere mit der gewölbten GTV6-Motorhaube. Relativ jung sind die Modelle von M4. Der Name geht auf die vier Familienmitglieder Marco, Mariella, Michele und Manuela zurück. M4 hat die altbekannten drei Hersteller Rio, Best und Artmodell übernommen und zahlreiche sehr schön gebaute GTV-Rennversionen im Sortiment. Der deutsche Hersteller Minichamps hat zwar nur den GTV6 in rot und den GTV6 aus dem James-Bond-Film *Octopussy* in anthrazitfarben im Angebot, diese jedoch in sehr guter Qualität.

Als Exoten dürfen die wenigen Modellini von Atlas, Jouef, Dinky Toys, Cougar, MCW, Universal und Mercury gelten, weil sie nur in Kleinserie hergestellt wurden und heute nur wenige die Tage als Kinderspielzeug unversehrt überlebt haben. Ixo hat vor kurzem den GTV6 in einer Straßenversion, ebenfalls in Bond-Version und in zwei sehr detailgetreue Rennversionen herausgebracht – zu 20 bis 30 Euro vier wahre Leckerbissen für jeden Sammler.

Oben: Den dunkelgrauen GTV6 von James Bond aus dem Film „Octopussy" gibt es von Minichamps (Bild) und von IXO in 1:43.

Unten: Als Neuheit bietet Laudoracing seit kurzem auch den GTV6 der 1. Serie im Maßstab 1:18 an. Allerdings sind im Gegensatz zum GTV 2.0 von AutoArt weder Türen noch Motorhaube oder Kofferdeckel zu öffnen, das erklärt auch den verhältnismäßig günstigen Preis von 75 Euro.

In kleineren Maßstäben gab es das Coupé von Polistil in 1:55 und 1:66, von Kyosho in 1:64 und erst seit kurzem von Neo in 1:87, wobei letztere sehr maßstabsgetreu und schön verarbeitet sind.

Daneben gab und gibt es viele Bausätze aus Resin-Kunstharz oder Metallguss und qualitativ oft sehr gut. Namentlich die älteren haben aber teils wenig stimmige Proportionen. Vorteil: Die Kits lassen sich mit Zubehör etwa in Form von Spezialrädern und Decals individuell gestalten. Sehr gute gibt es etwa von Tron-Automodelli. Auch SC-Models und Provence Moulage bieten eine große Auswahl Straßen- und Rennversionen, die sehr detailliert sind und um umfangreiches, mitgeliefertes Zubehör ergänzt werden können. Jeweils nur ein Coupé bieten Remember, Gamma-Models, Star, MG Model und Autominia. Eher weniger schön verarbeitet sind die beiden Metallguss-Kits von Kit und Grand Prix Modells.

In 1:24 gibt es nur wenige Bausätze. Bburago bot die Alfetta GT Rallye auch als Metall-Kit in zwei Versionen an, die Teile waren bereits lackiert und einfach zusammenzubauen. Seit kurzem gibt es von Narton Kits drei Rennversionen von GTV 2.0, GTV Turbodelta und GTV6 in 1:24, die sich mit etwas Übung zu echten Schmuckstücken verarbeiten lassen. Sie kosten aber auch rund 140 Euro. Mittlerweile sind viele Modelle und Kits nur noch schwer zu bekommen oder gar vergriffen, was die Preise solcher Raritäten auf Auktionsplattformen und bei Modellbörsen in die Höhe getrieben hat.

Die Liste erhebt keinen Anspruch auf Vollständigkeit. Viele Modelle sind schon länger nicht mehr lieferbar, aber mit etwas Glück ab und zu auf Börsen und im Netz zu finden.

Maßstab	Modellart	Bezeichnung	Hersteller	Farbe
Fertigmodelle				
1:18	Fertigmodell	GTV 2.0 Stradale 1980	AutoArt	silber metallic
1:18	Fertigmodell	GTV 2.0 Stradale 1980	AutoArt	rot
1:18	Fertigmodell	GTV6 2.5 Stradale 1981	Laudoracing	rot
1:18	Fertigmodell	GTV6 2.5 Stradale 1981	Laudoracing	schwarz
1:18	Fertigmodell	GTV6 2.5 Stradale 1981	Laudoracing	anthrazit
1:24	Fertigmodell	GTV Corsa, Rally Costa Brava # 12, Guida TV 1977	Bburago	rot
1:24	Fertigmodell	GTV Corsa, Rallye di Corsica # 36 1976	Bburago	rot
1:24	Fertigmodell	GTV Corsa, Kamei # 44 1976	Bburago	weiß
1:24	Fertigmodell	GT 1.8 Stradale 1974	Bburago	silber metallic
1:24	Fertigmodell	GT 1.8 Stradale 1974	Bburago	rot
1:24	Fertigmodell	GT 1.8 Stradale 1974	Bburago	blau
1:24	Fertigmodell	GT 1.8 Stradale 1974	Leo Models	silber metallic
1:24	Fertigmodell	GT 1.8 Stradale 1974	Leo Models	rot
1:24	Fertigmodell	GT 1.8 Stradale 1974	SpecialC	silber metallic
1:24	Fertigmodell	GT 1.8 Stradale 1974	Atlas	rot
1:25	Fertigmodell	GTV 2000 Turbodelta, Guida-TV	Polistil	rot
1:25	Fertigmodell	GTV 2000 Turbo, Guida-TV # 10	Polistil	rot

Der GTV 2.0 von AutoArt im Maßstab 1:18 ist sehr detailgetreu und den Kaufpreis von etwa 100 Euro wert.

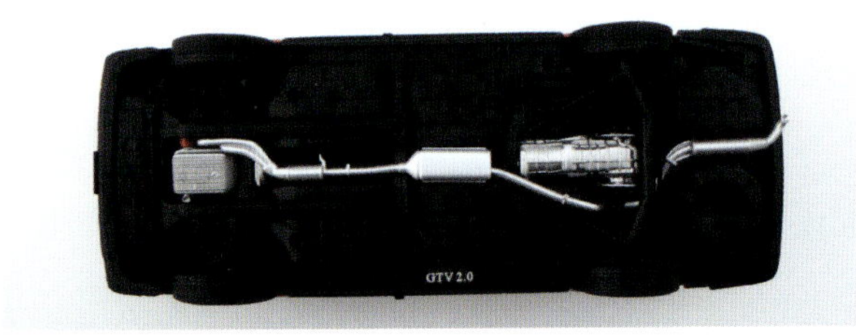

Maßstab	Modellart	Bezeichnung	Hersteller	Farbe
Fertigmodelle				
1:40	Fertigmodell	GTV 2.0 Stradale 1975	Jouef	rot
1:40	Fertigmodell	GTV 2.0 Racing # 2 1975	Jouef	rot
1:40	Fertigmodell	GTV 2.0 Stradale 1983	Polistil	rot
1:40	Fertigmodell	GTV Turbo # 10, Guida TV	Polistil	rot
1:40	Fertigmodell	GTV Turbo Goodyear # 4	Polistil	schwarz
1:40	Fertigmodell	GTV Turbo Goodyear # 4	Polistil	rot
1:40	Fertigmodell	GTV Turbo Goodyear # 4	Polistil	blau metallic
1:41	Fertigmodell	GTV 2000 Turbo, Guida-TV # 10	Polystil	rot
1:43	Fertigmodell	GTV 2000 Stradale 1978	Polystil	rot
1:43	Fertigmodell	GT 1.8 Stradale 1974	Cougar	rot
1:43	Fertigmodell	GT Stradale 1974	Dinky Toys	rot
1:43	Fertigmodell	GTV 2000 Stradale 1976	Edison G	rot
1:43	Fertigmodell	GTV 2000 Stradale 1976	Edison G	silber metallic
1:43	Fertigmodell	GT 1.8 Stradale 1974	Polistil	rot metallic
1:43	Fertigmodell	GT 1.8 Stradale 1974	Polistil	rot
1:43	Fertigmodell	GT 1.8 Stradale 1974	Polistil	silber metallic
1:43	Fertigmodell	GTV6 2.5 Stradale 1982	Progetto-K	rot
1:43	Fertigmodell	GTV6 2.5 ETCC # 51, Totip, Francia - Lombardi 1984	Progetto-K	weiß-grün
1:43	Fertigmodell	GTV6 2.5 Tour de Corse # 14, Rothmanns, Loubet - Andrie 1986	Progetto-K	blau-weiß
1:43	Fertigmodell	GTV6 2.5 Rally Sanremo # 21, Agriflex, Bentivoglio - Evangelisti 1983	Progetto-K	weiß-rot
1:43	Fertigmodell	GTV6 2.5 ETCC Vallelunga # 25, Luigi Racing, Micangeli - Xhenceval 1982	Progetto-K	gelb
1:43	Fertigmodell	GTV6 2.5 Spa # 41, Autolodi, Drovandi - Brancatelli 1983	Progetto-K	rot-gelb
1:43	Fertigmodell	GTV6 2.5 Rally Safari # 15, Flowers Paradise, Munari - Street 1983	Progetto-K	rot
1:43	Fertigmodell	GTV6 2.5 Rally Colline di Romagna # 23, Jensen, Bentivoglio - Valbonetti 1982	Progetto-K	schwarz
1:43	Fertigmodell	GTV 2.0 Spa # 42, Butch, Francia - Bigliazzi 1977	Progetto-K	blau
1:43	Fertigmodell	GTV 2.0 Spa # 43, Butch, Dini - Facetti 1977	Progetto-K	rot
1:43	Fertigmodell	GT 1.6 Stradale 1974	Progetto-K	grün
1:43	Fertigmodell	GT 1.8 Stradale 1975	Progetto-K	rot
1:43	Fertigmodell	GTV 2.0, Rally d'Elba # 11, Ramazzotti, 1975	Progetto-K	olive
1:43	Fertigmodell	GTV 2.0, Rally d'Elba # 21, Trucco - De Leoni 1977	Progetto-K	rot-weiß
1:43	Fertigmodell	GTV 2.0 Turbodelta, Rally Costa Smeralda # 7, Guida TV, Verini - Reisoli 1980	Progetto-K	rot
1:43	Fertigmodell	GTV 2.0 Turbodelta Stradale 1980	Progetto-K	rot
1:43	Fertigmodell	GTV 2.0 Grand Prix Stradale (italienische Version)	Progetto-K	rot
1:43	Fertigmodell	GTV6 2.5 ETCC # 35, Totip, Lombardi-Naddeo 1983	Metro	weiß-grün
1:43	Fertigmodell	GTV 2000 Rally Sanremo # 9, Jolly Club, Pregliasco - Reisoli 1978	Metro	blau
1:43	Fertigmodell	GTV 2.0 7. Giro d'Italia # 295, Brambilla - Pregliasco - Reisoli 1976	Metro	rot
1:43	Fertigmodell	GT 1.8 Stradale 1976	Solido	rot
1:43	Fertigmodell	GT 1.8 Rallye # 55 1974	Solido	rot
1:43	Fertigmodell	GT 1.8 Rallye # 4 1974	Solido	blau metallic
1:43	Fertigmodell	GTV 2.0 Stradale 1978	Solido	dunkelblau
1:43	Fertigmodell	GTV 2.0 Stradale 1978	Solido	blau
1:43	Fertigmodell	GTV 2.0 Turbo Rallye # 3 1979	Solido	rot
1:43	Fertigmodell	GTV 2.0 Rallye # 31, Stores 1974	Solido	weiß
1:43	Fertigmodell	GTV 2.0 Autovama # 44 1978	Solido	weiß
1:43	Fertigmodell	GTV6 2.5 Tour de Corse # 40, Balais - Laone 1983	Solido	blau-weiß-rot
1:43	Fertigmodell	GTV6 2.5 Stradale 1982	Solido	rot
1:43	Fertigmodell	GTV6 2.5 Stradale 1982	Solido	schwarz
1:43	Fertigmodell	GTV 2.0 Stradale 1976	DeA	silber metallic
1:43	Fertigmodell	GTV6 2.5 Stradale 1982	Ixo	rot
1:43	Fertigmodell	GTV6 2.5 Stradale 1982	Ixo	silber metallic
1:43	Fertigmodell	GTV6 2.5 James Bond „Octopussy" 1982	Ixo	anthrazit
1:43	Fertigmodell	GTV6 2.5 500 km Jarama # 40, Sainz - Diez 1985	Ixo	weiß-rot
1:43	Fertigmodell	GTV6 2.5 Rallye Monte Carlo # 29, Luigi Racing, Loubet - Alemany 1983	Ixo	rot
1:43	Fertigmodell	GTV 2000 600 km von Spa # 37 1976	M4	rot-gold
1:43	Fertigmodell	GTV 2000 Vallelunga # 26, Belli - Ciardi 1976	M4	rot-gold
1:43	Fertigmodell	GTV 2000 Stradale 1976	M4	rot-gold
1:43	Fertigmodell	GTV 2000 Stradale 1976	M4	weiß
1:43	Fertigmodell	GTV 2000 Stradale 1976	M4	rot-schwarz

Maßstab	Modellart	Bezeichnung	Hersteller	Farbe
Fertigmodelle				
1:43	Fertigmodell	GTV 2.0 Turbodelta verbreitert 1976	M4	rot-schwarz
1:43	Fertigmodell	GTV 2.0 Nürburgring # 22, Autovama, Bigliazi 1976	M4	weiß
1:43	Fertigmodell	GTV 2000 Rallye # 41, Butch, Pooky - Dona - Uberti 1977	M4	rot
1:43	Fertigmodell	GTV 2000 Trans Africa # 150, Spigno - Fiaccadori 1980	M4	rot
1:43	Fertigmodell	GTV 2000 24 h d'Ypres # 8, Verini - Scabini 1980	M4	weiß
1:43	Fertigmodell	GTV 2.0 1000 km von Spa, Garden Stores # 32, Liege 1976	M4	rot
1:43	Fertigmodell	GTV 2.0 1000 km von Spa, Garden Stores # 33, Dona 1976	M4	rot
1:43	Fertigmodell	GTV 2.0 Monza # 44, Autovama, Francia - Bigliazzi 1978	M4	weiß
1:43	Fertigmodell	GTV 2.0 Turbodelta Rallye Prova 1980	M4	rot
1:43	Fertigmodell	GTV 2.0 Turbodelta Targa Florio # 2, Pregliasco - Reisoli 1980	M4	rot
1:43	Fertigmodell	GTV 2.0 Turbodelta 24 h d'Ypres # 8, Verini - Scabini 1980	M4	weiß
1:43	Fertigmodell	GTV 2.0 Rally Elba # 7, Pregliasco - Reisoli 1979	M4	rot
1:43	Fertigmodell	GTV 2.0 Turbodelta Rallye EM # 4 1980	M4	rot
1:43	Fertigmodell	GTV6 2.5 James Bond „Octopussy" 1982	Minichamps	anthrazit
1:43	Fertigmodell	GTV6 2.5 Stradale 1982	Minichamps	rot
1:43	Fertigmodell	GTV6 2.5 Stradale 1980	MCW	weiß
1:43	Fertigmodell	GTV6 2.5 Stradale 1980	Universal	anthrazit
1:43	Fertigmodell	GTV6 2.5 Stradale 1980	Whitebox	rot
1:43	Fertigmodell	GT 1.6 Stradale 1975	Mercury	blau metallic
1:43	Fertigmodell	GT 1.6 Stradale 1975	Mercury	rot
1:43	Fertigmodell	GT 1.6 Stradale 1975	Mercury	silber metallic
1:43	Fertigmodell	GT 1.6 Stradale 1975	Mercury	oliv
1:43	Fertigmodell	GT 1.8 Carabinieri 1975	Mercury	dunkelblau
1:43	Fertigmodell	GT 1.8 Rally Safari Kenia 1975	Mercury	rot

Einige Straßenversionen als Fertigmodelle in 1:43: Oben von links: GTV6 von Minichamps, GTV 2.0 Turbodelta und GT 1.8 von Progetto-K. Unten von links: GTV 2000 von Edison G, GTV 2.0 Grand Prix und GTV6 von Progetto-K

Maßstab	Modellart	Bezeichnung	Hersteller	Farbe
Fertigmodelle				
1:55	Fertigmodell	GT 1.8 Stradale 1974	Polistil	gelb
1:64	Fertigmodell	GTV 2.0 Stradale 1976	Kyosho	rot
1:64	Fertigmodell	GTV 2.0 Stradale 1976	Kyosho	silber metallic
1:64	Fertigmodell	GTV 2.0 Stradale 1976	Kyosho	blau metallic
1:66	Fertigmodell	GT 1.8 Stradale 1974	Polistil	blau metallic
1:87	Fertigmodell	GTV6 2.5 Stradale 1982	Neo	anthrazit
1:87	Fertigmodell	GTV6 2.5 Stradale 1982	Neo	rot
1:87	Fertigmodell	GTV6 2.5 Stradale 1982	Neo	weiß
1:87	Fertigmodell	GTV6 2.5 Stradale 1982	Neo	silber metallic

Diverse Rennversionen in 1:43:

Nr. 15: GTV6 Safari Rally von Progetto-K

Nr. 25: GTV6 ETCC Luigi Racing von Progetto-K

Nr. 9: GTV 2000 Rally Sanremo von Metro

Nr. 35: GTV6 ETCC Totip von Metro

Nr. 42: GTV 2000 Spa von Progetto-K

Nr. 7: GTV 2.0 Turbodelta von Progetto-K

Nr. 51: GTV6 ETCC Totip von Progetto-K

Nr. 295: GTV 2000 Giro d'Italia von Metro

Oben: Ein sehr schönes Modell in 1:43 von IXO ist der GTV6 von der Rallye Monte Carlo 1983.

Mitte: Drei Racing-Miniaturen des GTV6 von Progetto-K

Unten: Die Alfetta GT Corsa von Bburago gab es in 1:24 in drei Ausführungen: als Rallye di Corsica (Bild), als Kamei und als Rally Costa Brava mit Sponsor Guida TV.

Das Sortiment an Modellen im Maßstab 1:24 ist sehr bescheiden: von links Alfetta GT 1.8 von Leo Models, Alfetta GT 1.8 von Bburago, 2 x Alfetta GT Corsa von Bburago und GTV Turbo von Polistil.

Maßstab	Modellart	Bezeichnung	Hersteller	Farbe
Bausätze				
1:24	Metall-Kit	GTV Corsa, Rally Costa Brava # 12, Guida TV 1977	Bburago	rot
1:24	Metall-Kit	GTV Corsa, Rally di Corsica # 36 1976	Bburago	rot
1:24	Resine-Kit	GTV6 2.5 Tour de Corse # 14, Rothmanns, Loubet - Andrie 1986	Narton Kits	blau-weiß
1:24	Resine-Kit	GTV 2.0 Turbodelta Rally Sanremo # 9, Pregliasco - Reisoli 1978	Narton Kits	blau
1:24	Resine-Kit	GTV 2.0 Rally Elba # 7, Pregliasco - Reisoli 1979	Narton Kits	rot
1:24	Resine-Kit (Slotcar)	GTV V8 Australian Touringcar # 5, Ricciardello	DiTech	rot
1:24	Plastik-Kit	GTV Turbo Cannonball # 9	Polistil	gelb
1:43	Resine-Kit	GTV 2.0 Rally Ormezzano # 4, Lana 1980	DFM	rot
1:43	Resine-Kit	GTV6 2.5 Rally Safari # 15, Flowers Paradise, Munari - Street 1983	SC-Model	rot
1:43	Resine-Kit	GTV6 2.5 franz. Tourenwagenserie # 6, Marlboro, Snobeck 1983	SC-Model	weiß-rot
1:43	Resine-Kit	GTV6 2.5 franz. Tourenwagenserie # 5, Marlboro, Cudini 1983	SC-Model	weiß-rot
1:43	Resine-Kit	GTV6 2.5 24 h Spa # 46, Luigi Racing, Francia - Micangeli - Cremer 1983	SC-Model	gelb
1:43	Resine-Kit	GTV6 2.5 Rallye d'Antibes # 7 1982	Provence Moulage	rot
1:43	Resine-Kit	GTV6 2.5 Rallye Tour de Corse # 19 1983	Provence Moulage	rot
1:43	Resine-Kit	GTV6 2.5 Tour de Corse # 14, Rothmanns, Loubet - Andrie 1986	Provence Moulage	blau-weiß
1:43	Resine-Kit	GTV6 2.5 Spa # 5, Boule d'Or 1983	Provence Moulage	weiß
1:43	Resine-Kit	GTV6 2.5 24 h Spa # 51, Rubson, Luigi Racing, Perrier - Salam - Thoisy 1984	Provence Moulage	gelb
1:43	Resine-Kit	GTV6 2.5 24 h Spa # 55, Boule d'Or, Perrier - Salam - Touroul 1985	Provence Moulage	weiß
1:43	Resine-Kit	GTV6 2.5 Rally Piancavallo # 8, Bentivoglio 1986	Provence Moulage	weiß-rot
1:43	Resine-Kit	GTV6 2.5 Rallye Criterium des Cevennes # 42 1986	Provence Moulage	rot-gelb
1:43	Resine-Kit	GTV 2.0 Stradale 1977	Provence Moulage	wählbar
1:43	Resine-Kit	GTV6 2.5 Rally Safari # 15, Flowers Paradise, Munari - Street 1983	Provence Moulage	rot
1:43	Resine-Kit	GTV6 2.5 Tour de Corse # 14, Rothmanns, Loubet - Andrie 1986	Tron	blau-weiß
1:43	Resine-Kit	GTV6 2.5 Rally Piancavallo # 8, Agriflex, Bentivoglio - Evangelisti 1983	Tron	weiß-rot
1:43	Resine-Kit	GTV6 2.5 Stradale 1984	Tron	wählbar
1:43	Resine-Kit	GTV 2.0 Turbodelta Stradale 1978	Tron	rot
1:43	Resine-Kit	GT Tour de Corse # 3 Andruet - Jouanny 1975	Tron	rot
1:43	Resine-Kit	GTV6 2.5 Tour de Corse # 14, Rothmanns, Loubet - Andrie 1986	Tron	blau-weiß
1:43	Resine-Kit	GTV 3.0 V8 Gruppe 4 Rallye Valli Piacentine # 1, Ballestrieri 1975	Tron	rot
1:43	Resine-Kit	GTV V8 3.0 Rallye Gruppe 5 # 1 1976	Tron	rot
1:43	Resine-Kit	GTV V8 3.0 Rally Internazionale # 1, Ballestrieri 1975	Tron	rot
1:43	Resine-Kit	GTV Gruppe 2 Tour de Corse # 3, Andruet - Jouanny 1975	Tron	rot
1:43	Resine-Kit	GTV Gruppe 2 Rally Italia # 6, Pittoni - Zanetti 1975	Tron	rot
1:43	Resine-Kit	GTV 2.0 Turbo, Zolder Gruppe 5 # 14, Sachs, Isert 1979	Remember	weiß
1:43	Resine-Kit	GTV6 2.5 Rally Piancavallo # 8, Agriflex, Bentivoglio - Evangelisti 1983	Autominia	weiß-rot
1:43	Resine-Kit	GT 1.8 Stradale 1974	MRF	wählbar
1:43	Resine-Kit	GT 1.8 Spa 1976	Serie 76	wählbar
1:43	Resine-Kit	GT 1.8 Stradale 1975	Bacon 43	wählbar
1:43	Resine-Kit	GTV Gruppe 2 Tour de Corse # 3, Andruet - Jouanny 1975	Star	rot
1:43	Resine-Kit	GTV6 2.5 Stradale 1980	Star	wählbar
1:43	Resine-Kit	GTV 2.0 Turbo Rally Sanremo # 10, Guida TV, Pregliasco - Reisoli 1980	Gamma Models	rot
1:43	Resine-Kit	GTV 2.0 Turbo Rally Costa Brava # 3, Guida TV, Pregliasco - Reisoli 1980	Gamma Models	rot
1:43	Resine-Kit	GTV 2.0 Turbo Rally Sanremo # 10, Guida TV, Pregliasco - Reisoli 1978	Gamma Models	rot
1:43	Resine-Kit	GTV 2.0 Turbo, Zolder Gruppe 5 # 14, Sachs, Isert 1979	MG Model	weiß
1:43	Resine-Kit	GTV6 3.0 Südafrika, Glenwood # 1, Rudy's, D'Oliviera 1984	Home Made Models	weiß
1:43	Resine-Kit	GTV6 3.0 Twin Turbo Südafrika, Ultimoil Supercup # 1, Mobi Jack, Gibbons 1990	Home Made Models	weiß-orange
1:43	Metall-Kit	GTV 2000 24 h Spa # 26, S.C.A.R. 1976	Grand Prix Modells	wählbar
1:43	Metall-Kit	GTV 2.0 Rallye # 3 1979	Kit	rot
1:43	Metall-Kit	Diverse Transkits von Solido	Solido	wählbar

Rund 50 Alfetta-Coupé-Bausätze von verschiedenen Herstellern sind bekannt.

Links oben: Die verbreiterte Alfetta GTV Turbo kommt von Remember.

Rechts oben. Ein Rallye-GTV-Turbodelta Gruppe 4 von Gamma Models

Rechts unten: Von Tron stammt dieser GTV6, der um Spezialfelgen ergänzt wurde.

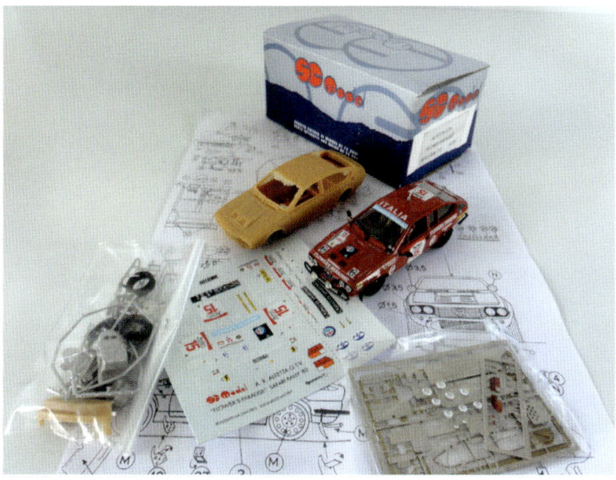

Oben: Rohkarossen von Alfetta Coupés gibt es in Metall und in Kunststoff.

Oben links: Ein GTV 2.0 Turbodelta Stradale von Tron, ungebaut und fertig

Unten links: Den Rallye-Safari-GTV6 gab es von SC-Model (Bild) und von Provence Moulage in 1:43.

Rechts oben: Den Gruppe-A-GTV6 von Bentivogli boten Tron (Bild) und Automina an.

Rechts unten: Alfetta GT und GTV Stradale gab es auch von Provence Moulage.

Ganz oben: Von Solido gab es sogenannte Transkits, aus denen sich mehrere Vorbilder nachbauen ließen.

Oben: Eine Alfetta GTV 2.0 Rallye aus Metall von Kit

Rechts: Bei diesem Metallmodell von Tron ließ sich sogar der Motor aus diversen Teilen nachbilden.

Oben: Der Remember-Kit des Isert-GTV-Turbo

Rechts: Aus diesem sehr umfangreichen Tron-Kit ließ sich ein GTV 2.0 Grand Prix oder ein GTV6 Stradale basteln.

Unten: Heckansicht diverser Rohkarossen

DS 922 SS

8 Die Nachfolger

Links oben und unten: Der Alfa Romeo GTV kommt 1994 auf den Markt und erbt den Namen der letzten Alfetta-Coupé-Version. Nachfolger Brera wurde wie die Alfetta GT von Giugiaro entworfen.

Rechts oben: Der Alfa SZ (Sprint Zagato), ebenfalls ein Coupé, ist technisch sehr eng verwandt mit dem GTV6.

Rechts unten: Unter dem Glasfaserkleid des SZ verbergen sich die gleiche Transaxle-Bauweise und ähnliche Technik.

8 Die Nachfolger

1986 wurde die Produktion des Alfa Romeo GTV im Stabilimento Arese eingestellt. Nachdem der letzte GTV mit vier Zylindern bereits 1985 das Werk verlassen hatte, rollte mit Chassisnummer ZAR116690*00007501 ein GTV6 2.5 mit Katalysator als letztes Coupé vom Fließband. Während 1985 die Giulietta mit dem Alfa 75 einen direkten Nachfolger bekam, mussten die Fans auf ein neues Coupé noch bis 1989 warten. Ein Nachfolger war der ES30, den man gemeinhin als SZ kennt, aber eigentlich nur dank Zweitürigkeit und des Transaxle-Antriebs, der wie die ganze Bodengruppe vom 75 stammte.

Die Abkürzung ES30 steht für „Experimental Sportscar 3.0 Litre“, das SZ für Sprint Zagato, weil zum Design auch der alte Alfa-Partner Zagato etwas beisteuerte. Der Entwurf entstand ansonsten in den Designzentren von Fiat und Alfa. Werksintern hieß er wegen der sehr eigenständigen Form bald „il mostro“ (das Monster). Der Dreiliter-V6 stammte aus dem QV und hatte dank einiger technischer und elektronischer Modifikationen 210 PS. Das 75-QV-Getriebe bekam einen zusätzlichen Getriebeölkühler, und das Fahrwerk bot die Möglichkeit, den Aufbau vor Bordsteinen hydraulisch um 40 Millimeter anzuheben.

Der SZ wurde im März 1989 in Genf vorgestellt und bis Mitte 1992 in 1000 Exemplaren gebaut. Mit diesem exklusiven zweisitzigen Fahrzeug wollte Alfa Romeo, bzw. der neue Besitzer Fiat, die unveränderte technische Stärke und Exklusivität der Marke Alfa Romeo beweisen. Die Karosserie bestand aus einem Stahlskelett, die Außenhaut aus Glasfaser und einem Methacrylharz-Kunststoff (MODAR). Die Fertigung der Fahrzeuge erfolgte in den Zagato-Werkshallen in Terrazzano di Rho in Hand-

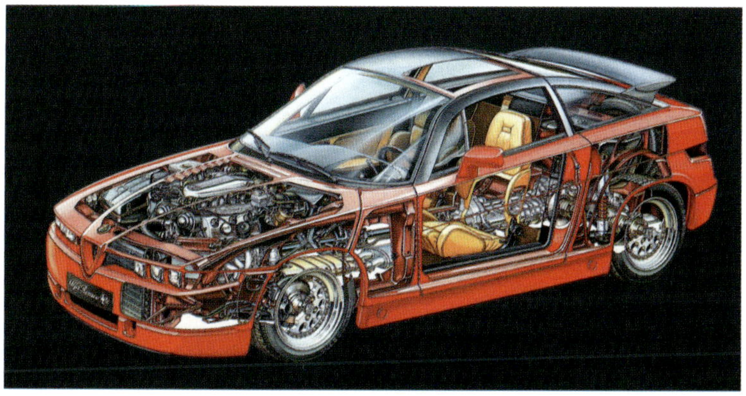

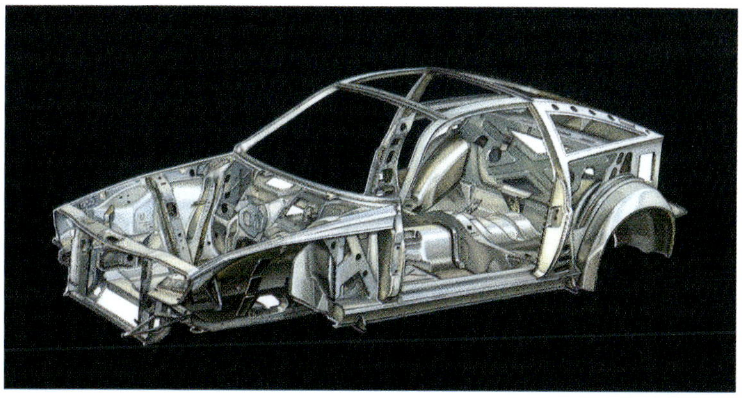

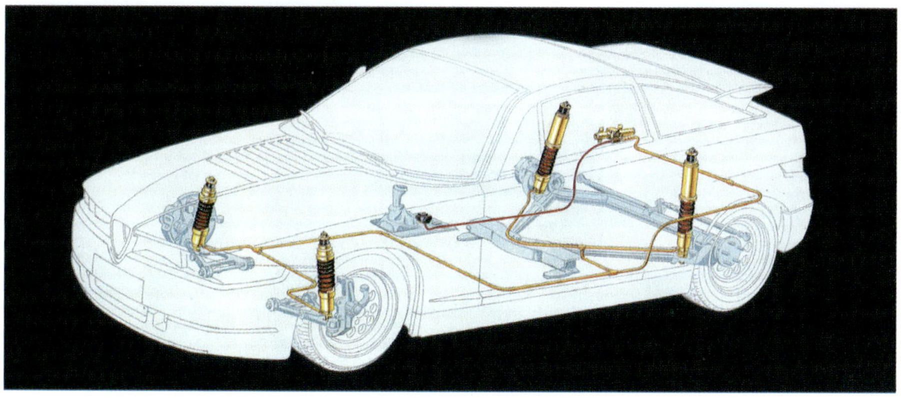

Oben: Schnittzeichnung des SZ: Die leichten Karosserieteile aus Glasfaser-Kunststoff sind auf ein herkömmliches Blechskelett montiert.

Mitte links: Edles Echtleder auf Armaturenbrett und Sitzen rundet das sportliche Interieur des SZ ab.

Rechts und unten: Das höhenverstellbare Fahrwerk ist eine Verbesserung gegenüber GTV und Alfa 75.

arbeit. Der SZ war ausschließlich in der Farbe Rosso Alfa mit cremefarbenem Leder lieferbar.

Auf der „Mondial de l'Automobile“ in Paris erschien im Herbst 1992 die offene Version unter dem Namen RZ (Roadster Zagato). Das Fahrzeug basierte weitestgehend auf dem SZ, hatte allerdings erhebliche Versteifungen und ein schwarzes Stoffverdeck erhalten. Die Frontscheibe war deutlicher geneigt und länger. Die Antriebstechnik blieb jedoch unverändert. Insgesamt stieg das Gewicht des RZ gegenüber dem geschlossenen SZ um 120 kg.

Der RZ war in rot und gelb mit schwarzem Leder und in silbermetallic (nur drei Exemplare) und schwarz mit rotem Leder lieferbar. Anstelle einer geplanten Stückzahl von 350 wurden bis Ende 1993 jedoch nur gerade 278 Exemplare dieses Fahrzeugs gebaut, davon 37 Stück in Eigenregie von Zagato, deshalb enden die Produktionsplaketten im Cockpit bei der Nummer 241.

Die Alfa SZ und RZ waren rein zweisitzige Sportcoupés und Cabrios und hatten karosserieseitig nichts mit dem Alfa Romeo GTV gemeinsam. Die beiden Modelle waren

Oben: Die Produktion des GTV wird nach einem letzten Restyling im Jahr 2005 eingestellt.

Unten. Der RZ ist die offene Version des SZ. Nur 278 Exemplare werden gebaut.

auch preislich in einer anderen Kategorie angesiedelt, was bei den kleinen Stückzahlen nicht sonderlich erstaunlich war.

Der tatsächliche Nachfolger des GTV kam dann erst 1994, also acht Jahre nach dem Produktionsende des Alfetta-Coupés auf den Markt. Vorgestellt wurde das von Pininfarina gezeichnete Coupé, das ebenfalls auf den Namen GTV getauft wurde und den Baureihencode 916 erhielt, im März 1994 auf dem Autosalon in Genf. Die GTV-Plattform mit dem Namen „Tipo due" hatte ihren Ursprung im Fiat Tipo der zweiten Serie und diente zahlreichen weiteren Fahrzeugen des Fiat-Konzerns als Basis, darunter auch den Alfa-Modellen 145, 146 und 155.

Für den neuen GTV und seine Spider-Variante wurde eine sehr aufwändige Mehrlenkerachse entwickelt, die an einem Aluminiumträger befestigt wurde, der sich an denselben Befestigungspunkten wie die vorige Hinterachse mit der Karosserie verschrauben ließ. Dieser Aluminiumträger wurde in einem damals im Fahrzeugbau revolutionären, zuvor nur in der Luftfahrt verwendeten Gussverfahren im Vakuum hergestellt. Diese Spezialität verlieh dem neuen GTV eine ausgezeichnete Straßenlage.

Als kleines Vermächtnis des 116er GTV hatte die V6-Variante der neuen GTV-Generation eine Weiterentwicklung des Busso-Triebwerks unter der Haube, das 1980 im GTV6 Furore gemacht hatte. Die modernisierten, nun

Oben: Die Bezeichnung GTV gibt es seit dem Ende der Baureihe 916 bis heute nicht mehr. Daneben das sportliche Interieur des Zweisitzers.

Mitte: Die Cup-Version versucht sich wie der Vorgänger im Rennsport. Große Erfolge bleiben jedoch aus.

Unten: Das Concept Car Brera von Giugiaro (links) weicht nur unwesentlich von der Serienversion (rechts) ab.

quer eingebauten Sechszylinderaggregate gab es anfangs mit drei Litern Hubraum, später auch als aufgeladene Zweiliterturbo und schließlich in einer 240 PS starken 3,2-Liter-Version. Außerdem wurde das neue Coupé im Laufe der elf Jahre Produktionszeit mit Twinspark-Motoren mit 1,8 und zwei Litern Hubraum angeboten.

Vom GTV-Coupé wurden in allen Varianten nur rund 43.000 Exemplare gebaut, wovon knapp 36.000 im eigenen Werk in Arese vom Band liefen, ehe man die Produktionsanlagen zu Pininfarina verlegte, wo die restlichen Exemplare gefertigt wurden. Das Ende der GTV Herstellung datiert auf das Jahr 2005.

Zu erwähnen wäre noch der GT, der 2003 als Ergänzung zu 156 und 147 ins Sortiment kam. Er wurde parallel zum Brera bis 2010 gebaut, ist im Gegensatz zu diesem aber nie als Nachfolger des Alfetta-Coupés apostrophiert worden.

Danach hat Alfa Romeo bis heute (2017) kein Fahrzeug mit dem Kürzel GTV produziert. Auch wenn der 916-Nachfolger wieder von Giugiaro, dem Designer der Alfetta GT, gezeichnet wurde, trug dieses letzte Alfa-Coupé schließlich den Namen des Concept Cars, Brera. Im Rennsport vermochte leider keiner der drei Nachfolger an die Erfolge der Alfetta-Coupés anzuknüpfen.

Die Werbung

Seit jeher erzählen Werbeplakate die Geschichte von Alfa Romeo. Sie sind wahre Zeitzeugen und spiegeln den gerade herrschenden Zeitgeschmack wider. Seit seiner Entstehung gegen Ende des 19. Jahrhunderts ist das Werbeplakat wirksames Mittel, um die Aufmerksamkeit der Kundschaft zu wecken. Stets hat sich auch Alfa Romeo seiner bedient. In der zwölf Jahre andauernden Zeitspanne, in der die Alfetta-Coupés gebaut wurden, fand die Werbung allerdings mehr auf den Seiten von Zeitungen und Zeitschriften statt und war wieder Spiegel des Zeitgeistes. Waren Werbungen anfangs noch aufwendig gestaltete Zeichnungen, ein Zusammenspiel von Kunst und Tradition, wurden zur Zeit der Alfettas hauptsächlich Reklamen, die die technischen Vorzüge der Autos hervorzuheben versuchten, veröffentlicht. Stets wurde bei den GTV-Inseraten auf die ruhmreiche Vergangenheit und auf die Sporterfolge mit den schnellen Coupés aufmerksam gemacht, ein kluger Schachzug zu Zeiten als Alfa Romeo sehr erfolgreich auf den Rennpisten unterwegs war. Während die Vierzylinder-Modelle jedoch nur in begrenzter Art und Weise beworben wurden, änderte Alfa Romeo die Marketingstrategie 1980 bei der Markteinführung der Topversion, dem GTV6. Auch hier wurde zwar oft Bezug genommen auf die guten Resultate im Rennsport, aber die Plakate und Inserate erschienen regelmäßig mit neuer Aufmachung.

Nicht lange nach dem Werbeplakat kam das Kino, und mit ihm einer der größten Plakatwerber überhaupt. Im Kino tauchten immer wieder prominent Autos aus dem Werk von Arese auf. Den GTV kannte man vor allem aus zahlreichen italienischen Kino- und Fernsehfilmen, in denen er nicht selten als Polizei- oder Mafiawagen in wilde Straßenmanöver verwickelt war. Und wer erinnert sich nicht an den James-Bond-Streifen *Octopussy* mit Roger Moore, in dem eine rasante Verfolgungsjagd mit dem Alfa GTV6 über mehrere Minuten auf Zelluloid gebannt wurde?

Über die Jahrzehnte hat Alfa Romeo es stets verstanden, den technischen Avantgarde-Status der Produkte in den Vordergrund zu stellen – Grund, stolz zu sein, hatte man allemal. Hinreißendes Design, technische Perfektion und reichlich Rennsporterfolge ließen die Marke früh zum Mythos werden. Ein Mythos, der immer wieder zu erklären versucht wurde. So auch 1969 mit einer Anzeige von Alfa Romeo selbst, die unter dem Schlagwort „Virus Alfa" eine medizinische Indikation unterstellt: „Ein komplexes und äußerst seltenes Virus, das unter bestimmten Bedingungen und bei einem relativ individuellen Teil der Bevölkerung, dessen gemeinsamer Nenner die ausgesprochene Leidenschaft und Lust am Fahren ist, seine Wirkung entfaltet. Der Spannung und der Erregung, die dieses Virus hervorruft, scheint man nur durch den Besitz eines Alfa Romeo Herr zu werden. Der Betroffene zeigt sodann nämlich alle Symptome einer Beruhigung … und wird von diesem Augenblick an selbst zu einem gefährlichen Überträger."

9 Die Werbung

Die Premium-Klasse
der Sport-Coupés braucht Anstöße.
GTV 6/2.5 von Alfa Romeo.
DIE SCHÖNSTE FORM DER TECHNIK.
Alfa Romeo

RALLYE DI MONTECARLO '83
l'ALFA ROMEO GTV6 2.5
1a Gruppo A
1a Classifica Promotion
Alfa Romeo

YOUR MOTHER WILL PROBABLY REFUSE TO RIDE IN IT.
Alfa Romeo

Marlboro
CHAMPIONNAT DE FRANCE
DES VOITURES DE PRODUCTION
NOGARO COUPES DE PAQUES 1983

Congratulations to Andy Rouse, winner of Class B in the 1983 RAC British Saloon Car Championships.
Andy and his Alfa Romeo GTV6, sponsored by Industrial Control Services, won the title in terrific style.
He didn't even enter the first three events of the eleven-round championships. But then, he and his GTV6 finished first in six of the remaining eight races, to become as uncatchable in the championship as he'd been on the track.
In all, Alfa Romeo GTV6 cars won nine of the qualifying races.
At the same time, the Alfa Romeo GTV6 was also notably successful in the European Saloon Touring Car Championship for the second year running, winning the overall Manufacturers' 1983 Award.
So, if you're looking for performance in a 2.5 litre car, there's only one you should look at.
The Alfa Romeo GTV6.
It's not only a winner. It wins in style.
ALFA ROMEO GTV6 WINS IN STYLE.
Alfa Romeo (GB) Ltd, Geron Way, Edgware Road, London NW2 6LW. Tel. 01-450 9191.
For the address of your nearest dealer ring 01-897 6958.
Alfa Romeo
THE ART OF TECHNOLOGY

ALFA ROMEO 2 VOLTE CAMPIONE D'EUROPA
CAMPIONATO EUROPEO F3
CAMPIONATO EUROPEO TURISMO
QUANDO LA TECNOLOGIA E' ARTE
Alfa Romeo

THE NEW SUPER COUPE
GTV6
"Does anything-could anything-appear better?"
Bravo! Motoring Journalists said so

The car you can test drive for the rest of your life.
The Alfa Romeo GTV-6 is not one of those country club performance cars you master in a matter of miles. It is, instead, a car you'll want to keep on driving. Because no matter how much you drive this car, it will keep on challenging you more.
Every aspect of this Alfa was conceived to help you do just that. From an aluminum alloy SOHC V-6 that delivers more than 1 hp for every cubic inch of displacement.
To a de Dion racing-type rear suspension system that maximizes the transfer of all that power to the road.
From the very first moment you experience this Alfa's extraordinary balance of acceleration and control, you'll know you'll never outdrive it. But with such a heightened sense of self and road, you'll never want to stop trying.
Test yourself against the extraordinary $18,000* Alfa Romeo GTV-6 at your nearest Alfa Romeo Dealer now.
Alfa Romeo

ALFISSIMO!
ALFA ROMEO
The driving spirit of Alfa Romeo.
When you leave town in your Alfa Romeo GTV-6, you don't actually have to check your altitude; it merely feels that way. As its fierce pickup presses you back against the softest Italian leather, deep within you there is a new perception of this car's essential purpose: to provide more sheer thrills per pound than any other vehicle on earth. The feeling is Alfissimo!
The feeling and the car are yours for $19,995.* And includes the Alfa Romeo Pledge of Protection limited warranty**—3 years/36,000 miles. Call 1-800-447-4700 for the Alfa Romeo dealer nearest you.
Alfa Romeo
*Mfrs. suggested retail price at P.O.E. Actual prices vary by dealer. Destn. chgs., taxes, dealer prep, if any, optl. equip. and license fees are extra.
**Warranty applies only to U.S. specification automobiles purchased from authorized U.S. Alfa Romeo dealers. See your Alfa Romeo dealer for details.

FOR THE PAST 75 YEARS, WHILE OTHERS HAVE ONLY COPIED AUTOMOTIVE TECHNOLOGY, ALFA ROMEO HAS CREATED IT.

ALFA ROMEO GTV6 SETS 17 UK RECORDS FOR SPEED AND ENDURANCE
THE ART OF TECHNOLOGY
Alfa Romeo

WHAT YOU GET IN EVERY 1985 ALFA ROMEO.
ENGINEERED WITH A PASSION.
DER GTV 6/2.5: DIE SCHÖNEN DINGE DES LEBENS.
DIE SCHÖNSTE FORM DER TECHNIK
AUTOMOBILI ALFA-ROMEO
GTV6
L'ALFA ROMEO VINCE
500 Km DI VALLELUNGA
1° GTV6/2.5
THE ART OF THE MACHINE
ALFA ROMEO BEWIJST WIE ER NOG WERKELIJK SPORTIEVE AUTO'S MAAKT.
ENVIDIA LOGICA
Exhilarates from 0-127 mph.
GTV
ALFA ROMEO GTV6. SPORTS GT FOR THE 80'S.
How can the best $15,000 personal motor car in the world cost less than $9,000?
VICTOIRES EN SERIE
GTV6 2.5L.
4 Victoires en Groupe N
LA MAESTRIA AUTOMOBILE
Tevredenheidstest voor rollend Nederland.
"There are a lot of good sports cars on the road. I know, I pass them all the time."
Engineered to Excite

Danksagung

Dieses Buch konnte nur dank der Unterstützung von Freunden und Alfa-Romeo-Enthusiasten zu Stande kommen, die das Cuore Sportivo noch am rechten Fleck tragen. Ein herzliches Dankeschön an dieser Stelle für ihren Einsatz und für ihre Hilfe. Besonderer Dank gilt Xavier Havaux aus Belgien, der mich mit seinem breiten Wissen über die Alfetta-Coupés sowie mit Bildmaterial aus seinem privaten Fotoarchiv unterstützt hat. Weiterer Dank gilt Enrico Varrica, Torbjørn Havn, Urs Stalder, Jürg Moser, Frank Weber, Olaf Bischoff, Mark Brummond, Mahesh Kalain, Mike Hayward und den Fahrzeugbesitzern, die ihre Alfas für das Fotoshooting zur Verfügung gestellt und sich viel Zeit dafür genommen haben. Namentlich sind das Andy Rottmann, Daniel Rickenbach, Christoph Stöckli, Daniele Perrini, Marcel Rupf, Matthias Waser, Massimiliano Gambini, Carlo Fumarola, Roland Brunner, Oliver Buzzi, Matthias Schär, und Edwin Halbartschlager. Weiterer Dank geht an Xander Heijnen und die Fotoagenturen von Bildermeister, MotoPrint, McKlein und Photorally und an alle anderen Fotografen, die mir ihr Bildmaterial freundlicherweise zur Verfügung gestellt haben. Und natürlich Lorenzo Ardizio vom Centro Storico Documentazione Alfa Romeo in Arese für die wertvollen Dokumentationen und Bilder, sowie allen anderen Freunden und Bekannten, die mich im Laufe der Recherchen „mit Wort und Bild“ begleitet haben.

Vielen Dank!

Die Fotografen, links von oben: Als hauptverantwortlicher Fotograf hat mich einmal mehr mein Alfafreund Daniel Bussmann nach Arese und zum Shooting begleitet. Seine vielen tollen Aufnahmen sind ein wesentlicher Bestandteil dieses Buches. Außerdem danke ich den beiden Fotografen Rolando Nolff und Mireille Heimann, die mich mit ihrer Drohne mit Luftaufnahmen unterstützt haben.

Unten links: Der Belgier Xavier Havaux ist ein ausgesprochener Kenner und Liebhaber der GTV Modelle. Aus seinem Archiv stammen ebenfalls einige Bilder.

Herzlichen Dank an die Stadtverwaltung Winterthur für die Benutzung der ehemaligen Sulzer-Fabrikhalle als Foto-Location. Ebenfalls besten Dank an die Herren Hodel und Tanner von der offenen Rennbahn mit der imposanten Steilkurve in Zürich-Oerlikon, wo viele der tollen Fotos entstanden sind.

Links:

www.alfa-oldtimer.ch

www.photorally.it

www.motoprint.co.za

www.ewrc-results.com

www.racingsportscars.com

www.AutoFoto.ch

www.blaufluegel.ch

www.mcklein.de

www.bildermeister.com

www.mikehaywardcollection.com

www.touringcarracing.net

www.alfapazzo.ch

www.flickr.com/photos/peterellenbogen/albums

www.gtv6-156gta.be

Ein Muss für jeden *alfista*

240 Seiten, 240 x 285mm, Hardcover mit Schutzumschlag
ISBN 978-3-95843-482-0
€ 49,95

208 Seiten, ca. 350 farbige und s/w-Abbildungen, 245 x 280 mm, Hardcover mit Schutzumschlag
ISBN 978-3-86852-940-1
39,95 €

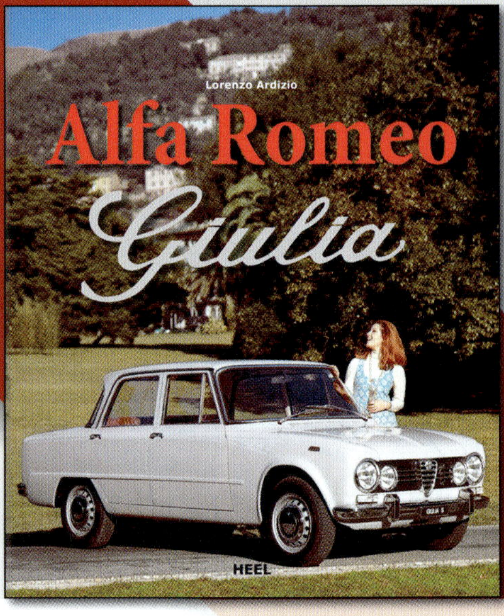

128 Seiten, ca. 280 Abbildungen, 248 x 277 mm, Hardcover mit Schutzumschlag
ISBN 978-3-86852-695-0
24,99 €

208 Seiten, ca. 480 farbige Abbildungen, 245 x 290 mm, Hardcover mit Schutzumschlag
ISBN 978-3-95843-040-2
39,95 €

274 Seiten, ca. 250 s/w-Fotos und Illustrationen, 215 x 275 mm, Hardcover
ISBN 978-3-86852-812-1
39,95 €

136 Seiten, ca. 180 Abbildungen und Illustrationen, 215 x 302 mm, Hardcover
ISBN 978-3-86852-030-9
24,99 €

Unsere Bücher erhalten Sie in Ihrer Buchhandlung oder unter www.heel-verlag.de

5945 ZR 68